高等学校教材

实验力学

张天军　韩江水　屈钧利　编

西北工业大学出版社

【内容简介】 本书根据普通高等学校力学专业对“实验力学”课程的基本要求，阐述了进行实验应力分析的常用实验方法。主要内容包括误差分析和实验数据处理、量纲分析和相似理论、电阻应变测量技术基础、光弹性实验方法，同时对全息光弹性法、全息干涉法、云纹法、散斑干涉法、焦散线法、脆性涂层法和X射线法等其他实验应力分析方法作了简单介绍。本书在编写和内容选取上，力求切合普通高等学校的实际教学要求，并注意反映近年来实验应力分析领域中的新设备、新技术和发展趋势。

本书可作为普通高等院校力学、机械等专业本科学生及研究生的“实验力学”课程教材，也可作为相关工程技术人员的参考书。

图书在版编目（CIP）数据

实验力学/张天军，韩江水，屈钧利编．—西安：西北工业大学出版社，2008.12(2022.8重印)
ISBN 978-7-5612-2486-1

Ⅰ．实… Ⅱ．①张…②韩…③屈… Ⅲ．实验应力分析 Ⅳ．O348

中国版本图书馆CIP数据核字（2008)第189099号

出版发行：西北工业大学出版社
通信地址：西安市友谊西路127号 邮编：710072
电　　话：(029)88493844 88491757
网　　址：www.nwpup.com
印 刷 者：西安真色彩设计印务有限公司
开　　本：787 mm×1 092 mm 1/16
印　　张：12.25
字　　数：295千字
版　　次：2008年12月第1版 2022年8月第6次印刷
定　　价：42.00元

前　　言

本书是根据普通高等学校“实验力学”课程的基本要求及作者多年从事该课程教学的经验，结合实验应力分析技术近年来发展的实际情况编写而成的。

“实验力学”课程是工程力学专业本科生必修的重要专业课，是一门结合力学、光学、电学和计算机领域知识的交叉学科课程，其内容与高新技术的发展密切联系。

本书共分 6 章。第一章是绪论，第二章讲述误差分析和实验数据处理，第三章讲述量纲分析和相似理论，第四章讲述电阻应变测量技术基础，第五章讲述光弹性实验方法，第六章简单介绍了其他实验力学方法。编写本书的目的旨在使学生掌握实验力学的基本理论和实验方法，为解决工程实际中的结构强度问题和进行力学及相关学科的科学研究，打下坚实的理论基础并掌握较强的实验技能。

本书在编写上注重逻辑性和系统性，内容精练，循序渐进，文字叙述通俗易懂，可作为高等理工科院校力学专业高年级本科生及研究生的“实验力学”课程教材，也可以作为机械、土木、材料和化工等专业本科生选修课的教材。

本书第一至四章由张天军编写，第五章由屈钧利、张天军合编，第六章由韩江水、屈钧利合编。在本书的编写过程中，参考了国内外公开出版的一些图书、会议资料、网上资料及兄弟院校的有关讲义，还得到了学校主管部门的大力支持，在此谨致以衷心的感谢。

由于编者学识有限，书中疏漏和不妥之处，恳请读者批评指正。

编　者

2008 年 8 月

目　　录

第一章 绪 论

实验分析和理论计算是解决各种工程中的力学问题常用的两种方法,两者相辅相成。实验的设计和实施必须以理论分析作为指导,新理论的提出和理论计算结果需要实验结果的支持和验证。在解决工程实际问题时,理论方法提供了理论计算的基本方程式,能够对一些简单问题给出精确解。但是对于几何形状或者载荷情况比较复杂的工程构件,常常遇到数学计算方面的困难,采用理论方法往往需要进行一些假设和理想化,因此所得结果均为近似值,此时必须依据实验进行验证。目前,随着计算机软硬件技术的飞速发展和广泛应用,运用有限单元法、边界元法等数值计算方法,几乎可解答所有问题。但是,应用数值计算方法,必须以建立正确的数学模型为前提,才能获得正确的结果,而且同样必须要得到实验方法的验证。此外,工程实际中存在着许多载荷和边界条件未知的问题,对于此类问题,数值计算所需要的力学参数必须通过实验测量才能获得。

实验力学是用实验分析方法确定构件在受力情况下的应力状态的学科,是一门与工程实际联系密切的学科。实验力学的任务是研究处于不同环境中的构件在载荷作用下,其内力、位移、应力、应变的变化规律,为合理地选择构件的几何尺寸和截面形状提供依据,使强度设计达到既经济又安全的目的。实验分析方法既可用于研究基本规律,为发展新理论提供依据,又是提高工程设计质量,进行失效分析的重要手段。其特征是用实验的手段对各种力学问题进行研究,得到第一性的认识,并据此总结出规律(定理、定律、公式、理论),建立以力学模型为表征的理论。实验分析方法相对于理论计算与分析方法,具有很强的实践性和更高的可靠性。它不但对理论计算做出贡献,而且能有效解决许多理论工作不能解决的工程实际问题,在应力分析中有其独特的作用,因此它不可能被理论所替代。但是,我们也应该看到实验应力分析方法的局限性,由于某一点的应力是作为一种极限过程求得的,其应变实际上是位移导数的函数,因此实验不论在模型上或在实物上所得的结果均包含理想化和近似的因素。同时,由于测试技术的限制,在某些特殊环境条件下,现在还不能进行实验,此外测量精度亦有待于进一步提高。

实验应力分析方法主要有电阻应变测量、光弹性实验法、脆性涂层法、云纹法、全息干涉法、散斑干涉法、声全息法、声弹性法、比拟法、X 射线法等。

下面我们简要地介绍现在最常用的应变电测法、光学方法、声学方法等。

一、电阻应变测量

电阻应变测量技术起源于 19 世纪。1856 年,W. 汤姆逊(W. Thomson)对金属丝进行了拉伸试验,发现金属丝的应变与电阻的变化有一定的函数关系,惠斯登电桥可用来精确地测量这些电阻的变化。1938 年,E. 西门斯(E. Simmons)和 A. 鲁奇(A. Ruge)制造出了第一批实用的纸基丝绕式电阻应变计(电阻应变计是一种能将构件上的尺寸变化转换成电阻变化的变换器,一般由敏感栅、引线、黏结剂、基底和盖层构成)。1953 年,P. 杰克逊(P. Jackson)利用光刻技术，首次制成了箔式应变计，随着微光刻技术的进展，这种应变计的栅长可短到0.178mm。1954年，C. S. 史密斯(C. S. Smith)发现了半导体材料的压阻效应。1957年，W. P. 梅森(W. P. Mason)等研制出了半导体应变计并应用半导体应变计制作传感器测量位移、力与力矩等物理量。现在已研制出数万种用于不同环境和条件的电阻应变计。

电阻应变测量方法是用电阻应变计测定构件的表面应变，再根据应变-应力关系确定构件表面应力状态的一种实验应力分析方法。这种方法是将电阻应变计粘贴在被测构件上，当构件受到载荷作用后，构件表面会产生微小变形，敏感栅随之变形，引起应变计电阻产生变化，其变化率与应变计所在处构件的应变成正比。测出应变计电阻的变化，即可按公式算出该处构件表面的应变，并算出相应的应力。根据敏感栅材料的不同，电阻应变计分为金属电阻应变计和半导体应变计两大类。另外还有薄膜应变计、压电场效应应变计和各种不同用途的应变计，如温度自补偿应变计、大应变计、应力计、测量残余应力的应变计等。电阻应变测量方法具有很高的灵敏度和精度，由于它在测量时输出的是电信号，因此，容易实现测量数字化和自动化，并可进行无线电遥测。电阻应变测量方法可在高温、高压液体、高速旋转及强磁场等特殊条件下进行；同时，电阻应变计的基长可制作得很短，并具有很高的频率响应能力，因此在应变变化梯度较大的构件上测量时仍然能获得一定的准确度，在高频的动应变测量中具有独特的优点。

电阻应变测量技术的缺点主要有：一个电阻应变计只能测量构件表面一个点的某一个方向的应变，不能进行全域性的测量；电阻应变计只能测得被测点上应变计基长内的平均应变值，在应变梯度大的部位，难以测得该处的最高峰值；此外，在温度变化大，强磁场等情况下，需采用一定措施，才能保证测量精度。

二、光弹性实验法

戴维·布鲁斯特(David Brenster)等人在1816年前后发现将玻璃板置于偏振光场中，在载荷作用下会出现彩色条纹，而这些条纹的分布与板的几何形状及所受的载荷密切相关。这是由于玻璃板在载荷作用下任一点的各方向应力不同，使得玻璃板任一点各方向的折射率不同，在偏振光场中由于双折射现象产生条纹。19世纪中期纽曼(Neumann)和马克斯威尔(Maxwell)等人，在实验基础上建立了著名的纽曼-马克斯威尔应力光学定律，证明了主折射率与主应力成线性关系，从而得到了应力与光学量之间的定量关系，为光测力学奠定了理论基础。1906年赛璐珞被用做光弹性材料之后，随着酚醛树脂和环氧树脂等光学敏感性材料的出现，推动了光弹性实验法的发展。

光弹性实验法是运用光学原理研究弹性力学问题的一种应力分析方法。某些各向同性透明的非晶体高分子材料受载荷作用时，呈现光学各向异性，使一束垂直入射偏振光沿材料中的两主应力方向分解成振动方向互相垂直、传播速度不同的两束平面偏振光；卸载后，又恢复光学各向同性。这就是所谓的暂时双折射效应。这种方法是用具有这种效应的透明塑料按一定比例制成零构件模型，置于偏振光场中，施加一定的载荷，利用偏振光通过透明受力模型获得干涉条纹图，直接确定模型各点的主应力差和主应力方向，通过计算，就能确定模型受载时各部位的应力大小和方向。光弹性实验法可得到整个模型的应力条纹图，从而可直接观察模型的全部应力情况，特别是能直接看到应力集中部位，可迅速准确地确定应力集中因数。目前，经典的光弹性实验技术已从二维、三维模型实验(如光弹性法、光弹性应力冻结法)发展成为能用于工业现场测量的光弹性贴片法，用来解决扭转和轴对称问题的光弹性散光法，研究应力波传播和热应力的动态光弹性法和热光弹性法，进行弹-塑性应力分析的光塑性法，以及研究复合材料力学的正交异性光弹性法。

三、脆性涂层法

在生产实践中，人们早就发现在热轧钢构件表面的氧化层上，凡出现裂纹或剥落的地方，就是材料已进入塑性状态的区域。后来，人们在某些构件上涂了石灰水，不仅显示出塑性区，还能增加裂纹的清晰度，这就是用脆性涂层测定应力的开端。1932 年，德国人迪特里希(Dietrich)和莱尔(Lehr)首次提出脆性涂层法，将脆性涂层用于应变测量。1934 年，法国 Portevin 和 Cymboliste 研究了脆性涂层材料，用天然树脂和各种溶剂制成脆性涂层。1937 年，埃利斯(G. Ellis)系统研究了脆性涂层材料的成分和性能。1941 年，脆性涂层材料在美国进行生产并得到广泛应用。

脆性涂层法是把特殊的脆性涂料喷涂在工程构件或模型表面上，以确定主应力方向和估计主应力大小的一种全场实验方法。涂料喷涂到构件表面后，经过处理，就在构件表面结成脆性层。当此构件由于加载而产生的应变在某点达到一定的临界值时，该点涂层就出现一条与主应力方向垂直的裂纹。连接同一载荷下所有裂纹的端点，其连线上各点具有相等的应力值，称为等应力线。通过逐级加载，可得到几乎遍布整个涂层表面的裂纹图和对应于不同载荷的等应力线，从而可直接观察到构件表面各处主应力大小和方向的分布状况。此法容易获得主应力迹线，主要用来测出最大应力区和主应力方向，是电阻应变计测量技术的辅助方法。它可以在实物上进行测量，全域性地显示，但受温度和湿度的影响较大，一般只能做定性的测量。由于它的价格低廉及使用方便，因此可以与电阻应变测量方法配合使用，由它来确定构件最大应力的部位，然后用电阻应变测定最大应力值。脆性涂层还可以对动应变进行测量，采用陶瓷材料制成的脆性涂层材料可用于 300℃的高温应变测量，但比室温与静态应变测量时的测量精度要差一些。

四、云纹法

云纹法又称叠栅干涉法，是通过测定云纹图并对其进行分析以确定试件的位移场或应变场的一种实验分析法。用两块半透明丝绸重叠在一起会产生美丽的条纹，云纹法因此而得名。19 世纪 70 年代，由于衍射光栅的发展，人们已了解云纹干涉的现象，但因当时还不能制造面积较大的栅板，云纹法只用于透镜质量的检验、栅板相对位移的测定等。20 世纪 50 年代初，栅板制造技术取得较大的进展，云纹法才开始作为实验应力分析方法发展起来，并且在理论上、技术上和应用上都获得较快的进展而成为一种常用方法。其原理是，当栅板和栅片重叠时，因栅片牢固地粘贴在试件表面而随之变形，遂使栅板和栅片上的栅线因几何干涉而产生条纹即云纹。可通过云纹测定物体表面的等高线，以及板壳的挠度分布等。由于云纹法是几何干涉方法，因此可以测量较大的变形，同时它不受温度的影响，可在较高温度范围内进行测量，缺点是在小变形时灵敏度低，但在测量大变形时要比其他方法优越，因此适用于弹塑性变形和裂纹开裂等情况下的测量。云纹法不仅可以用来测量面内位移，还可以采用影像法与反射法测量离面位移和斜率，这对测量板、壳等构件的挠度及斜率是一种很有用的方法。采用云纹法直接获得的是位移，若要得到应变需要进行微分，因此精度要差一些。

五、全息干涉法

全息干涉法是利用全息照相获得物体变形前后的光波波阵面相互干涉所产生的干涉条纹图,以分析物体变形的一种干涉量度方法。1947 年英国盖伯在提高电子显微镜分辨率研究课题中,提出了光学成像的一种新方法,奠定了全息照相的理论基础。激光是具有很高的时间和空间相干性的光源,它的出现为全息照相的发展创造了条件。1962 年利思用激光光源拍摄了第一张可供实用的激光全息图,1964 年又提出了漫射全息图的概念。全息照相是一种不用透镜而能记录和再现被摄物体的三维图像的照相方法。它能把来自物体的光波波阵面的振幅和相位信息以干涉条纹的形式记录下来,又能在需要时再现出来,以观察到物体的三维图像。全息干涉法的主要内容是研究条纹图的形成、条纹的定位以及对条纹图的解释。对于具有漫反射表面的不透明物体,条纹图表示物体沿观察方向的等位移线;对于透明的光弹性模型(如有机玻璃),则表示模型中主应力之和等于常数的等和线。由于它是非接触式测量方法,对构件表面粗糙度没有要求,构件表面不需要做专门加工,同时它是全域性显示,可得到构件全部位移场,可在实物上进行测量,具有很高的灵敏度和精度,灵敏度为波长量级,采用脉冲激光光源可测量瞬态位移。

六、散斑干涉法

散斑干涉法是精确检测物体表面各点位移的光学测试法。1968 年,由 Burch 和 Tokaski 在疲劳检验尝试测量位移时提出散斑干涉法。1969—1971 年间 Ennos 和 Eliasson 等人利用散斑干涉测量振型,同时 Archbodd 等人利用散斑测量位移,对结构变形进行研究,1973 年前后,利用散斑相关、杨氏条纹逐点观测法测量裂纹尖端开裂位移。其原理是,激光照射在漫反射物体表面时,由反射光波干涉形成的散斑随物体变形或位移而变化。采用适当装置,通过双曝光法把变形前后的散斑记录在一张全息底片上,经显影定影后便可获得存储物体表面各点位移信息的散斑图。用激光照射散斑图,就显出散斑干涉条纹。在进行光学傅里叶变换信息处理后,便可分析出位移信息。散斑干涉法可以较好地测量构件面内位移,也可以测量离面位移,也是一种非接触式测量方法,可在实物上进行测量,被测构件表面不需要进行特别加工,并且可以逐点测量或全场显示,还具有灵敏度高及设备简单等优点,亦能用于动态及高温应变测量,缺点是散斑干涉法形成的条纹不够清晰。

七、声学方法简介

声弹性法是利用超声剪切波的双折射效应测量应力的一种方法。超声波在有应力的介质中传播时,其剪切波沿两主应力方向发生偏振,两偏振波以不同速度传播。经实验和理论分析得到应力-光学定律:沿主应力方向的两个超声剪切波的速度差与两主应力差成正比。该比例系数称为声弹性系数,与材料的弹性常数有关。这种现象和透明材料的光弹性效应相似,可以用来进行应力测量。声弹性方法的主要优点是可以测量非透明材料中的应力,特别是金属内部的应力,并可测量焊接件的残余应力。

构件在受力过程中产生变形或裂纹时,以弹性波形式释放出应变能的现象称为声发射;利用接收的声发射信号,对构件进行动态无损检测的技术称为声发射技术。此技术可用来检测裂纹和研究腐蚀断裂过程,以及监视构件的疲劳裂纹扩展等;还可用来评价构件的完整性,判断结构的危险程度。

声全息法是20世纪60年代发展起来的成像技术。其原理和全息照相相同，即利用波的干涉原理记录物波的振幅和相位，并利用衍射原理再现物体的像。它的不同处是用超声波代替光波。此法的成像分辨率高，用于无损检验，可显示试件内部缺陷的形状和大小。

八、X射线法

X射线法是利用X射线穿透金属晶格时发生衍射的原理，测量衍射角的变化并通过布拉格公式确定晶格的变化，从而算出金属构件表面应力的一种实验方法。此法可无损地测量构件中的应力或残余应力，特别适于测量薄层和裂纹尖端的应力分布，是检验产品质量，研究材料强度，选用较佳工艺的一种重要手段。

九、比拟法

比拟法是根据两种物理现象之间的比拟关系，通过一种物理现象的观测实验，研究另一种物理现象的方法。如果两种物理现象中存在以形式相同的数学方程描述的物理量，它们之间便存在比拟关系，可用一种较易测试的物理现象模拟另一种难以测试的物理现象，从而使实验工作大为简化。在实验应力分析领域中，常用的有薄膜比拟、电比拟、电阻网络比拟、沙堆比拟等。

十、模型和原型实验

应用上述这些方法进行工程构件的应力分析，往往要利用模型或原型进行实验。对于新设计的复杂工程结构，要用模型做实验，校核该设计方案的可靠性，或选择较优的设计方案。在工程完成后，有时还须进行现场原型实验，验证模型实验的结果。此外，还可通过模型或原型实验，找出工程构件失效的原因，以便提出改进的方案。非金属材料制成的模型，在小载荷作用下容易变形，加上制造方便，可在同一模型上修改原设计方案和重复进行实验，故通常采用这类材料(例如硬聚氯乙烯、有机玻璃、铝粉增强环氧树脂等工程塑料)制造模型。模型或原型实验往往采用多种实验应力分析方法相结合的测试方式。

20世纪下半叶以来，随着计算机软硬件技术、激光技术、微电子技术、控制技术、精密加工技术等现代技术的发展，实验力学的发展具有如下特点：①实验技术向广度和深度发展。就广度而言，例如，由于电阻应变测量技术的广泛应用，所以，对于真空、高压、深冷、高温、静态和在数十万赫频率条件下的应变，都可获得有效的测量数据。就深度而言，开展宏观和微观相结合的实验研究，深入探索失效的机理和各种影响材料强度的因素的规律性。②实验装备的自动化。在实验数据的采集、处理、分析和控制等方面，正在实现计算机化，如大型动载实验，已能做到实时的数据处理，大大缩短实验周期，及时提供准确的实验分析数据和图表。即使是多年来难以实现自动化的光弹性仪，也已出现多种光弹性自动测试装置的方案。③随着电子计算机及有限元和其他数值分析方法的应用，经典的应力分析正朝着实验和计算相结合、物理模型和数学模型相结合的方向发展。近些年来，微/纳米力学实验测试技术发展很快，微压痕法已成为测取涂层、晶片、微电子器件等力学性质的重要手段。

当今社会，随着各项工程建设的飞速发展，许多重大难题迫切需要力学工作者去解决。例如我国的特大型三峡水利枢纽工程，航天、航空的高可靠性的飞机发动机工程，超大型运输船舰，高速运输车（高速火车、汽车）和道桥工程，超高层建筑、地震及泥石流自然灾害的预防工程以及微重力条件下的测试、微电子、微机械与微传感技术，生物活体组织及其力学行为，复合材料的研究及应用，等等，都向实验力学工作者提出了大量难以解决的课题。这些研究对象具有大（如地球、巨轮、特大型三峡水利、高速桥梁等）、高（如高温、高转速、高辐射、高真空、高压等）、难（指解决这些技术普遍具有高难度，靠计算很难解决或没把握的问题，要靠试验测试解决问题，大多为初次实践，缺少经验）的特点。这些对实践者来讲既是挑战也是机遇。科学技术飞速发展既对实验力学工作者提出了迫切要解决的难题，又为其提供了新技术和新手段。总之，实验力学方法本身还有许多工作要做，一些新的实验方法及新的实验技术有待于人们进一步开拓。

第二章　误差分析和实验数据处理

任何实验都离不开对物理量的测量、观察与分析，由于测试方法、测试设备、测试人员的技术水平以及测试环境的影响，使得测试结果和真值之间不可避免地存在着差异，这种差异称为测试误差。从制定实验方案，按照实验目的选择实验仪器和设备，到确定实验方法和步骤以及对测得的实验数据进行合理的分析和处理，都需要误差分析和数据处理方法的基本知识。在实验应力分析中常常需要使用模型，量纲分析理论和相似理论是研究模型与原型之间规律的基本理论，模型实验时的问题必须应用这些理论来解决。本章将对力学实验中用到的误差分析和数据处理的基本理论以及量纲分析理论和相似理论的一些基本概念作简单的介绍。

第一节　误差分析中的基本概念

一、测量的分类

测量是根据相关理论，用专门的仪器或设备，通过实验和必要的数据处理，求得被测量量值的过程。其本质就是为获得被测对象的量值而进行的实验过程。这个实验过程可能是极为复杂的物理实验，如地球至月球距离的测定，也可能是一个很简单的操作，如物体称重或卡尺测量轴的直径等。对物理量进行测量，是力学实验过程中的一个重要环节。对同一被测量，可能有多种不同的测量方法，需要做出选择，选择正确与否直接关系到测量工作是否能正常进行，以及能否符合规定的技术要求。因此，必须根据不同的测量任务要求，找出切实可行的测量方法，然后根据测量方法选择合适的测量工具，组成测量系统，进行实际测量。如果测量方法不合理，即使有高级精密的测量仪器或设备，也不能得到理想的测量结果。

1. 根据是否直接测量出被测量来分类

(1)直接测量：即将未知的物理量与一个具有相同性质的标准物理量相比较，看未知量是标准物理量的多少倍，从而确定未知量的数量。该数量的大小依赖于标准物理量的选取。通常，称标准物理量为未知物理量的单位。例如，用压力表测量压力，用电表测量电压或电流，用工具显微镜测量轴的直径尺寸等。

(2)间接测量：若未知的物理量不能直接用标准物理量去度量，但它与某些可以直接测量的物理量之间存在着确定的函数关系，于是可以通过对那些能够直接测定的物理量进行测定，借助于其间的函数关系，算出未知物理量。例如，测量运动物体的加速度，先将被测的加速度通过相应的传感器转变成电量，通过放大器将电量放大或转换，再送入显示器或记录仪，或者送入计算机处理，从而得到被测的加速度。

2. 根据测量时是否与标准件进行比较来分类

(1)绝对测量：指测量时被测量的绝对数值由计量器具的显示系统直接读出。例如，用测长仪测量轴径，其尺寸由仪器标尺直接读出。

(2)相对测量:亦即比较测量,测量时先用标准件调整计量器具零位,再由标尺读出被测几何量相对于标准件的偏差,被测量的数值等于此偏差与标准件量值之和。一般来说,相对测量法比绝对测量法精度高。

3. 根据测量时工件被测表面与测量器具是否有机械接触来分类

(1)接触测量:是指测量器具的测头与工件被测表面有机械接触。例如,用千分尺测量轴径。

(2)非接触测量:是指测量器具的测头与工件被测表面无机械接触。例如,用工具显微镜测量零件几何尺寸。

接触测量对被测表面上的油污、灰尘等不敏感,但由于测量力的存在,会引起被测表面和测量器具的变形,因而影响测量精度。非接触测量则与其相反。

此外,根据测量次数,测量方法还可以分为单次测量和多次测量;根据测量时被测工件所处运动状态的不同,测量方法可以分为静态测量和动态测量;根据测量对工艺过程所起作用的不同,测量方法可以分为被动测量和主动测量;根据测量过程的特征,测量方法可分为等精度测量和非等精度测量;等等。

在实际测量过程中,一个物理量的测量不是单按其中一种分类方法来分,而是以上各种分类的综合。

二、测量误差的分类

在力学实验的实际测量中,无论所选取的标准物理量显示仪表的刻度多么精细或其数/模转换之间的比例关系取得多么精细,被测物理量总是不可避免地处在某相邻的两个最小读数之间,这样被测物理量就因读数而存在着误差。另外,在测量过程中,或因外界条件的变化,如温度、湿度、振动等原因,或因其他偶然因素的影响,被测物理量的数量就不等于该量的真实大小。通常,我们把被测物理量的真实值(简称真值)与测得的数值(测定值或实验值)之间的差别叫做误差,显然误差是可正可负的。随着科学技术的发展,测试仪器设备的进步,测试人员素质的不断提高以及测试环境的改善,误差或误差影响会不断减少,测试准确度会不断提高,但误差不会完全消失。误差分析就是研究误差的分类、产生原因、表现规律并设法消除其对测试结果的影响。

根据误差产生原因可将误差分为以下几类。

1. 系统误差

由某些固定不变的因素引起的,对测量值的影响总是有同一偏向或相近大小的误差称为系统误差,又称为恒定误差。其特点是在整个测量过程中始终有规律地存在着,其大小和符号都按某一规律改变。这类误差的来源有以下几个方面:

(1)仪器调整误差:由于测量人员没有调整好仪器所带来的误差。例如,测量前未将仪器安装在正确位置上,仪器未校准或使用零点调整不准确的仪器等。

(2)实验条件误差:测量过程中,由于测量条件变化所造成的误差。例如,实验过程中仪器的工作条件(温度、湿度、气压等)不同于校准条件等。

(3)实验方法误差:由于所采用的测量方法或数学处理方法不完善所产生的误差。例如采用简化的测量方法和近似计算方法以及对某些经常作用的外界条件影响的忽略等,导致测量结果偏高或偏低。

(4)主观误差:由测量人员的一些主观因素所造成的误差。例如测量工作者个人技术的不完善或某种不正确的工作习惯,导致误差有固定偏向和一定规律性,可根据具体原因采取适当措施予以校正和消除。

2.偶然误差

由不易于控制的多种随机因素造成的,没有固定的大小和偏向,但其数值服从概率统计规律的误差称为偶然误差,又叫实验误差或随机误差。这类误差来源于以下几个方面:

(1)判断误差或视差:主要是由于估计仪器的最小分度的分数不准而引起的。

(2)涨落变化:主要指测定过程中客观条件的变化,例如温度、湿度、电压等因素的变化。

(3)干扰:主要指外界对测试仪器产生的干扰。

(4)其他种种偶然因素对测量的影响。

偶然误差通过客观测定,借助于误差理论对测定值进行数学处理可以消除或降低到最小限度。

3.过失误差

过失误差又称粗大误差,指显然与实际不符的误差,它无一定规律,误差值可以很大,主要是由于测量者粗心,操作不当或过度疲劳造成。例如读错刻度,记录或计算差错,这类误差只能靠测量者认真细致地正确操作和加强校对才能避免。

三、准确度、精密度和精确度

准确度是对测试结果正确性的度量,指多次测量数据平均值与真值接近的程度。影响准确度的因素主要是系统误差。准确度并不反映多次测量数据的集中程度,因而是系统误差对测试结果的影响。

精密度是对测量数据集中程度的度量,指多次测量所得数据的重复程度。影响精密度的因素主要是偶然误差,精密度高说明测试结果比较集中,它并不反映测量数据与真值之间的关系。

精确度是对测量数据集中程度和测量结果与真值偏离程度的度量。精确度高说明测量数据比较集中,并且集中于真值的周围,即精密度和准确度都较高,此种情况说明测试结果的随机误差和系统误差都较小。通常所说的精度应理解为精确度。

图 2-1 形象地表示了精密度与准确度之间的关系。图(a)表示测量值精确度高,即精密度和准确度都高,即精确度高;图(b)表示测量值精密度低,准确度高;图(c) 表示测量值精密度高,准确度低;图(d)表示测量值精密度低,准确度亦低。

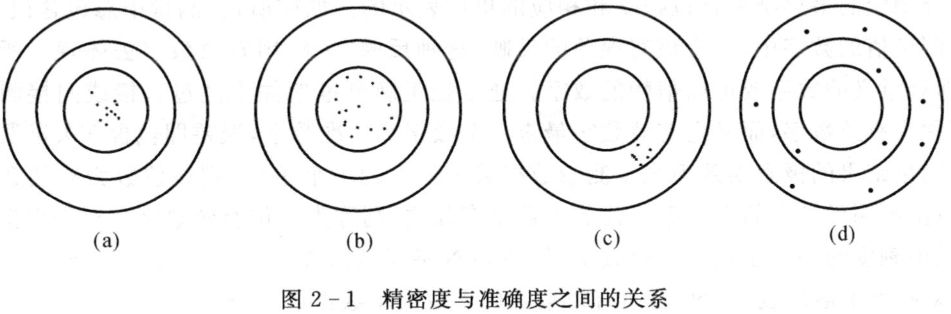

图 2-1　精密度与准确度之间的关系

四、测量不确定度

测量精确度的高低只是一种定性概念，难以应用于测量结果的评定，若要定量评定测量结果宜用不确定度描述。不确定度愈小，测量的水平愈高，数据的质量愈高，其使用价值也愈高；不确定度愈大，测量的水平愈低，数据的质量愈低，其使用价值也愈低。在质量管理与质量保证中，对不确定度极为重视，ISO9001 规定：检验、计量和试验设备使用时，应保证所用设备的测量不确定度已知且测量能力满足要求。

测量不确定度指用以表征合理赋予被测量的值的分散性而在测量结果中含有的一个参数。测量结果的不确定度由许多原因引起，一般是一些随机性的因素，使测量误差值服从某种分布。用概率分布的标准差表示的不确定度称为标准不确定度。测量结果的不确定度往往含有多个标准不确定度分量，可以用不同方法获得。标准不确定度的评定方法有两种：A 类评定和 B 类评定。由测得值用统计分析方法进行的不确定度评定称为不确定度的 A 类评定，相应的标准不确定度称为统计不确定度分量或“A 类不确定度分量”；采用非统计分析方法所做的不确定度评定，称为不确定度的 B 类评定，相应的标准不确定度称为非统计不确定度分量或“B 类不确定度分量”。将标准不确定度区分为 A 类和 B 类的目的，是使标准不确定度可通过直接或间接的方法获得，两种方法只是计算方法的不同，并非本质上存在差异，两种方法均基于概率分布。

测量不确定度与测量误差紧密相连但却有区别：在实际工作中，由于不知道被测量值的真值才去进行测量，误差的影响必然使测量结果出现一定程度上的不真实，故必须在得出测量结果数值的同时表达出结果的准确程度，按现行的标准要求要用测量不确定度来描述。不确定度是对测得值的分散性的估计，是用以表示测量结果分散区间的量值，而不是指具体的、确切的误差值，它虽可以通过统计分析方法进行估计，却不能用于修正、补偿测量值。

第二节　有效数字与其运算法则

测量数据通常是用若干位数字表示的，在测量数据计算中确定用几位有效数字代表测量结果十分重要，测量数据的位数与测量准确度有关，位数取得过多，超过测量可能的准确度是不对的；相反，位数过少，低于测量能达到的准确度也是错误的。

一、有效数字

实验测定的最终结果是以数字和相应的单位表示的。如前所述，测量中总包含误差，于是在表示测量值的数字中，也应该有误差的反映，这种反映，一般用有效数字去体现。所谓有效数字，即有意义的数字或可以信赖的数字。通常把正确测量条件下经过直接或间接测量得到的数字称为有效数字，而又把有效数字最末一个数字称欠准数字，误差即包含在欠准数字中。

若测量结果的极限误差不大于测量数据某一位上的半个单位，则该位数为有效数字的末位，从该位到测量结果的左起第一位非零数字有几位，则称为几位有效数字。对于直读式仪器仪表，最小刻度的一位小数为有效数字，如 300kN 液压式万能材料实验机，读数刻度盘的量程为 300 kN，每小格代表 1 kN，因而有效数字的末位为小数点后一位。

数字 0 可以是有效数字，也可以不是。例如长度为 0.004 50 m，前 3 个 0 均非有效数字，因为这些 0 只与所取单位有关，而与测量准确度无关，如用 mm 为单位，则变成 4.50mm，前 3 个 0 消失，后 1 个 0 是有效数字，有效位数三位，后一个 0 如丢掉，则有效位数变成二位，数值的准确度降低了。

二、运算法则

根据有效数字的含义，可以把有效数字书写成用测定值和误差表示的形式，即

$$T = M \pm \delta \tag{2-1}$$

于是，有效数字的四则运算法则也就是单次测定值的误差的四则运算法则，具体如下：

(1) 记录测量数据时，只保留一位可疑数字，一般可疑数字表示末位上 ±1 个单位，或下一位有 5 个单位的误差。

(2) 有效数字以后的数字舍弃方法，凡末位有效数字后的第一位数字大于 5，则在末位上增加 1；若小于 5，则舍去不计；若等于 5 时，末位数为奇数则增加 1，为偶数则舍去不计。例如 56.0247，取 4 位有效数字时为 56.02，取 5 位有效数字时为 56.025。

(3) 含有小数的不同位数的两个以上有效数字在进行加、减法运算中，每个数保留有效数位应以最末一个有效数字的单位相同为原则，若各测量值小数点后均有有效数字，则各数所保留的小数点后的位数应与各数中小数点后位数最小的相同，例如 12.58＋0.0081＋4.546 应写成 12.58＋0.01＋4.55＝17.14 而不应算成 17.1341。

(4) 在乘、除运算中，各测量值保留的位数应以其中相对误差最大者或有效位数最少者为标准，其余各数舍入至较有效数字位数最少数字多一位。乘、除运算结果的有效位数应与有效数字位数最少的数字位数相同，而与小数点的位置无关，如

$$\frac{605.32 \times 0.64}{4.065} = \frac{605 \times 0.64}{4.06} = 95.4 \approx 95$$

第三节 误差分析的理论基础

由于测量误差的存在，测量结果带有不可信性。为提高其可信程度和准确程度，常对同一量进行相同条件下的重复多次的测量，取得一系列包含有误差的数据，按统计方法处理，获知各类误差的存在和分布，再分别给以恰当的处理，最终得到较为可靠的测量值，并给出可信程度的结论。

一、物理量多次测量结果的特性

对某个物理量进行多次测量，所得结果具有不同的分布特性，其中正态分布最常见。它具有以下特性：

(1) 测量值的分布大体上对称于出现次数最多的数值，或者说绝对值相等的正、负误差出现的概率相等。

(2) 一组测量值中，出现次数最多的那个数值，接近该组测量值的算术平均值。

(3) 若以算术平均值作为基准，估计各测量值所具有的误差，则具有最大误差的测量值的出现次数最少。

(4) 误差随着出现次数的减少而增大，即绝对值小的误差出现的概率大，绝对值大的误差

出现的概率小。

二、系统误差的消除

测量过程中的系统误差可分为恒定系统误差和变值系统误差，具有不同的特性。恒定系统误差对每一测量值的影响均为相同常量，对误差分布范围的大小没有影响，但使算术平均值产生偏移。通过对测量数据的观察分析，或用更高精度的测量鉴别，可较容易地把这一误差分量分离出来并做修正。变值系统误差的大小和方向则随测试时刻或测量值的不同大小等因素按确定的函数规律而变化。如果确切掌握了其规律性，则可以在测量结果中加以修正。消除和减少系统误差的常见方法有修正法和对称法。

1. 修正法

修正法是指用更精确的仪器对实验仪器进行校准以减小系统误差，或者利用通过分析给出的修正公式修正实验数据以消除系统误差。例如，电阻应变仪的灵敏系数，应定期用标准应变模拟仪进行修正校准。在采用长导线进行电阻应变测量时，导线电阻不能忽略，它所引起的应变读数固定偏小，为系统误差。经分析，可用下面的公式进行修正以消除系统误差：

$$\varepsilon=\varepsilon_{d}\left(1+\frac{R_{L}}{R}\right) \tag{2-2}$$

式中，ε 为修正后的应变值；ε_d 为应变仪读数；R 为应变片电阻值；R_L 为长导线电阻值。

2. 对称法

对称法就是利用对称性进行试验来消除系统误差。例如，做拉伸实验时，常在拉伸试件两侧对称位置上同时安装两个引伸计测伸长，或同时粘贴两个电阻应变片测量应变，把测得的两个数据取平均值，这样就消除了由于加载偏心引起的系统误差。

一般情况下引起系统误差的因素可能有多种，须具体分析，逐项排除或修正。

三、偶然误差基本方程

由误差的定义知，对于一个测量值，相应地就有一个误差。在测量过程中，排除系统误差和过失误差后，余下的便是偶然误差。偶然误差的处理是从它的统计规律出发，按其为正态分布，求测得值的算术平均值以及用于描述误差分布的标准偏差。偶然误差是不可消除的一个误差分量，进行分析处理的目的是为了得知测得值的精确程度。

1795 年，高斯给出了误差基本方程的函数形式：

$$f(x)=\frac{1}{\sqrt{2\pi}S}e^{-x^{2}/(2S^{2})} \tag{2-3}$$

或

$$f(x)=\frac{h}{\sqrt{\pi}}e^{-h^{2}x^{2}} \tag{2-4}$$

式中，$f(x)$ 为概率密度，S 为标准误差，h 称为精密度指标，$h=\frac{1}{\sqrt{2}S}$。

此式称为高斯误差分布定律。

根据式(2-4)作出曲线如图 2-2 所示。由图中可见，h 越大，曲线的中部 $f(x=0)$ 升得越高；h 越小，曲线变得越平坦。由于误差曲线下面总面积，亦即总概率为 1，因此，曲线越高、越陡，则意味着误差处在小值范围的概率大，因此，测量精度高。h 反映了测量的精密度大小，S 决定误差曲线幅度大小，并表示曲线的转折点。

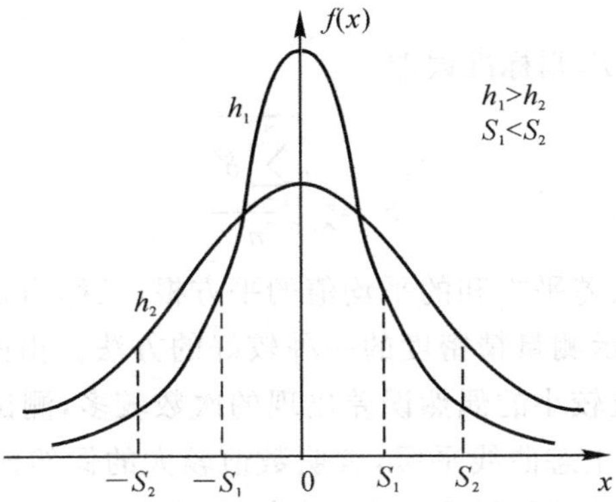

图 2-2　高斯误差分布曲线

四、误差的表示方法

1. 绝对误差

设测量值为 M，真值为 T，则绝对误差

$$\delta = M - T \tag{2-5}$$

通常，被测物理量的真值往往是未知的，因此对于被测定的物理量的测量值来说，其绝对误差 δ 亦是未知的。实际测量中，δ 值是根据测定的具体情况进行估计的，若对被测定物理量进行了多次测量，每次测得的测量值 M_i 不一定相同，相应地绝对误差 δ 也不尽相同。为了保证测量值在实际应用中偏向安全起见，定义绝对误差 δ 的最大绝对值为极限绝对误差 $\delta_{极}$，即

$$\delta_{极} = |\delta_{max}| = |M - T|_{max} \tag{2-6}$$

一般绝对误差指极限绝对误差。

2. 相对误差

为了表示测量值的测量精确度，采用相对误差。定义绝对误差 δ 与真值 T 之比为相对误差 ρ，即

$$\rho = \frac{\delta}{T} \tag{2-7}$$

由于真值 T 往往是未知数，为了计算方便，将 T 换成测量值 M，于是相对误差为

$$\rho = \frac{\delta}{M} \tag{2-8}$$

将式(2-8) 代入式(2-5) 中得

$$T = M(1 - \rho) \tag{2-9}$$

由式(2-9) 可知，相对误差愈小，则测定值愈接近真值。

3. 算术平均值 M_a

$$M_a = \frac{1}{n}\left(\sum_{i=1}^{n} M_i\right) \tag{2-10}$$

式中，M_i 表示第 i 次测量值；n 是测量次数，当 $n \to \infty$ 时，$M_a \to T$。

利用最小二乘法原理可以确定一组测量值中的最佳值，它能使各测量值误差的平方和为

最小，而最佳值正好是算术平均值。算术平均值是评估偶然误差的重要指标之一。

4. 标准误差 S

测量值误差 $\delta_i = M_i - T$，则标准误差

$$S = \sqrt{\frac{\sum_{i=1}^{n} \delta_i^2}{n}} \tag{2-11}$$

标准误差是各测量值误差平方和的平均值的平方根，又称均方根误差，它对较大或较小的误差反应比较灵敏，它是表示测量精密度的一种较好的方法。由图 2-2 可见，标准误差 S 较小，正态曲线很陡，表明数值较小的偶然误差出现的次数较多，测试数据分散性较小，精密度较高；反之，标准误差 S 较大，正态曲线平缓，表明数值较大的偶然误差出现的次数较多，测试数据分散性大，精密度较低。对于高斯误差分布在标准误差 $\pm S$ 区间内的概率总和为 68.3%，而在 $\pm 2S$ 区间内的概率总和为 95%，在 $3S$ 区间内的概率总和为 99.7%，可认为在有限测量次数中某一测量值出现概率为 0.3%，已属极小，故超出 $3S$ 的误差可认为不属于偶然误差而是系统误差或过失误差。

5. 有限测量次数的标准误差

当测量次数无限多时，算术平均值 M_a 即为真值 T，但当测量次数有限时，算术平均值 M_a 只是近似真值。

设测量值偏差为 $\alpha_i = M_i - M_a$，它与误差 $\delta_i = M_i - T$ 不等，由测量中正、负误差出现的概率相等可推出下式：

$$\sum_{i=1}^{n} \alpha_i^2 = \frac{n-1}{n} \sum_{i=1}^{n} \delta_i^2 \tag{2-12}$$

由式(2-12)可见，有限测量次数中自算术平均值计算的偏差平方和永远小于自真值计算的误差平方和，由此得出有限测量次数时标准误差计算公式：

$$S = \sqrt{\frac{\sum_{i=1}^{n} \delta_i^2}{n}} = \sqrt{\frac{\sum_{i=1}^{n} \alpha_i^2}{n-1}} = \sqrt{\frac{\sum_{i=1}^{n} (M_i - M_a)^2}{n-1}} \tag{2-13}$$

需要指出的是，标准误差 S 只能表征一组等精度测试中偶然误差出现的概率密度分布，而不是某次具体测试的误差。

6. 或然误差

在一定观测条件下，当观测次数 n 无限增加时，在真值误差列中，若比某真值误差绝对值大的误差和比它小的误差出现的概率相等，则称该真值误差为或然误差。

在测量次数有限时，或然误差计算公式如下：

$$\gamma = 0.6475 \sqrt{\frac{\sum_{i=1}^{n} (M_i - M_a)^2}{n-1}} \tag{2-14}$$

如果将真值误差列按绝对值从大到小排序，当为奇数时，居中的真值误差就是或然误差；当为偶数时，居中的两个真值误差的平均值为或然误差。

实验结果的精密度可用绝对误差表示，也可用相对误差表示，并常用相对百分误差表示。以上所述的偶然误差的正态分布，在理论上是概率论中心极限定理推导的结果，在实际上由大

量实践所证实，因此得到广泛应用。但是中心极限定理有前提条件，而实际误差分布往往在分布曲线尾部与正态分布有一些差异，即对相当多的实际分布来说，正态分布只是一种近似，有些实际误差分布则要按非正态分布来考虑。

第四节　间接测量值的误差估计

在力学实验中，有些物理量是通过间接测量得出的。例如测定弹性模量E时，首先须测量横截面面积A，长度L，载荷P及变形Δl，然后计算E值：

$$E=\frac{Pl}{A\Delta l} \tag{2-15}$$

式中每一物理量都各有其本身误差，由此必导致函数E产生误差。现在需要做的是，根据各物理量的误差来估计函数的误差。本节介绍如何计算间接测量量的误差。

设函数$V(x,y)$是欲测的对象，x和y是直接可以测定的两个独立的物理量。如果x和y均表示其真值，Δx和Δy分别表示对应的绝对误差，则由此而引起的函数的绝对误差应为

$$\Delta V=V(x+\Delta x,y+\Delta y)-V(x,y)$$

根据泰勒公式，将$V(x+\Delta x,y+\Delta y)$展开并略去高阶微量，得

$$\Delta V=V(x,y)+\frac{\partial V}{\partial x}\Delta x+\frac{\partial V}{\partial y}\Delta y-V(x,y)$$

所以

$$\Delta V=\frac{\partial V}{\partial x}\Delta x+\frac{\partial V}{\partial y}\Delta y \tag{2-16}$$

函数的相对误差为

$$\rho_V=\frac{\Delta V}{V}=\frac{x}{V}\frac{\partial V}{\partial x}\rho_x+\frac{y}{V}\frac{\partial V}{\partial y}\rho_y \tag{2-17}$$

式中，ρ_x和ρ_y分别表示x和y的相对误差：

$$\rho_x=\frac{\Delta x}{x}\qquad \rho_y=\frac{\Delta y}{y} \tag{2-18}$$

在一般情况下，常遇到的是代数方程。由公式(2-16)可导出几种常用的函数的相对误差公式。

(1) 积的误差$V=xy$。

$$\rho_V=\rho_x+\rho_y \tag{2-19}$$

(2) 商的误差$V=\dfrac{x}{y}$。

$$\rho_V=\rho_x+\rho_y \tag{2-20}$$

考虑最不利的情况，故将式(2-20)中的ρ_x和ρ_y取相同符号，以表示误差最大值。

(3) 幂函数的误差$V=x^n$。

$$\rho_V=n\rho_x \tag{2-21}$$

例如，已知弹性模量函数为

$$E=\frac{pl}{A\Delta l}$$

由式(2-20)和式(2-21)，可得E的相对误差ρ_E：

$$\rho_E=\rho_P+\rho_l+\rho_A+\rho_{\Delta l} \tag{2-22}$$

若试件为圆形截面，$A=\frac{\pi}{4}d^2$，则由式(2－21)可知横截面面积 A 的误差 ρ_A 为直径 d 的误差 ρ_d 的两倍，$\rho_A=2\rho_d$。因此还可写成

$$\rho_E=\rho_P+\rho_l+2\rho_d+\rho_{\Delta l} \tag{2-23}$$

式(2－23)中，载荷、长度、直径和变形各相对误差均取最大绝对值。根据实际情况，可选取测量误差限度 $\rho_{\max}$ 或设备、仪器的最大误差作为各个相对误差。当已知 ρ_p，ρ_l，$\rho_{\Delta l}$ 时，即可由式(2－23)估算出 E 的最大相对误差。可以看到直径误差 ρ_d 影响较大，故应选用精度较高的测量工具。

第五节　实验数据的表示方法

进行实验测定，最终得到的是一大堆相关量的数据。如何归纳、整理，以简明的形式把它们表示出来，是一项极其重要而且复杂的工作。因为实验数据反映了被测定的相关量之间存在的规律，这些规律一方面是推求理论的基础，而另一方面又可作为工程设计的依据。如果对实验数据不能以正确、清楚和简便的方式表示出来，往往就会掩盖其间的某些重要特性，而造成分析、推理、获得正确结论上的困难和实际应用上的不便。

实验数据的表示方法一般有作图法、列表法和方程法三种，它们各有优缺点，主要根据需要和经验选择使用。

一、作图法

作图法是把所测得的相关量的数据在坐标图纸上用曲线表示出来，借以显示实验结果。这样作图所得的曲线，叫做实验曲线。作图法的优点是形式直观，便于比较，能显示数据中最大或最小值、转折点和周期性等特点。如果图形画得准确，可从图上直接求积分或微分，而不必知道变量间的数学关系式，但这就要求作图者具有熟练的技巧和丰富的经验，否则，往往会因作图不正确而带来严重的误差，甚至会歪曲实验所揭示的规律。

作图方法通常有以下几个步骤：图纸选择，坐标分度，根据数据描点，画曲线，加注解说明。

认真慎重地对待每一个步序，对作好实验曲线有着重要的意义。

(1) 常用的坐标系通常有直角坐标系、三角坐标系、对数坐标系等几种。坐标系的选择无一定规律可循，多为经验性的。但一个基本出发点是以能够绘制出简单的几何曲线为准绳。最好能绘制成直线(例如直角坐标系中的指数曲线，在对数坐标系里能够化为直线)。坐标轴 x 轴永远代表自变量，y 轴永远代表因变量。坐标的分度应使每一点在坐标纸上能迅速方便地找到。一般直角坐标纸的各坐标线的间距以 1，2，5 分格最方便，应避免 3，6，7，9 分格。

(2) 坐标的最小分格应对应于被表示量的误差。分度过细，超过实验精度，会造成曲线的人为弯曲，具有虚假精度和读出无效数字；分度过粗又降低了实验精度，曲线过于平直。坐标分度值不一定从零开始，在一组数据中，自变量和因变量都有最大值和最小值，分度时可用小于最小值的某一整数为起点，大于最大值的某一整数作为终点，以使得图形在坐标纸中占得较满为合适。

(3) 坐标分度确定后，要标出主坐标分度值以便读数，为了清晰起见，不必每一分度都标

注数字，一般是每隔一格或每隔四格标注数字，标注数值的有效位数要与原数据的有效位数相同，如在图中能区别 4.50 和 4.51 时，分度标记应用 4.50 而不能用 4.5。

(4) 根据数据描点，对于只看变化趋势的情况，则将数据点描在图纸上即可。对于作为准确实验工具用的曲线图，则要按一定规则描点，由于实验数据都有一定误差，因此画图时，不能简单描点，而应用一矩形表示。矩形两边分别代表自变量和因变量的误差，中心代表算术平均值，真值应在此矩形内。用两倍标准误差作为误差的合理范围，这样所得曲线介于两虚线间的概率为 95%。若同一图中表示几组不同数据，应用不同符号加以区别。

(5) 曲线作法。将数据点描绘于坐标上之后，先用铅笔徒手细描曲线，并进行修改，使曲线较为光滑后再用曲线板加深，使曲线更为光滑和清晰。一般作曲线应按以下原则：

1) 曲线应尽可能光滑均匀。

2) 曲线应尽量与所有点相接近，但不必通过图上各点，尤其是两端点的任一点，一般认为两端点精度较差。

3) 曲线一般不应有不连续点或奇异点。

4) 应尽量使曲线两侧的点数近于相等。

(6) 注解说明。图形作好后，在坐标轴上要标明它所代表的物理量，整个图形要给予标题说明，说明要清楚。

二、列表法

列表法简单易作，不需特殊的纸质和仪器，数据便于参考比较，同一表格内可以同时表示几个变数的数值变化，而不混乱，关系明确。因此这种方法应用很普遍。

列表法所采用的表格，其具体形式由所表示的实验结果的内容而定。一般来说应注意以下几点：

(1) 完整的列表应包括表头、序号、名称、项目、说明和数据来源等项。

(2) 表格要有标题说明，说明要简明扼要。总之，表格要尽量做到自变量与因变量间关系明确，简洁，扼要，紧凑，一目了然。

(3) 表格中自变量与因变量的一一对应关系，应按一定顺序表示出来，自变量一般选择为实验能直接测量的物理量，如温度、压力、时间等。

(4) 变量如果是有量纲的量，在表头该变量后要写上单位，但在变量的测定值后不要标注单位。变量如能用符号表示，尽可能用符号表示。

(5) 数值在写入表格前，应按测量精度和有效数字的取舍原则取整齐，然后填入表格。书写时同一行的数值小数点要对齐，数字书写应清晰工整。自变量假定其无误差，因变量的位数取决于实验精度。

这种方法的缺点有：第一，表格所列各相关量的数值只能是有限个，而不能给出所有的函数值；其次，由表格不能清楚地看到相关量之间的确切的关系，即不能看出自变量变动时因变量的变动规律，只能大致估计出其间的趋势；第三，当表格中数值繁多时，实际应用不方便。

三、方程法

表示相关量的测定值间的函数关系式称为实验公式或经验公式，用方程式表示实验结果既简单又能广泛地保存实验数据，且便于应用，同时还比较深刻地反映了物理现象的内在联系，便于进行微积分运算。

一个理想的经验公式既要求形式简单，所含任意常数不要太多，又要求它能够准确地代表实验结果，这两种要求常互相矛盾，有时只能照顾必要的准确度而形式上复杂些。

从实验数据找经验公式还没有简单的方法，通常先依据一组实验数据画图，根据图形和经验以及解析几何原理，试求经验公式应有的形式，然后用多组实验数据去验证，若此形式不合适，则另立新的形式重新验证，直到满意为止。最简单的经验公式为直线式，因此，如有可能，应使函数形式取为直线式。

选定了经验公式的类型后，就要根据测定值确定经验公式中的常数，最常用的方法有直线图解法和最小二乘法等。

对于直线的情形，用图解法比较方便，先将实验数据在直角坐标纸上描点，然后画一直线使该直线尽可能接近每一点，这条直线的斜率即直线式 $y=mx+b$ 中的 m 值，而直线在 y 轴上的截距即 b 值。直线斜率由 Δy 和 Δx 的比值算出。

最小二乘法是求常数常用的方法。此法假设自变量数值无误差，而因变量各数值有测量误差；最好的曲线能使各点同曲线的偏差的平方和为最小。

现以直线式为例说明最小二乘法求常数的方法。

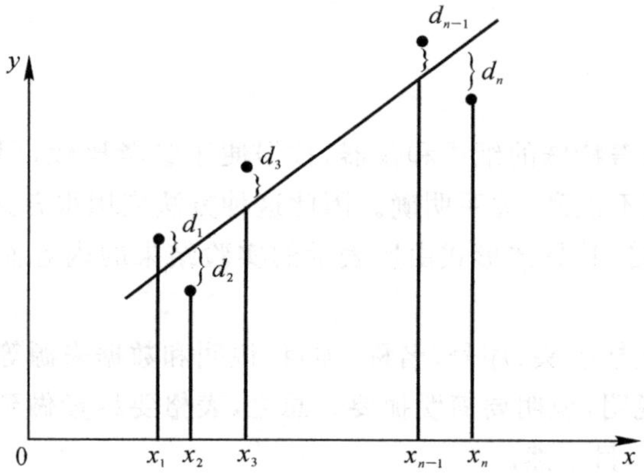

图 2-3　最小二乘法直线拟合

如图 2-3 所示，设有 n 组 x,y 值适合方程 $y=mx+b$，设 y_i' 代表 b 和 m 已知时根据 x_i 值计算的 y 值，即 $y_i'=b+mx_i, i=1,2,\cdots,n$。测量值 y_i 与直线的偏差为

$$d_i=y_i-y_i'=y_i-b-mx_i \tag{2-24}$$

设 $\sum_{i=1}^{n}d_i^2=Q$，则 Q 最小的必要条件为

$$\left.\begin{aligned}\frac{\partial Q}{\partial b}=0\\ \frac{\partial Q}{\partial m}=0\end{aligned}\right\} \tag{2-25}$$

由式(2-24) 和式(2-25) 可得

$$\sum y_i-nb-m\sum x_i=0 \tag{2-26}$$

$$\sum x_iy_i-b\sum x_i-m\sum x_i^2=0 \tag{2-27}$$

由式(2－26)和式(2－27)联立求解得

$$b=\frac{\sum x_i y_i \sum x_i-\sum y_i \sum x_i^2}{\left(\sum x_i\right)^2-n \sum x_i^2} \tag{2-28}$$

$$m=\frac{\sum x_i \sum y_i-n \sum x_i \sum y_i}{\left(\sum x_i\right)^2-n \sum x_i^2} \tag{2-29}$$

若方程为二次曲线关系式，即 $y=a+bx+cx^2$，则也可用最小二乘法求 a,b,c 3 个常数，只是需解一个联立方程组，用计算机计算非常方便。

第三章　量纲分析和相似理论

科学实验按其进行的方式分为原型(实物)实验和模型(模拟)实验。由于原型实验所需的费用大,而且受环境自然条件等因素的限制,往往不能及时和有效地进行实验,所以在实验室中进行模型实验是普遍采用的方法。这就需要借助于相似理论和量纲分析方法,相似理论和量纲分析是在多个学科中广泛应用的基础知识,在力学实验中也广为应用。相似理论是模拟实验的基础,量纲分析方法是模型实验的重要手段。本章通过力学实验中的一些例子,对量纲分析和相似理论的三个基本原理和方法作简要的介绍。

第一节　单位和量纲

在科学实验中,常常要测量各种物理量,为了定量地描述这些物理量,就需要用一定的标准去衡量和表示。如果所取的标准不同,那么测得的结果也就不同。我们把所取的这个标准称为单位。如测量某物体的长度,可选用米、厘米、毫米等单位,测量某段时间间隔可选用小时、分、秒等单位。国际上曾经使用的单位制种类繁多,换算方法也十分的复杂,对科学与技术的交流带来了许多的困难。为了解决这一问题,国际上对单位制逐渐进行了统一与规范。国际单位制(SI)中将单位分为3类:①基本单位;②导出单位;③辅助单位。

国际单位制中有长度、质量、时间、电流、温度、光强度和物质的量等7个基本量。对于一个力学系统,尽管存在各种各样的物理量,但一般情况下只需对长度、质量和时间等3种基本物理量定出单位就够了,其他多数物理量的单位可以由基本物理量的单位导出。其中基本物理量的单位称为基本单位,可以由基本单位导出的物理量的单位称为导出单位。辅助单位目前只有两个,即平面角的国际制弧度和立体角的国际制球面度。辅助单位也可以用于构成导出单位。

单位有两个含义,一是表示被测物理量的类型,二是表示测量的“尺度”。单位是度量某一物理量的基值,是预先人为选定的。例如米、厘米、毫米都属于长度的度量单位,故都可以作为长度这一类物理量的度量单位,但它们的“尺度”是不同的。

不同类型的物理量用量纲来表示,属于同一类型的物理量具有相同的量纲。用以下符号表示物理量的量纲:L(长度量纲),T(时间量纲),M(质量量纲),F(力的量纲)。同一类别的物理量量纲相同,但可以用不同的单位去描述。具体的“数值”和“单位”就准确地表示出了该物理量的大小。

与基本单位相对应的是基本量纲,与导出单位相对应的是导出量纲。在绝对单位制中基本量纲是L、M、T。力的量纲是导出量纲,写做MLT^{-2},在工程单位制中基本量纲是L、F、T。质量量纲是导出量纲,写做FT^2L^{-1}。

其他物理量的量纲可根据定义或关系方程式导出。假如应力被定义为单位面积上所作用的力，则应力的量纲为 $ML^{-1}T^{-2}$（绝对单位制）。表 3－1 中列出了力学中经常遇见的国际单位制量纲系统中的一些物理量的量纲。

表 3－1　常见物理量的量纲

物理量	量纲	物理量	量纲	物理量	量纲
长度	L	加速度	LT^{-2}	力矩	ML^2T^{-2}
时间	T	力	MLT^{-2}	惯性矩	ML^2
质量	M	能、功	ML^2T^{-2}	角速度	T^{-1}
面积	L^2	功率	ML^2T^{-3}	角加速度	T^{-2}
体积	L^3	密度	ML^{-3}	弹性模量	$ML^{-1}T^{-2}$
速度	LT^{-1}	频率	T^{-1}	应力、压强	$ML^{-1}T^{-2}$

还有一些物理量，例如角度，可以用弧长和半径的值来度量，其单位可用弧度表示，但由于与基本量纲无关，故它是无量纲的。无量纲量具有数值的特性，它可以通过两个量纲相同的物理量相除得到，也可由几个量纲不同的物理量通过乘除组合得到。

在实验力学中，一般采用长度、时间、质量为基本物理量的 3 个基本单位，就能导出其他单位，对于静力系统，因与时间无关，只需两个基本单位，但在热应力研究中需增加温度基本单位。因此基本单位的数量要根据具体问题而定。

第二节　量纲分析

量纲表示各种物理量的基本度量，反映物理量之间关系的方程式中各项的量纲必须相同，因为只有同类型物理量才能相互比较或相互加减，否则就会出现诸如长度与时间相加之类的错误，这就是量纲齐次原则，它是量纲分析的基本依据。分析和比较量纲，可以判断关系方程式的函数形式是否正确。量纲分析就是通过分析物理现象或工程问题中各有关物理量的量纲，利用量纲齐次性条件，得出表述这些物理量间函数关系可能形式的方法。有时不能用解析法导出某一物理现象的基本方程式，但可以借助量纲分析建立它们之间的关系。如果已知有哪些物理量参与某一物理现象，即可利用上述原则找出它们之间的一般关系式。例如，已知物体做匀速圆周运动与物体质量 M、圆半径 R、线速度 v 及向心力 F 诸物理量有关，试求其关系。首先写出量纲表达式：

$$\dim v=(\dim F)^p(\dim M)^q(\dim R)^r \tag{3-1}$$

这几个物理量的量纲分别是（绝对单位制）：

$$\dim v=LT^{-1},\ \dim R=L,\ \dim M=M,\ \dim F=MLT^{-2} \tag{3-2}$$

故有

$$LT^{-1}=(MLT^{-2})^pM^qL^r=M^{p+q}L^{p+r}T^{-2p} \tag{3-3}$$

根据量纲齐次原则，必须使

$$p+q=0,\ p+r=1,\ -2p=-1 \tag{3-4}$$

解得

$$p=\frac{1}{2},\ q=\frac{1}{2},\ r=\frac{1}{2} \tag{3-5}$$

所以

$$\dim v=(\dim F)^{\frac{1}{2}}(\dim M)^{-\frac{1}{2}}(\dim R)^{\frac{1}{2}} \tag{3-6}$$

从而

$$v=\sqrt{\frac{FR}{M}} \tag{3-7}$$

此即匀速圆周运动线速度公式。

从上例可以看出，匀速圆周运动涉及4个物理量，其中3个的量纲是独立的，如F、R和M，因为其中任意两个量的量纲结合(乘、除、指数等代数运算)不能导出第三个量的量纲。这样，从量纲表达式可以得到3个相互独立的方程式，故3个未知数p、q和r有解。因此如果量纲独立的量为n个，则参与现象的全部物理量为$(n+1)$个时未知量可解。若全部物理量多于$(n+1)$个，则未知量不能用上述方法解出。

第三节　相似理论

相似的概念源于几何学中几何图形的相似，是研究自然界相似现象的性质和鉴别相似现象的基本原理。彼此相似的现象所具有的性质称为相似性质；现象彼此相似所必须满足的条件称为相似条件。模型实验必须在相似模型上进行。相似模型是指科学实验用的模型，实质上是一种把待研究的物理过程(物理现象)的特征量加以缩小或放大以供实验测定的实验装置。因此相似模型的核心是和待研究现象的物理相似。这就需要把几何相似的概念推广到其他有关特征量的相似。在力学实验中，常常需要用模型代替实物进行测量。由于实际条件需要，模型和实物的材料和尺寸都可能不尽相同。例如，光弹性实验中要用透明塑料代替金属材料。进行模型实验时，应尽可能模拟实物的力学现象，以便把从模型实验测得的数值换算为实际问题所需要的数值。这就要求模型实验和实际问题所涉及的物理量是相同的，并且应遵循相同的物理规律，即有相同的关系式。首先，模型和实物之间通常要满足几何相似、边界条件相似和载荷相似。几何相似是指模型的所有尺寸与实物之比为同一比例常数。边界相似是指边界上的约束条件相似。其次，力学现象中涉及的其他物理量，如材料的弹性模型、泊松比、密度等一般也要满足相似条件。

相似理论由3个相似定理组成。这3个相似定理从理论上阐述了相似现象的性质和实现相似现象的条件。下面分别加以简单介绍。

一、相似第一定理

相似第一定理主要阐明两个相似现象中同类物理量成常数比，其比值称为相似系数。不同物理量的相似系数可以不同，但是由于相似现象具有相同的关系方程，因此相似系数之间存在一定的关系。相似第一定理是牛顿于1786年首先发现的，它确定了相似现象的性质。下面就以牛顿第二定律为例说明这些性质。

牛顿第二定律的数学表达式为作用力 F 等于质量 m 与加速度 a 的乘积，其方向与加速度方向相同，即

$$F = ma \tag{3-8}$$

如果某两个现象彼此相似，则可用同一个方程式来表示。对于第一现象

$$F' = m'a' \tag{3-9}$$

对于第二现象

$$F'' = m''a'' \tag{3-10}$$

若此两现象各物理量之间存在下列关系：

$$F'' = C_F F', \quad m'' = C_m m', \quad a'' = C_a a' \tag{3-11}$$

其中 C_F，C_m，C_a 为常数，分别为力、质量和加速度的相似系数，则代入式(3-10)，得

$$C_F F' = C_m C_a m'a' \tag{3-12}$$

式(3-12)表明，若两现象转变时不破坏原有方程式，则必须使 $C_F = C_m C_a$，令

$$C_i = \frac{C_F}{C_m C_a} \tag{3-13}$$

若此两现象相似，必须使

$$C_i = \frac{C_F}{C_m C_a} = 1 \tag{3-14}$$

式(3-14)表明其中两个相似系数任意选定后，第三个相似系数必须由式(3-14)决定，因此式(3-14)是判别现象相似的条件，称为相似指标。据此，相似第一定理可表述如下：对于彼此相似的现象其相似指标为1。

把式(3-11)代入式(3-14)，可写成另一种形式，即

$$\frac{F''}{m''a''} = \frac{F'}{m'a'} = \text{常量} \tag{3-15}$$

式(3-15)表示彼此相似现象中的各物理量之间有一定关系，如去掉式(3-15)的上标则可写成一般形式，令

$$K = \frac{F}{ma} \tag{3-16}$$

式(3-16)称为相似判据。从式(3-16)可以看出，对所有相似现象，其相似判据是相同的，它是一个不变量，相似第一定理也可以表述为：对于彼此相似的现象其相似判据为一不变量。因此，可以用相似判据来确定两个相似现象中的物理量之间的关系。

应该注意：相似系数与相似判据的不同之处，相似系数在两个相似现象中是常数，两个相对应的物理量始终保持常数，但对于在第三个与此两个现象互相相似的现象中，可具有不同常数值，而相似判据则在互相相似的所有现象中是一个不变量，它表示相似现象中各物理量应保持的关系。

二、相似第二定理

描述物理现象的方程式必须是量纲的齐次方程，因此我们用与方程各项相同量纲去除方程的各项，则该方程式可变为无量纲综合数群的方程形式。相似第二定理指出，互相相似现象

中，其相似判据可不必利用相似指标来导出，只要将方程转变为无量纲方程形式，无量纲方程各项即为相似判据。因表示现象各物理量之间的关系方程式均可转变为无量纲方程形式，因此都可以写出相似判据方程式。下面举例说明实验中有关此相似理论的问题。

设有一等截面直杆，两端受偏心拉力 P，偏心距为 l。已知杆中最大拉应力为

$$\sigma=\frac{Pl}{W}+\frac{P}{A} \tag{3-17}$$

式中，W 为抗弯等截面系数；A 为横截面面积。

用 σ 去除式中各项，得到无量纲方程如下：

$$1=\frac{Pl}{\sigma W}+\frac{P}{\sigma A} \tag{3-18}$$

显然，模型实验中各物理量也应满足式(3－18)，于是有

$$1=\frac{P'l'}{\sigma'W'}+\frac{P'}{\sigma'A'} \tag{3-19}$$

模型和实物的同类物理量应满足相似，即有

$$P'=C_PP\,,\ l'=C_ll\,,\ \sigma'=C_\sigma\sigma\,,\ W'=C_WW\,,\ A'=C_AA \tag{3-20}$$

式中，C_P，C_l，C_σ，C_W，C_A 称为相似系数。将式(3－20)代入式(3－19)得到

$$1=\frac{C_PC_l}{C_\sigma C_W}\frac{Pl}{\sigma W}+\frac{C_P}{C_\sigma C_A}\frac{P}{\sigma A} \tag{3-21}$$

将式(3－21)与式(3－19)相比较可知，若要两现象相似，必须使

$$\frac{C_PC_l}{C_\sigma C_W}=1,\quad \frac{C_P}{C_\sigma C_A}=1 \tag{3-22}$$

或者

$$\frac{P'l'}{\sigma'W'}=\frac{Pl}{\sigma W}=\text{常数},\quad \frac{P'}{\sigma'A'}=\frac{P}{\sigma A}=\text{常数}$$

写成一般形式得

$$K_1=\frac{Pl}{\sigma W},\quad K_2=\frac{P}{\sigma A} \tag{3-23}$$

式(3－23)称为相似判据，表明彼此相似现象的判据为不变量。它就是相似理论第二定理，也称为 π 定理，即一个现象中各物理量之间的关系方程式都可以转换成无量纲方程，无量纲方程中的各项就是相似判据。因此，表示一现象各物理量之间的关系方程式，都可写成相似判据方程。

三、相似第三定理

相似第一、第二定理在假定现象相似为已知的基础上，明确了相似现象的性质，给出了相似现象的必要条件，但是没有给出相似现象的充分条件。相似第三定理补充了前面两个定理，它指出，在物理方程相同的情况下，如两个现象的单值条件相似，亦即从单值条件下引出的相似判据若与现象本身的相似判据相同，则这两个现象一定相似。

所谓单值条件，是指一个现象区别于一群现象的那些条件。它在一定实验条件下，只有唯一的实验结果。属于单值条件的因素有：系统的几何特性、对所研究的对象有重大影响的介质特性、系统的初始状态和边界条件等。

1. 几何相似

如果模型上所有方向的线性尺寸均按实物的相应尺寸用同一比例常数确定，则此模型与实物（原型）几何相似。约定用下标为P的物理量表示对应实物结构的物理量，下标为M的物理量表示对应模型结构的物理量。在几何相似系统中，任何相应点（i点）的坐标应满足：

$$\frac{x_{\mathrm{P}i}}{x_{\mathrm{M}i}}=C_L \tag{3-24}$$

式中，C_L称为几何相似常数；L是长度尺寸的物理量。若模型与原型在某一方向上的尺寸不满足式(3-24)的条件，则设计的模型为变态相似模型。

2. 时间相似

在动力问题中，如果模型上的物理量与原型的物理量在对应的位置和对应的时刻保持一定的比例，并且运动的方向一致，则为时间相似。物理量随时间变化的过程中，每一时刻都对应着一批确定的物理量。由于其总是在相同的时间基础上进行的，因此必须保持不变的时间比例关系：

$$\frac{t_{\mathrm{P}}}{t_{\mathrm{M}}}=C_t \tag{3-25}$$

式中，C_t称为几何相似常数；t是物理量的时间间隔。

3. 物理参数相似

对于弹性结构有影响的物理参数，有弹性模量E、泊松比μ、密度ρ等，在模拟时，应满足下列比例关系：

$$\frac{E_{\mathrm{P}}}{E_{\mathrm{M}}}=C_E,\quad \frac{\mu_{\mathrm{P}}}{\mu_{\mathrm{M}}}=C_\mu,\quad \frac{\rho_{\mathrm{P}}}{\rho_{\mathrm{M}}}=C_\rho \tag{3-26}$$

4. 初始条件相似

物理现象一方面取决于该现象的本质，另一方面也取决于它的初始条件，因此模拟时必须满足初始条件的相似，而且其相似比例尺应与过程中的比例尺相一致。

5. 边界条件相似

在两个相似现象中，除了具有相同的基本方程外，显然还要满足边界条件相似，例如四周固支的板与四周简支的板，其处理方法是不同的。

相似第三定理表明，当考虑一个新现象时，只要它的单值条件与曾经研究过的现象单值条件相同，并且存在相等的相似常数，就可以确定现象相似，从而可以将已研究过现象的结果应用到新现象上去。相似第三定理的发现使相似理论构成一套完善的理论，成为组织试验和进行模拟的科学方法。在模型实验中，为了使模型与原型保持相似，必须按相似理论推导出相似判据方程。模型设计应在保证相似判据方程成立的基础上确定出适当的相似常数。

应该指出，我们在叙述上面3个相似定理时，为了简便起见，没有采用微积分运算方程式，但此3个定理对微积分方程同样适用，例如对于微分符号dx，我们可以看成x_2-x_1，因此dx与x具有同样的物理意义，在确定相似系数与相似判据时可不考虑微积分符号。

第四节　用方程式分析结构相似

对于物理量之间的关系方程式已经知道的问题，应用相似理论可以很容易求得模型与原型的相应物理量之间的关系式，从而从模型测得实验结果，再换算成原型的相应数值。

现利用上述定律解决拉伸试件相似律的问题。假设拉伸试件的残余伸长 Δl 由两部分组成，即

$$\Delta l=\Delta l_B+\Delta l_E \tag{3-27}$$

式中，Δl_B 为到达破坏荷载前的均匀伸长量；Δl_E 为局部伸长量。拉断后的延伸率为

$$\delta=\frac{\Delta l_B}{l_0}+\frac{\Delta l_E}{l_0} \tag{3-28}$$

由实验得知，Δl_B 与试件标距 l_0 成正比，Δl_E 与横截面积 A_0 的平方根成正比，即

$$\Delta l_B=\beta l_0 \quad \Delta l_E=\gamma\sqrt{A_0} \tag{3-29}$$

式中，β 和 γ 均为常数。对同一材料，β 值几乎是不变的。假如试件是圆形截面，或者是具有宽度 b 和厚度 a 且符合 $1\leqslant\frac{b}{a}\leqslant 5$ 的矩形截面，则对同一材料，γ 值也是不变的。将式(3-29)代入式(3-28)得

$$\delta=\beta+\gamma\frac{\sqrt{A_0}}{l_0} \tag{3-30}$$

或写为

$$1=\frac{\beta}{\delta}+\gamma\frac{\sqrt{A_0}}{\delta l_0} \tag{3-31}$$

根据前述相似定律，无量纲方程的各项就是相似判据，故相似判据为

$$\frac{\beta}{\delta}=\text{常数}, \quad \frac{\gamma\sqrt{A_0}}{\delta l_0}=\text{常数} \tag{3-32}$$

将相似系数 $C_\beta, C_\gamma, C_\delta$ 代入，可得

$$1=\frac{C_\beta\beta'}{C_\delta\delta'}+C_\gamma\gamma'\frac{\sqrt{A'_0}}{C_\delta\delta' l'_0} \tag{3-33}$$

因此，用相同材料的比例试件代替标准试件进行拉伸试验，并要求得到相同的延伸率的话，则必须满足式(3-30)。如前所述，β 和 γ 为常数，故相似系数 $C_\beta=1, C_\gamma=1$。根据延伸率相同的要求，故 $C_\delta=1$。这样，拉伸试件的相似判据(拉伸试件相似率)应为

$$\frac{\sqrt{A_0}}{l_0}=\text{常数} \tag{3-34}$$

因标准圆试件的 l_0 与 d_0(直径)之比为 10 或 5，于是由式(3-34)即可定出相似系数。

当 $l_0=10d_0$ 时，

$$\frac{l_0}{\sqrt{A_0}}=\frac{l_0}{\sqrt{\frac{\pi d_0^2}{4}}}=11.3 \tag{3-35}$$

当 $l_0=5d_0$ 时，

$$\frac{l_0}{\sqrt{A_0}}=5.65 \tag{3-36}$$

所以，比例试件应满足式(3-35)或式(3-36)。

以上是在关系方程式确定情况下得出相似判据的。

在结构计算中，经常会遇到微分方程式，利用边界条件来求解时十分困难，而我们应用相似理论可以很容易建立判据方程，利用判据方程可得模型与原型诸物理量之间的关系，用模型

测得的结果换算成实际需要的数值，所以用方程式来分析结构的相似条件，在这类问题中有实际价值。

第五节　用量纲分析法分析结构相似

如果参与某物理现象的各物理量之间关系方程式未知，也可以利用前面提到的量纲分析方法找出相似判据。

下面先介绍量纲分析中的 π 定理。假定一物理现象中有 n 个物理量，则其关系方程式可表示如下：

$$f(x_1, x_2, \cdots, x_n) = 0 \tag{3-37}$$

此方程可用级数形式表示：

$$\sum N_i x_1^{ai} x_2^{bi} \cdots x_n^{ki} = 0 \tag{3-38}$$

式中，N 为无量纲数。因为方程式必须是量纲的齐次方程，所以以其中任一项 $N_s x_1^{as} x_2^{bs} \cdots x_n^{ks}$ 除各项得无量纲方程式：

$$1 + \sum \frac{N_i}{N_s} x_1^{ai-as} x_2^{bi-bs} \cdots x_n^{ki-ks} = 1 + \sum T_i x_1^{Ai} x_2^{Bi} \cdots x_n^{Ki} = 0 \tag{3-39}$$

如果式(3－39)中有 m 个互相独立的物理量可作为基本单位，为方便起见，设 $x_1, x_2, \cdots, x_m$ 为基本单位，$x_{m+1}, x_{m+2}, \cdots, x_n$ 为导出单位，因此我们建立 $n-m$ 个无量纲数群，称为 π 项：

$$\left.\begin{aligned} \pi_1 &= \frac{x_{m+1}}{x_1^{\alpha_1} x_2^{\beta_1} \cdots x_n^{\eta_1}} \\ \pi_2 &= \frac{x_{m+2}}{x_1^{\alpha_2} x_2^{\beta_2} \cdots x_n^{\eta_2}} \\ &\cdots\cdots \\ \pi_{n-m} &= \frac{x_n}{x_1^{\alpha_{n-m}} x_2^{\beta_{n-m}} \cdots x_n^{\eta_{n-m}}} \end{aligned}\right\} \tag{3-40}$$

以上诸式分子和分母的量纲相同，因此均为无量纲项，将式(3－39)代入式(3－38)可得

$$1 + \sum T_i x_1^{A_i} x_2^{B_i} \cdots x_m^{F_i} (x_1^{\alpha_1} x_2^{\beta_1} \cdots x_n^{\eta_1})^{G_i} (\pi_1)^{G_i} (x_1^{\alpha_2} x_2^{\beta_2} \cdots x_n^{\eta_2})^{H_i} (\pi_2)^{H_i} \cdots (x_1^{\alpha_{n-m}} x_2^{\beta_{n-m}} \cdots x_n^{\eta_{n-m}})^{K_i} \times (\pi_{n-m})^{K_i} = 0 \tag{3-41}$$

因为 $x_1, x_2, \cdots, x_m$ 为基本单位，彼此无合并可能，式(3－41)又是无量纲方程，所以 $x_1, x_2, \cdots, x_m$ 的指数综合为零，即

$$x_1^{A_i + \alpha_1 G_1 + \alpha_2 H_1 + \cdots + \alpha_{n-m} K_1} = x_1^0 = 1 \tag{3-42}$$

所以式(3－41)可写成

$$1 + \sum T_i \pi_1^{G_i} \pi_2^{H_i} \cdots \pi_{n-m}^{K_i} = 0 \tag{3-43}$$

或

$$f_1(\pi_1, \pi_2, \cdots, \pi_{n-m}) = 0$$

由此，π 定理可表达如下：所有的量纲齐次方程均可化为无量纲综合数群之和的形式，无量纲数群 π 项的数目为 $n-m$ 个，其中 n 为方程中不同物理量的数目，m 表示彼此独立可作基本单位的物理量数目。

根据相似第二定理，无量纲方程的各项为相似判据，因此 π 项可作为相似判据，$n-m$ 个 π

项可建立 $n-m$ 个相似判据方程。

下面以弹性体应力分布为例予以说明。

考虑一弹性体(实物),在一般情况下,其任意一点处的应力 σ 只与载荷和几何尺寸有关。载荷以某一特定力 P 表示;几何尺寸以某一特定长度 l 表示。各物理量的量纲分别为

$$\dim\sigma=\mathrm{ML^{-1}T^{-2}},\quad \dim P=\mathrm{MLT^{-2}},\quad \dim l=\mathrm{L}$$

不难看出这3个物理量中,只有两个物理量量纲是独立的,因此有 $3-2=1$ 个 π 项,任选两个为基本单位(例如 σ,l),则 π 项可写为

$$\pi=\frac{\dim P}{(\dim\sigma)^a(\dim l)^b}=\frac{\mathrm{MLT^{-2}}}{\mathrm{M}^a\mathrm{L}^{-a}\mathrm{T}^{-2a}\mathrm{L}^b}=\frac{(\mathrm{MT^{-2}})^{1-a}}{\mathrm{L}^{b-a-1}}$$

π 为无量纲的项,因此要满足此条件,必须使

$$1-a=0,\quad b-a-1=0$$

所以 $a=1,b=2$。

故无量纲方程式可以写成

$$\phi\left(\frac{P}{\sigma l^2}\right)=1 \tag{3-44}$$

对于模型实验,载荷 P'、应力 σ' 和几何尺寸 l' 应遵循式(3-44),故有

$$\phi\left(\frac{P'}{\sigma' l'^2}\right)=1 \tag{3-45}$$

令 $\sigma'=C_\sigma\sigma,P'=C_PP,l'=C_ll$,并将它代入式(3-45),得

$$\phi\left(\frac{C_P}{C_\sigma C_l^2}\cdot\frac{P}{\sigma l^2}\right)=1 \tag{3-46}$$

比较式(3-44)和(3-46),可知要使两现象相似,必须满足

$$\frac{C_P}{C_\sigma C_l^2}=1 \tag{3-47}$$

或满足

$$\frac{\sigma P' l^2}{\sigma' P l'^2}=1$$

即

$$\frac{\sigma l^2}{P}=\frac{\sigma' l'^2}{P'}=\text{常数} \tag{3-48}$$

式(3-48)为模型应力分析的相似判据(相似率)。

由式(3-48)还可以进一步得到实物和模型之间的应力换算关系:

$$\sigma=\sigma'\frac{Pl'^2}{P'l^2}$$

因此,采用量纲分析的方法,可在不知方程式的情况下,求得模型与实物的诸物理量之间的关系式,但必须正确选择有关物理量。最后必须强调,模型和实物除了要满足上述的相似定律外,有时还必须满足其他一些相似性要求,需要深入了解的读者可参阅有关书籍。

第四章　电阻应变测量技术基础

电阻应变测量方法是用电阻应变计测定构件的表面应变，并将应变转换成电信号进行测量的方法，简称电测法。电测法的基本原理是：将电阻应变计（简称应变计）粘贴在被测构件的表面，当构件发生变形时，应变计随着构件一起变形，应变计的电阻值将发生相应的变化，通过电阻应变测量仪器（简称电阻应变仪），可测量出应变计中电阻值的变化，并换算成应变值，或输出与应变成正比的模拟电信号（电压或电流），用记录仪记录下来，测得结果是应变，根据应力-应变关系即可计算出被测点的应力，从而达到进行应力分析的目的。也可用计算机按预定的要求进行数据处理，得到所需要的应变或应力值。其工作过程如下所示：

应变 — 电阻变化 — 电压（或电流）变化 — 放大 — 记录 — 数据处理

电测法具有灵敏度高的特点，应变计质量轻、体积小且可在高（低）温、高压等特殊环境下使用，测量过程中的输出量为电信号，便于实现自动化和数字化，并能进行远距离测量及无线遥测。

第一节　电阻应变计的构造及工作原理

电阻应变计根据金属丝的电阻应变效应原理制成，亦称为电阻应变片或应变片，它是电测应变方法中必不可少的基本元件。了解应变计的构造及特性，对于正确使用应变计进行应变测量是至关重要的。本节介绍金属丝的电阻应变效应、电阻应变计的构造、常见应变计类型、应变计各项性能指标及其测定方法。

一、金属丝的灵敏系数

对许多金属丝所做的实验结果表明，绝大部分金属丝在外力作用下发生拉伸（或缩短）变形时，电阻值会增大（或减小），这种电阻值随变形发生变化的现象，称为金属丝的电阻应变效应。电阻应变计的最主要组成部分是敏感栅，它可以看成是一根金属电阻丝，其材料性能和几何形状的改变会引起栅丝的阻值变化。图 4-1 所示为几种金属丝材料的电阻应变效应曲线。

可以看到，许多金属在一定范围之内保持电阻相对变化率与应变之间的线性变化关系，而且对拉、压应变是相同的。设电阻丝的原长为 L，电阻值为 R；变形后长度为 $L'=L+\Delta L$，电阻值为 $R'=R+\Delta R$，则这种规律可表示为

$$\frac{\Delta R}{R}=K_s\frac{\Delta L}{L}=K_s\varepsilon \tag{4-1}$$

式中，比例常数 K_s 为单根电阻丝的灵敏系数。其物理意义是单位应变产生的电阻相对变化，表示电阻丝的电阻应变效应显著与否。

下面，从理论上对式(4-1) 所表达的规律进行推导。设一根金属电阻丝的原始长度为 l，横

截面面积为 A，材料的电阻率为 ρ。无外力作用时，该电阻丝的电阻值是其长度、截面积和电阻率的函数，即

$$R=\rho\frac{l}{A} \tag{4-2}$$

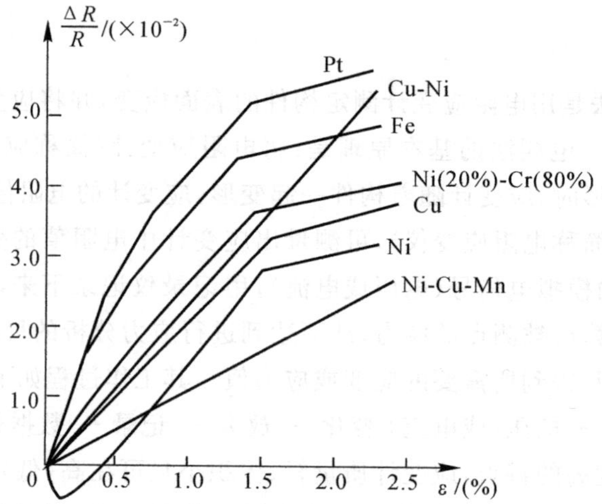

图 4-1　几种金属丝材料的电阻应变效应曲线

在外力作用下，电阻丝会产生变形。为求得电阻的相对变化（假定这种变化很小，可以看做微量），将上式两边取对数后再求微分，得

$$\frac{dR}{R}=\frac{d\rho}{\rho}+\frac{dl}{l}-\frac{dA}{A} \tag{4-3a}$$

式中，dA 表示金属丝长度变化时由于泊松效应造成的截面积变化。无论金属丝截面是圆形、矩形或其他异型形状，由材料力学知识不难得出

$$\frac{dA}{A}=-2\mu\frac{dl}{l} \tag{4-3b}$$

式中，dl/l 为金属丝的纵向应变；μ 为金属丝的泊松比。故将式（4-3b）代入式（4-3a）加以整理，得

$$\frac{dR}{R}=\frac{d\rho}{\rho}+\frac{dl}{l}(1+2\mu)=\frac{d\rho}{\rho}+\varepsilon(1+2\mu)=K_s\varepsilon$$

式中

$$K_s=1+2\mu+\frac{1}{\varepsilon}\frac{d\rho}{\rho} \tag{4-4}$$

式（4-4）表明，金属丝的电阻应变效应归诸于两方面原因，一是由 $(1+2\mu)$ 表达的几何尺寸的改变；二是电阻率也随应变发生了变化。这就从机理上对电阻应变效应做了一定的说明。

各种材料的灵敏度均由实验测定。表 4-1 给出了用于制作应变计的一些常用金属材料的灵敏系数等物理性能。

铜镍合金（康铜）应用最广，因为它的灵敏系数对应变的稳定性非常高，不但在弹性变形范围内保持常数，而且进入塑性变形范围仍基本保持常数，所以测量范围大。同时它具有较高的电阻率（$\rho=0.49\mu\Omega\cdot m$）、较小并且稳定的电阻温度系数，有利于制作具有较大电阻值的小尺

寸应变计，通过按炉分选合金的温度特性还可以制造出适合不同结构材料的温度自补偿应变计。

表 4-1　常用应变计合金的物理性能

材料名称	主要成分/(%)	电阻率 ρ/($\times10^{-6}\Omega\cdot m$)	电阻温度系数 α/(10^{-6}℃)	灵敏系数 K_s	最高工作温度/℃	备　注
康　铜	Cu(55) Ni(45)	0.45～0.52	±20	2.0	静态 250 动诚 400	常用于工作时间长，大应变测量
镍铬合金	Ni(80) Cr(20)	1.0～1.1	110～130	2.1～2.3	静态 450 动态 800	多用于动态测量
卡玛合金(6J22)	Ni(75),Cr(20) Al(3),Fe(2)	1.24～1.42	±20	2.4～2.6	静态 300～400	用做中、高温度应变计
伊文合金(6J23)	Ni(75),Cr(20) Al(3),Cu(2)	1.24～1.42	±20	2.4～2.6	静态 300～400	
铁铬铝合金	Cr(25) Al(5) V(2,6) Fe(67.4)	1.3～1.5	±(30～40)	2.6～2.8	静态 550～800 动态 800～1 000	用做高温应变计
铂	Pt(纯)	0.1	3 000	4.6	静态 800 动态 1 000	
铂铱合金	Pt(80) lr(20)	0.35	590	4.0	静态 800 动态 1 000	
铂钨合金	Pt(91.5) W(8.5)	0.74	192	3.2	静态 800	

铁镍铬合金(又称为等弹性合金)具有更高的应变灵敏度和疲劳强度，便于在动态测量中应用。但它也具有影响其应用的不利方面：一是线性范围小，当应变大于 0.75%时，其灵敏度大约从 3.6 降至 2.5，对实际测量的数据处理造成不便；二是它对温度变化尤为敏感，用它做成的应变计安装在钢试件上时，1℃ 温度变化会引起大约 300～400$\mu\varepsilon$ 的表观应变读数，因此在测量时温度必须稳定，或采取必要的温度补偿措施。

卡玛(镍铬)合金与康铜(铜镍)合金一样可用来制造温度自补偿应变计，而且它的温度补偿范围更大，抗疲劳特性也比铜镍合金好。

其他合金，如镍铬 V 合金、装甲钢 D 和铂钨合金，主要是用来制造特殊测量条件的专用应变计的，如中、高温应变计，可以在 230～800℃进行应变测量。

二、电阻应变计的构造

从理论上讲，用一段合金丝作为应变的敏感元件就可进行应变测量。但如果合金丝长度较短，通过的电流较大，容易产生发热及熔断等现象，因此，金属丝必须具有一定的长度，以获得较大的初始电阻值。电路上对电阻值要求有一个下限，约为 100 Ω。若用直径为0.025 mm且电阻为1 000 Ω/m的合金丝制造一个 100 Ω 的应变计，单根丝长为 100 mm。用这么长的合金丝来测量应变，得到的结果很难接近构件上“一点”的真实应变，必须尽可能缩短应变计的长度。为了缩短金属丝的长度，人们将其绕成栅状，制作出电阻应变计。电阻应变计一般由敏感栅、黏结剂、引线、基底及覆盖层等五部分组成，图 4－2 所示为一种丝绕式应变计的典型结构。

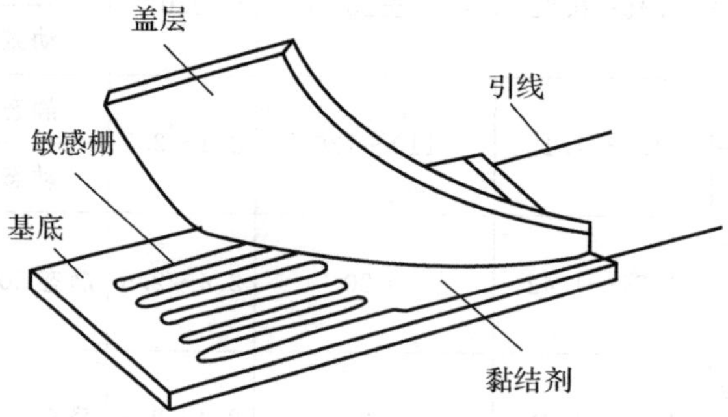

图 4－2　丝绕式电阻应变计的构造

1. *敏感栅*

敏感栅是由直径为 0.01～0.05 mm 的合金丝制成栅状，用于感受构件应变的元件。敏感栅包括纵栅和横栅两部分。纵栅的中心线称为应变计的轴线。如图 4－3 所示，敏感栅栅长 L 是指感受构件沿轴线方向变形部分的长度。当横栅为圆弧形时，栅长为两端圆弧内侧之间的距离；当横栅为直线形时，栅长为两端横栅内侧之间的距离。敏感栅栅宽 B 是指与轴线垂直的方向上敏感栅外侧之间的距离。栅长大小关系到所测应变的准确度，应变片测得的应变大小是应变片栅长和栅宽所在面积内的平均轴向应变量。敏感栅的栅长一般为 0.2～100 mm，测量范围为几微应变至数万微应变($1\mu\varepsilon = 10^{-6}$ mm/mm)。

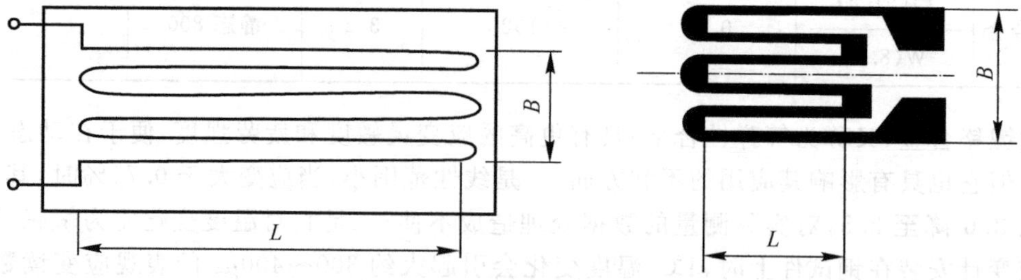

图 4－3　敏感栅的尺寸

敏感栅的特性对于应变计的性能有着决定性的影响，它是应变计的核心部分。为了改善应变计的性能，人们探索了多种材料的应变-电阻特性，从而发展了敏感栅材料，包括金属、半导体和金属氧化物等。用于制造敏感栅的材料应该满足以下要求：

(1)应变灵敏系数大，并在所测应变范围内保持为常数；

(2)电阻率高而稳定，以便于制造小栅长的应变片；

(3)电阻温度系数要小；

(4)抗氧化能力高，耐腐蚀性能强，疲劳强度高；

(5)在工作温度范围内能保持足够的抗拉强度；

(6)加工性能良好，易于拉制成丝或轧压成箔材；

(7)易于焊接，对引线材料的热电势小。

2. 黏结剂

用于将敏感栅固定于基底上，并将盖片与基底粘贴在一起。使用金属应变片时，也需用黏结剂将应变片基底粘贴在构件表面某个方向和位置上。以便将构件受力后的表面应变传递给应变计的基底和敏感栅。

常用的黏结剂分为有机和无机两大类。有机黏结剂用于低温、常温和中温。常用的有聚丙烯酸酯、酚醛树脂、有机硅树脂，聚酰亚胺等。无机黏结剂用于高温，常用的有磷酸盐、硅酸、硼酸盐等。

3. 基底和盖层

基底用于在应变计被安装到待测构件上之前，保持敏感栅、引线的几何形状和相对位置，同时使敏感栅和粘贴应变计的待测构件之间相互绝缘。盖层既保持敏感栅和引线的形状和相对位置，还可保护敏感栅免受机械损伤或防止高温下氧化。根据其用途，用于制作基底和盖层的材料应该柔软并具有一定的机械强度，黏结性能和绝缘性能好，蠕变和滞后现象小，不吸潮，能在不同的温度下工作等。常用于制作基底和盖层的材料有纸、有机树脂胶膜、浸胶玻璃纤维布、金属薄片等。

4. 引线

引线是从应变计的敏感栅中引出的细金属线。通常引线是在制造应变计时就和敏感栅连接好而成为应变计的一部分，也有些箔式应变计在出厂时不带引线。用于制作引线的材料，要求其电阻率低，电阻温度系数小，抗氧化性能好，且易于焊接。大多数敏感栅材料都可制作引线。常温应变计的引线材料多为纯铜，为了便于焊接，可在纯铜引线的表面镀锡。中温应变计、高温应变计的引线可以在纯铜引线的表面镀银、镀镍、镀不锈钢，或者采用银、镍铬、镍、铁铬铝、铂或铂钨灯作为引线。高疲劳寿命的应变计可采用铍青铜作为引线。

三、电阻应变计的分类

电阻应变计的分类方法很多，通常是根据应变计敏感栅材料、基底材料、应变计的安装方式、工作温度范围等进行分类。

根据敏感栅材料不同，应变计可分为金属应变计、半导体应变计及金属或金属氧化物浆料应变计等三类。金属应变计包括丝式(丝绕式、短接式)应变计、箔式应变计和薄膜应变计；半导体应变计包括体型半导体应变计、扩散型半导体应变计和薄膜半导体应变计；金属或金属氧化物浆料主要用于制作厚膜应变计。

根据基底材料不同，应变计可分为纸基应变计、胶膜基底(缩醛胶基、酚醛基、环氧基、聚酯基、聚稀亚胺基等)应变计、玻璃纤维增强基底应变计、金属基底应变计及临时基底应变计等。

根据安装方式不同应变计可分为粘贴式应变计、焊接式应变计和喷涂式应变计等三类。

根据允许使用的工作温度范围，应变计可分为低温应变计(－30℃以下)、常温应变计(－30～60℃)、中温应变计(60～350℃)及高温应变计(350℃以上)。

以下介绍几种常用的电阻应变计。

1. 丝绕式应变计

丝绕式应变计是最早出现的应变计种类。其基底材料多为纸基，并以硝化纤维素系黏结剂为制片胶片。纸基丝绕式应变计使用温度范围是 50～60℃（胶基丝绕应变计可用到100℃）。这种应变计防潮和耐热性能差，此外不易做得尺寸很小（一般不小于 2 mm），横向效应也较大。不过这种应变计容易安装、价格便宜，也适合在石膏、混凝土等非金属构件上应用，目前国内还有生产，但多数情况下已被箔式应变计代替。

2. 短接式应变计

短接式应变计的构造如图 4－4 所示。它把几条金属丝按一定间距平行拉紧，然后按栅长大小横向焊上较粗的镀银铜线，并在适当处切开若干断口，形成敏感栅和引出线，再粘上胶膜基底经加温固化而成。由于敏感栅内部有焊点，存在应力集中现象，因此，它的疲劳寿命较短。

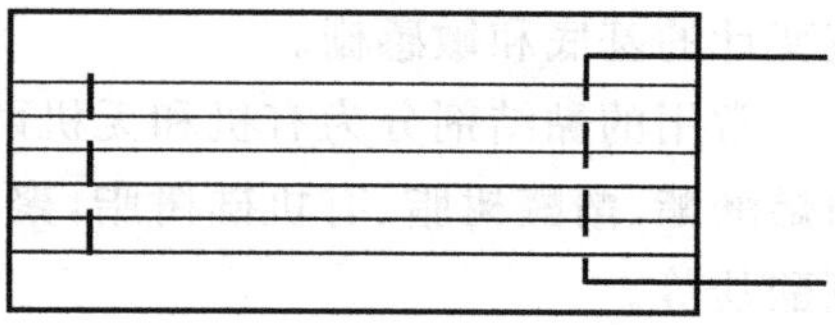

图 4－4　短接式应变计

3. 金属箔式应变计

金属箔式应变计电阻敏感元件不是金属丝栅，而是通过光刻、腐蚀等工序制成的薄金属箔栅，如图 4－5 所示，故称箔式电阻应变计。它的基片和盖层多为胶质膜，基片厚度一般为 0.03～0.05 mm。它是把应变合金轧制成厚 0.001～0.01 mm 的金属箔，经过一定热处理后，涂刷一层树脂（环氧、聚酯、聚酰亚胺等），经聚合处理后形成基底；然后在未涂树脂的一面用光刻腐蚀工艺得到敏感栅；最后再焊上引出线，在敏感栅一面涂一层保护膜即成。其工作原理基本和丝绕式应变计相同。金属箔式应变计的优点是：尺寸准确，便于成批生产；制造工艺灵活，可以制成小栅长（可达 0.2 mm）和特殊用途的应变计；散热性好，允许通过较大的电流，便于提高输出灵敏度；敏感栅横向部分的尺寸可设计得远大于纵向部分尺寸，使横向单位长度电阻远远小于纵向栅丝的单位长度电阻，因而可以有效减小应变计的横向效应系数；基底为胶基，绝缘性和耐热性好，蠕变及机械滞后小，灵敏系数分散性也小。由于这些优点，在常温应变测量中，箔式应变计已逐渐取代丝绕式应变计。

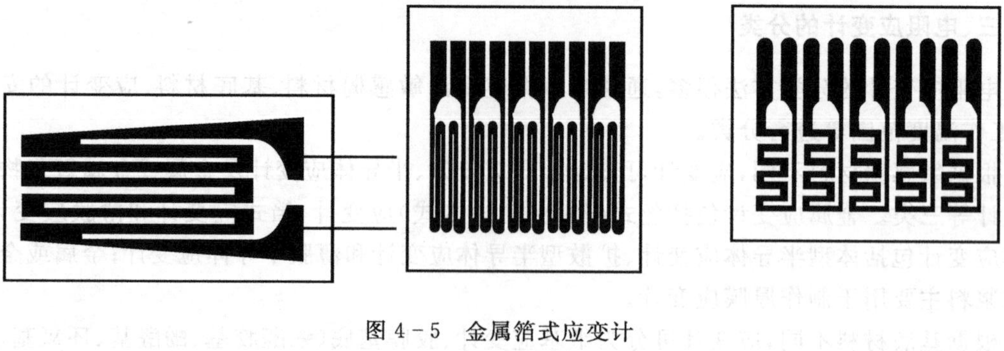

图 4－5　金属箔式应变计

4. 半导体应变计

半导体应变计的外形如图 4－6 所示。它的敏感栅只有一条，由硅、锗、锑化钢、磷化镓等半导体材料制成。半导体应变计制作材料中，单晶硅最为常用。从单晶硅棒中沿晶向切取出窄而薄的小硅条（如 19 mm×0.5 mm×0.02 mm），粘在胶膜基底上，装上引线即成。这种应变计的最大优点是灵敏系数大，比前三种应变计的灵敏系数大 50 倍以上。普通金属栅应变计的电阻变化主要是由栅丝的几何尺寸变化引起的，电阻率随应变的变化并不大；而半导体应变计则恰恰相反，当它产生轴向应变时，电阻率会发生明显变化，从而造成电阻变化，这种现象称为压阻效应。所以它的工作原理是建立在压阻效应基础上的。压阻效应是否显著与晶向关系很大。譬如，P 型硅沿晶向指数[111]方向压阻效应最大，而 N 型硅沿晶向[100]方向压阻效应最大，而且是负的。图 4－7 表示了这两种硅元件电阻变化率与应变之间的关系。

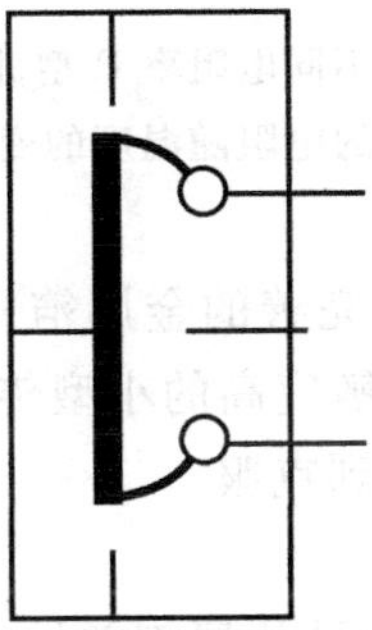

图 4－6　半导体应变计

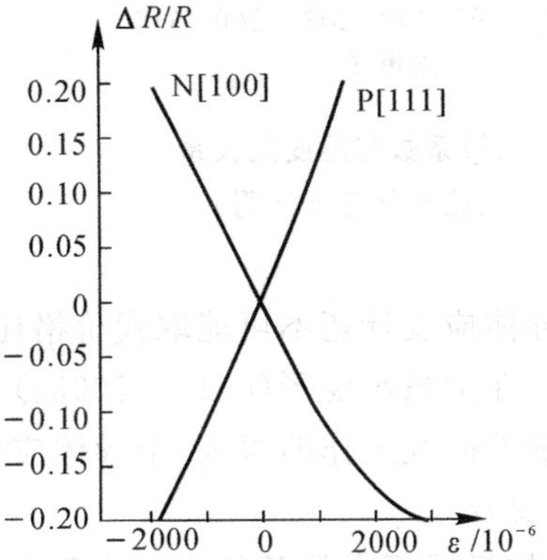

图 4－7　N 型及 P 型硅电阻变化率与应变之间的关系

设小硅条的轴向弹性模量为 E，当硅条受到轴向应变 ε 时，电阻率的变化可表示为

$$\frac{\Delta\rho}{\rho}=\pi_L E\varepsilon \tag{4-5}$$

式中，π_L 为压阻效应系数。将式(4－5)代入式(4－4)，得硅条的灵敏系数为

$$K_s=1+2\mu+\pi_L E \tag{4-6}$$

由于硅条的压阻效应很大，则式(4－6)中的$(1+2\mu)$可以忽略，因此半导体应变计的灵敏系数可简化为

$$K_s=\pi_L E$$

半导体应变计除了灵敏系数大，因而输出的信号大这一突出优点之外，还有横向效应系数小和机械滞后小等优点，由于其本身的体积小，还便于制作成小型传感器。但半导体应变计亦存在一些明显的缺点。首先是它的电阻变化与应变的关系只在很小的范围内(大约 $\pm 500\ \mu\varepsilon$)保持线性，在大应变作用下，灵敏系数的非线性很大，而且在此范围之外，拉、压时的灵敏性不同；其次，单晶硅掺杂质的浓度强烈影响着敏感元件的特性(比如电阻率可有上千倍的差异)，因此掺杂不均匀使切出的硅条之间灵敏系数差异较大；第三，是它的温度稳定性差，灵敏系数随温度增大而减小(见图 4－8)，本身的阻值随温度变化也很大(见图 4－9)；最后，由于同样应变水平下半导体应变计的电阻变化要比普通金属箔应变计大得多，如果仍使用普通金属箔应变计的测量线路，将出现明显的非线性。这也就是这种应变计在工程应用中很少见的原因之一。

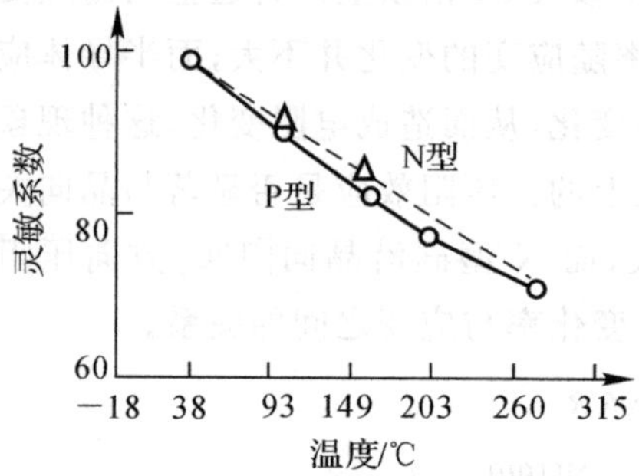

图 4-8 灵敏系数与温度的关系
（在拉伸状态下测得）

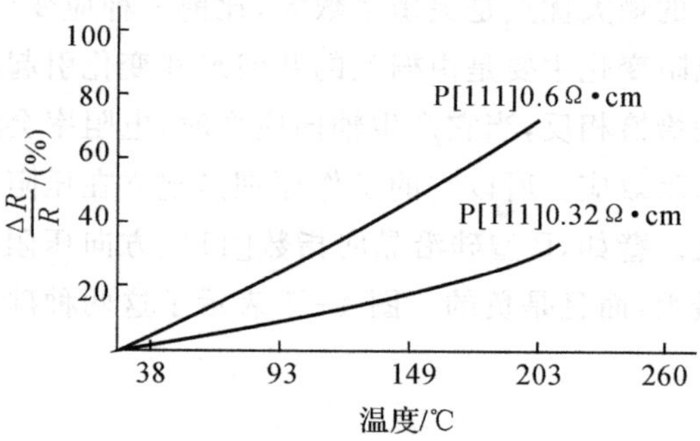

图 4-9 不同电阻率 P 型硅条的电阻随温度的变化

目前，半导体应变计还不可能取代价格比较便宜、测试设备完善的金属箔应变计，而只能作为一种补充，在测量小变形（$0.1\sim500\mu\varepsilon$）、动态应变，以及灵敏度高的小型传感器中发挥其特长。当然，随着研究工作的深入，半导体应变计的缺点有望得到克服。

5. 多轴应变计

将应变计按敏感栅个数及其相互位置来分，前面介绍的应变计均属于单轴应变计，只有一个敏感栅，用来测量敏感栅方向的应变。如果一个基底上沿不同方向安置两个或两个以上的敏感栅，则可测量同一位置在不同方向的应变，这样的应变计称为多轴应变计，也称为应变花，如图 4-10 所示。其敏感栅可为金属丝或金属箔。这种应变计主要用于测定平面应力状态下构件上某一点处的应变分量。

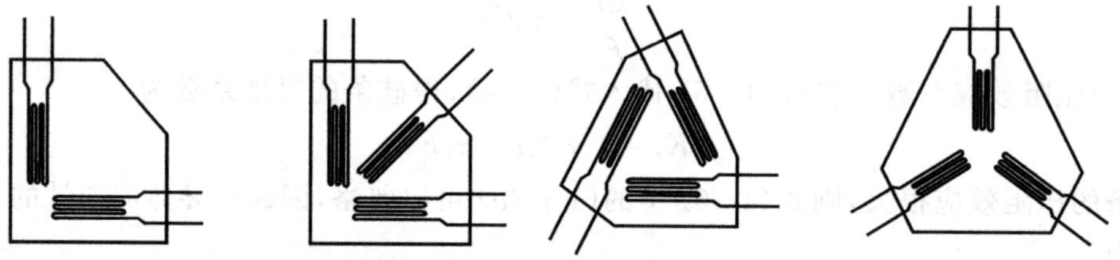

(a)　(b)　(c)　(d)

图 4-10 多轴应变计

(a) 二轴 90°；(b) 三轴 45°；(c) 三轴 60°；(d) 三轴 120°

6. 薄膜应变计

薄膜应变计制作时是用真空蒸发、溅射、等离子化学气相淀积等薄膜技术得到的薄膜，而不是用机械延压法所得到的薄膜。例如采用真空镀膜工艺，在薄的绝缘基片上蒸发金属电阻薄膜，再加上保护层就制成了薄膜式应变计。其厚度约在零点几纳米到几百纳米。薄膜应变计的制造工艺环节少，工艺周期短，成品率高，因而获得广泛的应用。

7. 几种特殊用途的应变计

为了适应工程实际和某些力学实验的需求，还有一些特殊形状的应变计，主要有以下几种形式：

(1) 裂纹扩展应变计。断裂力学实验中，需要检测构件在载荷作用下裂纹扩展的过程及扩展的速率，通常采用裂纹扩展应变计，它的敏感栅由平行栅条组成，如图 4－11 所示。实验时，将裂纹扩展应变计粘贴在构件裂纹尖端处，随着裂纹的扩展，栅条依次被拉断，应变计的电阻逐级增加。根据事先作出的断裂顺序与电阻变化曲线，可推断裂纹的扩展情况。若同时记录各栅条断裂时间，即可算出裂纹的扩展速率。

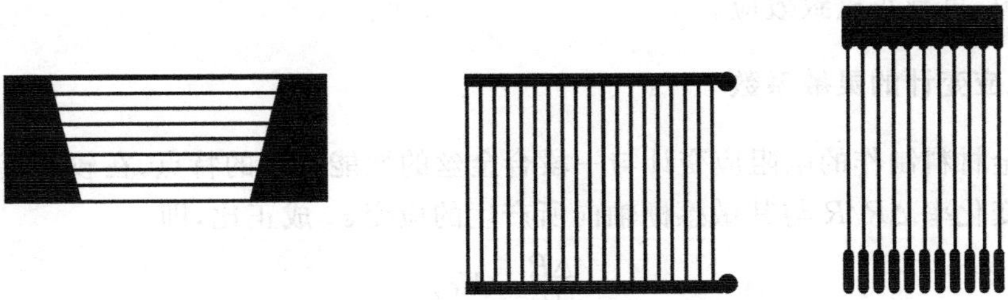

图 4－11　裂纹扩展应变计

(2) 疲劳寿命应变计。疲劳寿命应变计用于测量构件的疲劳寿命，其敏感栅是由经过退火处理的康铜箔制成，夹在两层浸过环氧树脂的玻璃纤维布中间形成。当应变计粘贴在承受交变载荷的构件上时，应变计丝栅在交变载荷作用下发生冷作硬化，而使电阻发生变化，电阻变化值与交变应力的大小、循环次数成比例，通常可用实验方法来建立经验公式。使用时可由电阻变化来推算交变应变的大小及循环次数，从而达到预测构件的疲劳寿命的目的。

(3) 大应变量应变计。大应变量应变计用于量测 5％ ～ 20％ 的大应变或超弹性范围应变。为避免丝栅与粗引线间的应力集中，中间采用细引线过渡。箔式应变计的引线应弯成弧形，然后再焊接，敏感栅是由经过获得大变形及退火处理的康铜制成，基底可用浸过增塑剂的纸(应变为 5％ ～ 12％) 或聚酰亚胺(应变为 20％)，黏结剂可用环氧树脂，聚氨脂填加增塑剂制成，如图4－12 所示。这种应变计受压时敏感栅会发生轴向屈曲，故承受的拉应变远大于压应变。因此，当用于交变应变量测时，量测范围不应超过容许的压应变界限。

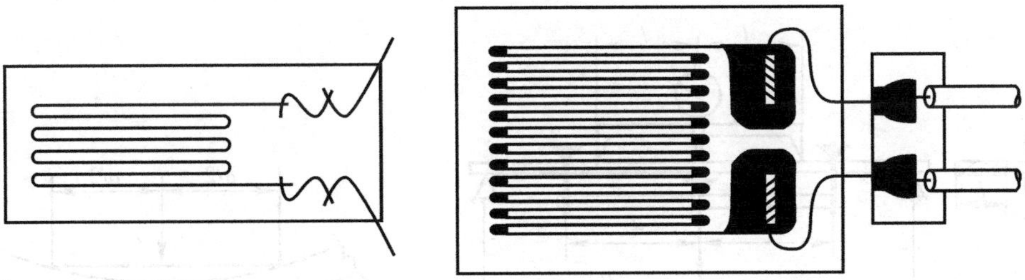

图 4－12　大应变量应变计

(4) 双层应变计。在进行薄壳、薄板应变的测量时，需要在壳和板的内、外表面对称贴片。而对于体积小或密封的结构，在内表面贴片几乎是无法进行的，双层应变计为解决这些问题提供了条件。在不太厚的塑料上、下表面粘贴应变计，并在应变计表面涂环氧树脂保护层。使用时将此双层应变计粘贴在待测构件的外表面，利用弯曲应变线性分布及轴向应变均匀分布特点，同时测出弯曲及轴向应变。

(5) 防水应变计。在潮湿环境或水下，特别在高水压作用下，应采用防水应变计。常温短期水下应变量测可在箔式应变计表面涂防护层(如水下环氧树脂)。长期测量可用热塑方法将应变计夹在两块薄塑料板中间，或采用防水、防霉、防腐蚀的特种胶材料作为应变计的基底和覆盖层制成防水应变计。

(6) 屏蔽式应变计。屏蔽式应变计的上、下两面均有铜箔构成屏蔽层，常用于电流变化幅度大的环境中的应变测量，如在电焊机旁或电气化机车轨道应变的测量。在强磁场中，若采用镍铬敏感材料，可减小磁致效应。

四、电阻应变计的灵敏系数

利用合金材料制作的电阻应变计与一段合金丝的性能类似的特点，在较大范围内，应变计的电阻相对变化率 $\Delta R/R$ 与其敏感栅轴向所产生的应变 ε_x 成正比，即

$$\frac{\Delta R}{R}=K\varepsilon_x \tag{4-7}$$

式中，K 为电阻应变计的灵敏系数。固定在构件上的应变计，其敏感栅的电阻变化不仅与敏感栅轴线方向的构件应变有关，而且与敏感栅形状、基底材料、黏结剂、构件材料的性质以及测点应变状态都有关系，因此应变计的应变灵敏系数 K 与上一节中合金丝的灵敏系数 K_s 不同，它不能通过理论计算获得，必须通过实验的方法来确定。

为了有一个统一的标准，应变计灵敏系数定义为应变计安装在材料泊松比为 0.285 的单向应力试件表面，并使敏感栅轴线方向与单向应力方向平行所测得的结果。制造厂家在电阻应变计生产出来以后，需在专门的设备上对应变计的灵敏系数进行抽样实验测定，应变计的这道工序称为应变计的"标定"。应变计的标定必须在符合上述定义的实验装置上进行。用于标定应变计灵敏系数的试件应处于单向应力状态，通常采用的试件有等截面纯弯曲梁、等强度悬臂梁和轴向拉压杆件等三种。利用拉压试件方式标定灵敏系数的优点是不需要专门的设备，可以直接在材料试验机上进行，但它需用机械的或光学的引伸计测量试件表面的机械应变，操作比较复杂，因此大量标定时通常采用纯弯曲梁或者等强度悬臂梁来实现。进行实验时，这两种梁都保证在梁上某段应力和应变是均匀分布的。如图 4－13 所示为纯弯梁实验装置。

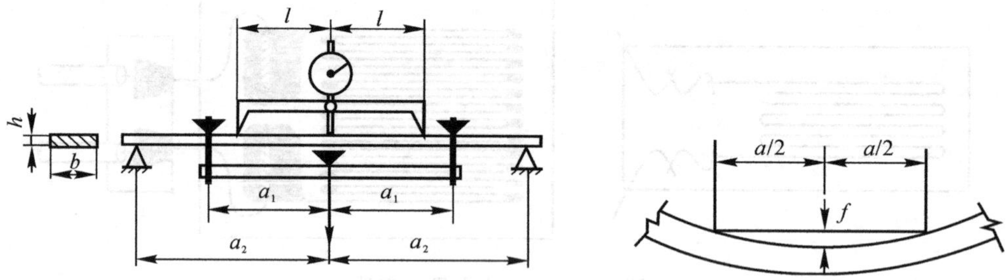

图 4－13　纯弯曲标定梁

标定时，在梁的纯弯段内放置一个三点挠度仪，当梁受载后，梁上两加载点之间处于纯弯曲状态，上下表面的应变大小相等，符号相反。如果令 h 为标定梁的高度，l 为千分表触点与挠度仪支点间距离，f 为梁受弯后挠度仪上的千分表读数，则由材料力学可知梁的真实轴向应变

$$\varepsilon_x=\frac{fh}{l^2+f^2+hf}\approx\frac{fh}{l^2} \tag{4-8}$$

为了获得灵敏系数的准确值，须选用精度较高并且经过严格校准的电阻应变仪进行实验，

将梁上应变计作为工作应变计，和另一个补偿应变计按半桥接入应变仪。如果仪器灵敏系数置于 K_0，进行加载并读取相应的应变读数 ε_d，则应变计的电阻相对变化率

$$\frac{\Delta R}{R} = K\varepsilon = K_0 \varepsilon_d \tag{4-9}$$

标定时要使梁产生的实际应变为 $\varepsilon_x \approx 1000\mu\varepsilon$。实验应加、卸载荷 3 次，取平均值，作为单个应变计的实验值，于是

$$K_i = \frac{K_0 \Delta\varepsilon_d}{\varepsilon} \tag{4-10}$$

式中，K_i 为第 i 片灵敏系数标定值；$\Delta\varepsilon_d$ 为加载与卸载时应变仪读数差的 3 次平均值。因为电阻应变片粘贴一次后就不能再用，所以采用抽样测定法来标定应变计的灵敏系数 K。规定一批应变计的抽样率为 5%（最少不少于 6 片），取其平均值作为同一批应变计的灵敏系数。如果抽取 n 片应变计进行标定实验，则该批应变计灵敏系数标定值为

$$\overline{K} = \frac{\sum K_i}{n} \tag{4-11}$$

由以上分析可见，抽样标定应变计灵敏系数过程必须满足标定梁处于单向应力状态，应变计的敏感栅的纵轴与标定梁的应力方向相平行，标定梁材料的泊松比为某一特定值 μ_0（通常为 0.285）。电阻应变计使用中如果不满足上述条件，则 K 将有不同的数值。

实际上，标定梁在产生纵向应变 ε_x 的同时，还要产生横向应变 $\varepsilon_y = -\mu\varepsilon_x$，以丝绕式应变计为例，如图 4-14 所示，敏感栅的弯头部分与直线部分感受的应变是不一样的。若直线部分感受的应变是 ε_x，则弯头部分感受的应变是逐点变化的，在 a 点为 ε_x，而在 b 点变到 $-\mu\varepsilon_x$，测量的结果是这两个方向应变作用的综合，也就是说，应变计灵敏系数 K 中已包含了标定梁横向应变的影响。因此，式(4-7)与式(4-1)在物理意义上有所不同。

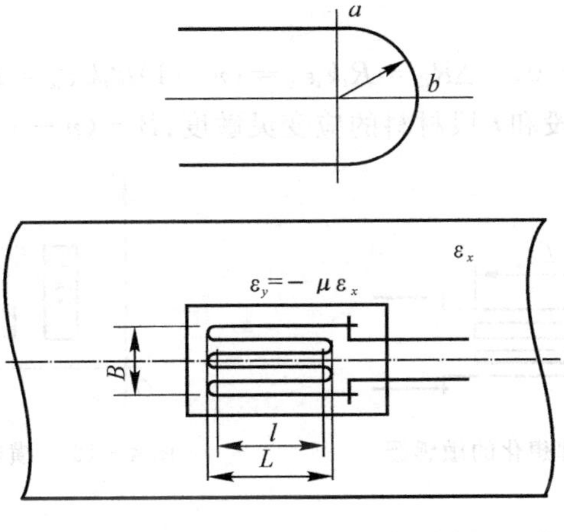

图 4-14　标定中的应变计

如果应变计是理想的转换元件，那么它应该只对敏感栅栅长方向的应变敏感，而对其栅宽方向的应变是“绝对迟钝”的。但是，各类应变计或多或少对栅宽方向的应变都有所反映，这种现象称之为应变计的横向效应。因此，在使用应变计时，必须明白两个问题：一是使用生产厂家提供的灵敏系数，被测构件处于单向应力状态且材料的泊松比与标定梁的泊松比相同，这种情

况下的测量结果是准确的；二是构件材料泊松比与标定梁的不同或测点处于平面应力状态，测量结果都受到应变计栅宽方向应变的影响，导致明显的测量误差，在要求测量精度高的情况下必须考虑修正。

因此，评价一种应变计的好坏，除由灵敏系数反映其灵敏度高低之外，还应该衡量其横向效应的大小。

五、电阻应变计的横向效应系数及其影响

金属丝绕成敏感栅后，虽然长度不变，粘贴处的应变状态亦相同，但应变计敏感栅的电阻值变化比单根金属丝的电阻值变化要小。因此，应变计的灵敏系数 K 比单根金属丝的灵敏系数 K_s 要小。这种由于敏感栅受到横向应变而使应变计灵敏系数减小的现象，称为应变计的横向效应。电阻应变计的横向效应系数用来表征应变计横向效应的大小，定义为用同一单向应变分别作用于同一应变计的栅宽与栅长方向(实际上可以取自同一批应变计中的两片)，前者与后者所得电阻变化率之比(用百分数表示）称为应变计的横向效应系数，用 H 表示，即

$$H=\frac{\Delta R_B/R}{\Delta R_L/R} \tag{4-12}$$

为了说明应变计横向效应系数的性质，下面对图 4-15 所示的理想化敏感栅推导其横向效应系数 H 的公式。将两枚应变计互相垂直地安装在单向应变场内，如图 4-16 所示，应变计 1 的轴线与单向应变 ε_x 方向平行，应变计 2 的轴线方向与 ε_x 垂直。用 ζ 表示敏感栅丝每单位长度的电阻值，当 L 段与 t 段的材料或面积不同时，$\zeta_L\neq\zeta_t$。所有 L 段(设有 n 段）的总电阻 $R_L=nL\zeta_L$，全部 t 段的总电阻为 $R_t=(n-1)t\zeta_t$。由于栅丝很细，可以认为沿丝的横向的应变不引起丝的电阻变化。这样对于应变计 1，根据式(4-1)，有

$$\Delta R_{L1}=R_Lk_L\varepsilon_x=nL\zeta_Lk_L\varepsilon_x,\quad \Delta R_{t1}=0 \tag{4-13}$$

同理，对于应变计 2，有

$$\Delta R_{L2}=0,\quad \Delta R_{t2}=R_tk_t\varepsilon_x=(n-1)t\zeta_tk_t\varepsilon_x=B\zeta_tk_t\varepsilon_x \tag{4-14}$$

式中，k_L 与 k_t 分别表示 L 段和 t 段材料的应变灵敏度；$B=(n-1)t$。

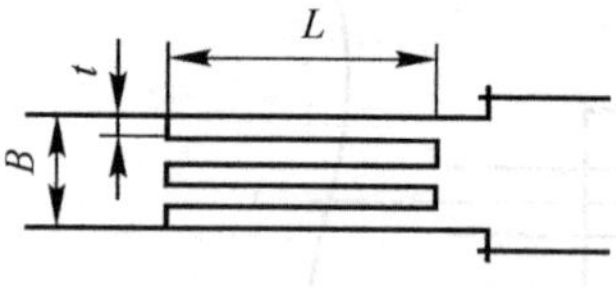

图 4-15　理想化的敏感栅

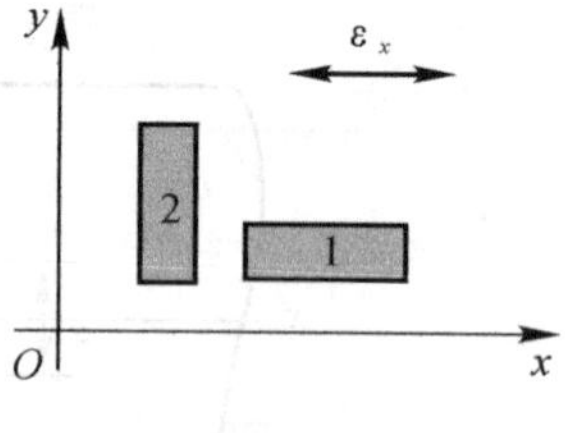

图 4-16　横向效应系数测定

根据定义，横向效应系数 H 可表示为

$$H=\frac{\Delta R_2/R}{\Delta R_1/R}=\frac{\Delta R_{L2}+\Delta R_{t2}}{\Delta R_{L1}+\Delta R_{t1}}=\frac{B}{nL}\,\frac{\zeta_t}{\zeta_L}\,\frac{k_t}{k_L} \tag{4-15}$$

类似的推导，也可得到图 4-2 所示丝绕式应变计的横向效应系数为

$$H=\frac{(n-1)\pi r}{2nL+(n-1)\pi r} \tag{4-16}$$

式中，r 为敏感栅半圆弯头的半径；l 为敏感栅直线部分的长度。

式(4－15)和式(4－16)都表明，敏感栅越狭长、栅越密，横向效应系数 H 就越小。式(4－15)还表明，若使 $\zeta_t \ll \zeta_L$，则可有效地降低 H 值。短接式应变计就是根据这个原理设计制造的。实际上横向效应系数的理论推导结果与实验结果存在偏差，H 值一般均通过实验来测定，式(4－15)和式(4－16)仅供了解性质用。

横向效应系数实验装置如图4－17所示。它的顶部工作区(虚线以内)仅厚5 mm左右，其余部分尺寸较大，两侧边用许多螺钉与侧板牢固连接。摇动加载手柄可使两侧边的下端相互接近，装置的薄壁部分即产生弯曲变形。显然，试件沿 x 方向较易变形，y 方向的刚度则较大，不易引起变形，可以做到 y 方向应变与 x 方向应变之比不超过2/1000，因此可以认为是单向应变场。

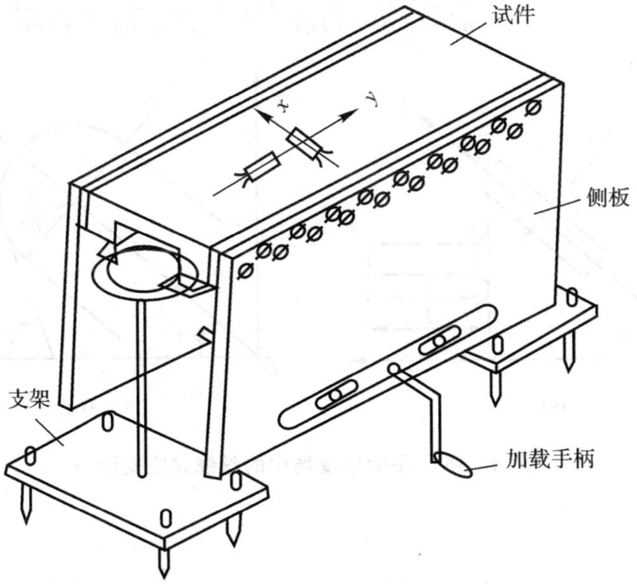

图4－17 横向效应的测定装置

下面讨论平面应力状态下的横向效应影响问题。

假定图4－18(a)为一均匀平面应变场，应变场中主应变 ε_1，ε_2 方向分别与 x，y 轴方向一致。取一丝绕式应变计放到该应变场中进行考察。设应变计栅长方向与 x 轴夹角为 α，用 ε_L 表示栅长方向的应变，用 ε_B 表示栅宽方向的应变。将敏感栅直线部分和弯头部分的电阻变化分别考虑。直线部分的电阻变化仅由 ε_L 作用所致，弯头部分的电阻变化则是由 ε_L 与 ε_B 的共同作用所致。直线部分的电阻变化为

$$\Delta R_l = Rk\varepsilon_L = nl\zeta k\varepsilon_L \tag{4-17}$$

式中，ζ 为栅丝的单位长度电阻；n 为栅丝直线部分条数。为求弯头部分的电阻变化，我们考虑图4－18(b)所示弯头上任一点 B 处的微段 $r\mathrm{d}\theta$，它与 x 轴的夹角为 $(\alpha+\theta)$，由应变分析，该微段所承受的应变为

$$\varepsilon_{\alpha+\theta} = \frac{1}{2}(\varepsilon_1 + \varepsilon_2) + \frac{1}{2}(\varepsilon_1 - \varepsilon_2)\cos 2(\alpha+\theta) \tag{4-18}$$

故根据式(4－1)，微段的电阻变化为 $\zeta r\mathrm{d}\theta k\varepsilon_{\alpha+\theta}$。整个半圆弯头的电阻变化可由 θ 从0到 π 的定积分求得

$$\int_0^{\pi} \zeta r\,\mathrm{d}\theta k\varepsilon_{\alpha+\theta} = \frac{1}{2}\zeta k\pi r(\varepsilon_1+\varepsilon_2) = \frac{1}{2}\zeta k\pi r(\varepsilon_l+\varepsilon_B) \tag{4-19}$$

因此，敏感栅所有半圆部分的总电阻变化为

$$\Delta R_r = \frac{1}{2}(n-1)\zeta k\pi r(\varepsilon_L+\varepsilon_B) \tag{4-20}$$

最后，可得到敏感栅的总电阻变化率

$$\frac{\Delta R}{R} = \frac{\Delta R_l+\Delta R_r}{R} = \frac{\zeta k\left[nl\varepsilon_L+\frac{1}{2}(n-1)\pi r(\varepsilon_L+\varepsilon_B)\right]}{\zeta[nl+(n-1)\pi r]} =$$

$$\frac{nl+\frac{1}{2}(n-1)\pi r}{nl+(n-1)\pi r}k\varepsilon_L + \frac{\frac{1}{2}(n-1)\pi r}{nl+(n-1)\pi r}k\varepsilon_B \tag{4-21}$$

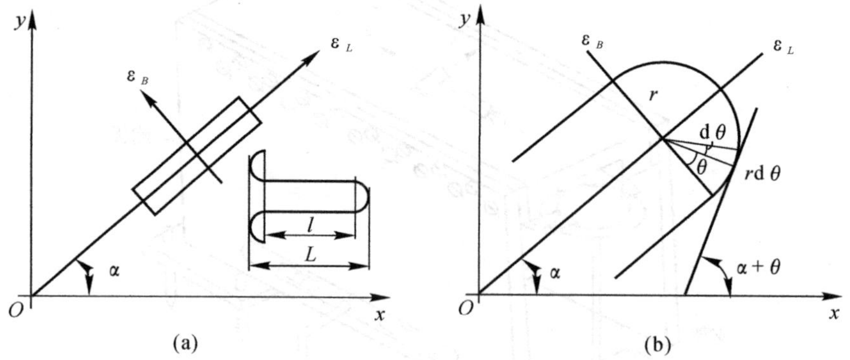

图 4-18　平面应变场中的丝绕式应变计

若令

$$K_L = \frac{nl+\frac{1}{2}(n-1)\pi r}{nl+(n-1)\pi r}k,\quad K_B = +\frac{\frac{1}{2}(n-1)\pi r}{nl+(n-1)\pi r}k \tag{4-22}$$

则可把应变计的电阻相对变化率表示为

$$\frac{\Delta R}{R} = K_L\varepsilon_L + K_B\varepsilon_B \tag{4-23}$$

由式(4-23)可见，敏感栅的电阻变化率可看做是两部分的叠加，一部分是敏感栅仅受到 ε_L 作用($\varepsilon_B=0$)的电阻变化率，另一部分是敏感栅仅受到 ε_B 作用($\varepsilon_L=0$)的电阻变化率。根据灵敏系数的定义，我们把 K_L 和 K_B 分别称为应变计的轴向灵敏系数和横向灵敏系数。它们的大小仅与敏感栅的材料性质、形状和尺寸有关。由此可得轴向灵敏系数 K_L 和横向灵敏系数 K_B 分别为

$$K_L = \frac{\left(\frac{\Delta R}{R}\right)_{\varepsilon_B=0}}{\varepsilon_L},\quad K_B = \frac{\left(\frac{\Delta R}{R}\right)_{\varepsilon_L=0}}{\varepsilon_B} \tag{4-24}$$

由横向效应系数 H 的定义，得

$$H = \frac{K_B}{K_L} \tag{4-25}$$

亦即横向效应系数等于横向灵敏系数与轴向灵敏系数之比。

测定应变计横向效应系数时(见图 4-17),从一批待测应变计中抽取若干个,取其中一半安装在薄壁部分的顶部工作表面上,使它们的纵轴垂直于单向应变方向,它们的应变为 ε_B。另一半应变计也安装在薄壁部分的顶部工作表面上,但平行于单向应变方向,其应变为 ε_L。根据式(4-24)和式(4-9)可知

$$\left(\frac{\Delta R}{R}\right)_{\varepsilon_B=0}=K_L\varepsilon_L=K_0\varepsilon_{Ld},\quad \left(\frac{\Delta R}{R}\right)_{\varepsilon_L=0}=K_B\varepsilon_B=K_0\varepsilon_{Bd} \tag{4-26}$$

式中,K_0 为应变仪的灵敏系数(一般等于 2.0);ε_{Ld} 为由应变仪读出的轴线沿 x 方向的应变计的应变值;ε_{Bd} 为由应变仪读出的轴线沿 y 方向的应变计的应变值。

根据式(4-25),每个被测应变计的横向效应系数即为

$$H_i=\frac{\varepsilon_{iBd}}{\varepsilon_{iLd}}\times 100\% \tag{4-27}$$

将单个应变计的横向效应系数之和除以抽样数,即得待测应变计的横向效应系数。

利用式(4-25),可将式(4-23)写成

$$\frac{\Delta R}{R}=K_L(1+\alpha H)\varepsilon_L \tag{4-28}$$

其中,$\alpha=\varepsilon_B/\varepsilon_L$ 为沿横向与轴向的应变之比。它是由应变场与应变计安装位置决定的值。若令

$$K^*=K_L(1+\alpha H) \tag{4-29}$$

则式(4-28)可写成

$$\frac{\Delta R}{R}=K^*\varepsilon_L \tag{4-30}$$

式(4-30)与式(4-7)在形式上相同,但式(4-7)只是式(4-30)在一定条件下的结果。因此 K^* 才是一般意义下的灵敏系数。它表明,应变计对应变的灵敏度是有条件的,它除了取决于敏感栅的材料、形状等应变计自身因素外,还与测点应变状态特征及方位有关,即与比值 α 有关。

应变计生产厂给出的应变计灵敏系数是约定的 K^* 的一个特例,这时

$$\alpha=\frac{\varepsilon_B}{\varepsilon_L}=\frac{-\mu_0\varepsilon_X}{\varepsilon_X}=-\mu_0 \tag{4-31}$$

因而

$$K=K_L(1-\mu_0 H) \tag{4-32}$$

式中,μ_0 为标定梁材料的泊松比。

由此可见,如果应变计的使用状态与标定实验状态不同,它的灵敏系数也将随之发生变化。如果不对灵敏系数进行修正,就要引入实验误差。造成误差的原因根本上还是归结于应变计的横向效应。下面我们考察不考虑这一差别时,图 4-18(a) 所示应变计所引入的测量误差。这时欲测应变是 ε_L,应变计的电阻变化由式(4-29)决定。而不考虑横向效应影响,把仪器灵敏系数调至生产厂给出的应变计灵敏系数 K(由式(4-32)决定),设 ε_d 为应变仪读数,则有

$$\frac{\Delta R}{R}=K^*\varepsilon_L=K\varepsilon_d \tag{4-33}$$

由式(4-29)和式(4-32),得

$$\varepsilon_d=\frac{1+\alpha H}{1-\mu_0 H}\varepsilon_L \tag{4-34}$$

应变测量的相对误差为

$$e=\frac{\varepsilon_d-\varepsilon_L}{\varepsilon_L}=\frac{1+\alpha H}{1-\mu_0 H}-1=\frac{(\alpha+\mu_0)H}{1-\mu_0 H} \tag{4-35}$$

由式(4－25)可以看出，误差的根源在于应变计的横向效应。如果 $H=0$，则 $e=0$。如果 $H\neq 0$，只要应变计的使用条件与标定时相同，即 $\alpha=-\mu_0$，也有 $e=0$。除此之外，误差总是存在的，并且误差 e 是 α 的线性函数(对于特定应变计，μ_0 和 H 是定值)。

计算表明：如果测点是单向应力状态，而且 $\alpha=-\mu$(μ 为构件材料泊松比)，即沿应力方向粘贴应变计，即使 $\mu\neq\mu_0$，造成的误差也不大。比如应变计的横向效应系数 $H=5\%$，标定梁材料泊松比 $\mu_0=0.285$，则在钢($\mu=0.28$)、铸铁($\mu=0.24$)、铜($\mu=0.34$)、有机玻璃($\mu=0.40$)、混凝土($\mu=0.17$)和橡胶($\mu=0.47$)等材料的构件上使用时，读数误差均小于1%，完全符合工程要求；但对 $\alpha\neq-\mu$ 的情况要注意，比如测量单向应力状态的横向应变，这时 $\alpha=-1/\mu$，对上述材料，误差大约在10%～30%，这样大的误差是无法接受的。由此看来，横向效应影响的修正还是很有必要的。

对横向效应影响进行修正，需要有相互垂直粘贴的两片应变计，如在图4－18(a)中沿 ε_L 方向的应变计为应变计1，再沿 ε_B 方向垂直粘贴应变计2，则由式(4－34)可变换得两应变计的应变读数为(仪器灵敏系数置生产厂标定的应变计灵敏系数)

$$\varepsilon_{d1}=\frac{1}{1-\mu_0 H}(\varepsilon_L+H\varepsilon_B),\quad \varepsilon_{d2}=\frac{1}{1-\mu_0 H}(\varepsilon_B+H\varepsilon_L) \tag{4-36}$$

由此解得

$$\varepsilon_L=\frac{1-\mu_0 H}{1-H^2}(\varepsilon_{d1}-H\varepsilon_{d2}),\quad \varepsilon_B=\frac{1-\mu_0 H}{1-H^2}(\varepsilon_{d2}-H\varepsilon_{d1}) \tag{4-37}$$

这就是平面应变状态的横向效应修正公式。

六、电阻应变计的工作特性

应变计的工作特性是根据测量目的选择应变计的重要依据。常温应变计的工作特性有电阻、灵敏系数、机械滞后、零点漂移与蠕变、绝缘电阻、应变极限、横向效应、疲劳寿命和温度特性等指标。下面就各项指标的概念做简要介绍。

1. 电阻值

这是指应变计未经安装，也不受外力，在室温下测量得到的电阻值。由于电阻应变仪和其他常用应变测量仪器测量电桥的桥臂电阻均按120 Ω设计，因此，应变电测中电阻值为120 Ω的应变计最为常用。也有阻值为60 Ω、250 Ω、380 Ω、500 Ω、1 000 Ω等的应变计，用于其他目的。生产厂要对应变计的阻值进行逐一测量，并按阻值分装成包，在包装上注明平均阻值及最大偏差。

2. 灵敏系数

如上所述，应变计的灵敏系数是指当应变片安装在单向应力状态的试件表面上，且其轴线与应力方向重合时，在单向应力作用下，应变计电阻的相对变化与沿其轴向的应变之比值。该值由抽样标定，生产厂于包装盒上注明其平均名义值和标准偏差。它是选择应变计的重要依据。应当注意，应变片的灵敏系数 K 恒小于线材的灵敏系数 K_s，主要原因在于胶层传递变形失真，以及敏感栅弯曲部分的横向效应。

3. 机械滞后

在温度不变的情况下，对安装有应变计的试件逐级加载到规定应变水平（一般为 1000$\mu\varepsilon$）然后再逐级卸载时，在同一应变水平下，两个过程的指示应变存在差异，这种现象称为应变计的机械滞后。如图 4－19 所示，各级应变水平下的最大差值 Z_j 定义为应变计的机械滞后量。机械应变是指在机械载荷作用下试件所产生的应变；指示应变即应变读数，可用经过校准的应变仪直接读出。

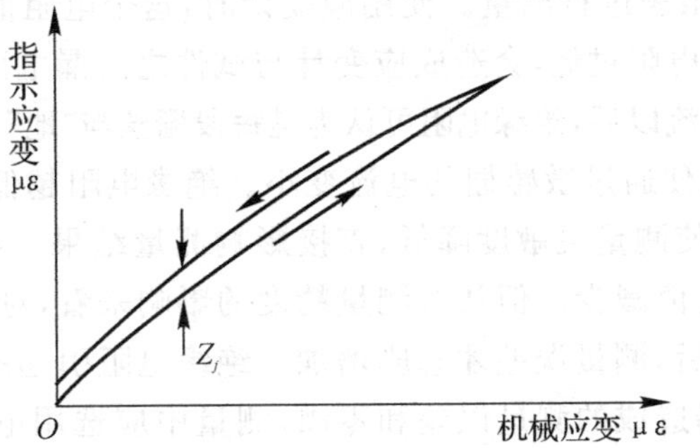

图 4－19　应变计的机械滞后

电阻应变计的敏感栅、基底和黏结剂在承受机械应变之后留下的残余变形会导致应变计产生机械滞后。可见应变计的制造和安装过程均有可能造成机械滞后。造成应变计机械滞后的主要原因包括：黏结剂粘贴过程中固化处理不良，因长期在潮湿环境工作而受潮变质或过期失效；因工作人员粘贴技术不佳，造成黏结剂部分脱落或黏结层太厚；应变计基底材料性能差；待测构件的残余应力以及应变计敏感栅在制造和粘贴过程中产生的残余应力；等等。

机械滞后总是存在的，其大小与应变计所承受的应变量有关，加载时的机械应变愈大，卸载过程中的机械滞后就愈大。尤其是新安装的应变计，第一次承受应变载荷时，常常产生较大的机械滞后，经历几次加卸载循环之后，机械滞后便明显地减少。因此，通常在正式实验之前，最好以设计载荷（或稍大一些）对试件或构件预加载几次，以减小机械滞后的影响。

4. 零点漂移与蠕变

应变计的零点漂移（简称零漂）是指在温度恒定的条件下，即使被测构件未承受应变，应变计的指示应变也会随时间的增加而逐渐变化的现象。应变计的蠕变是指在温度恒定的条件下，使被测构件未承受恒定应变值，应变计的指示应变将随时间呈下降趋势的现象，一般用速率 $\mu\varepsilon/h$ 来表示。零漂和蠕变现象所反映的是应变计的性能随时间发生变化的规律，只有当应变计用于较长时间测量时才考虑其作用。零漂和蠕变同时存在，在蠕变值中包含着同一时间内的零漂值。

不同温度条件下，产生零漂现象的主要原因不同。在常温下工作的应变计，产生零漂的主要原因是敏感栅通以工作电流之后产生的温度效应、在制造和安装应变计过程中所造成的内应力，以及黏结剂固化不充分等。随着工作温度的增加，产生零漂的主要原因变为敏感栅材料的逐渐氧化、黏结剂和基底材料性能的变化等。在高温下工作的应变计，敏感栅材料氧化的速度迅速增加，并出现合金中某些元素挥发的现象，材料的电阻率发生变化，从而使应变计产生很大的零漂。

蠕变现象就应变计本身而言与其基底材料有关，但粘贴在构件上的应变计，其蠕变还与黏结剂的性能、固化程度、胶层的厚度以及粘贴时间长短都有关系，是一个综合作用效果。例如，用 502 快干胶粘贴的应变计一般在半年之后，蠕变现象会日趋严重，以至于无法传递构件上的应变。

5. 绝缘电阻

应变计的绝缘电阻是指应变计引出线与安装应变计的构件之间的电阻值。它由低压(30 ～ 100 V)兆欧级电阻表进行测量。使用应变计时，这个电阻值往往作为黏结层固化程度和是否受潮的标志。绝缘电阻过低，会造成应变计与试件之间漏电而产生测量误差。安装在构件上的应变计通入工作电流以后，绝缘电阻可认为是每段栅丝与"地"之间许多小电阻的并联值。由于并联电路的分流作用，使通过敏感栅的电流变小。绝缘电阻越低，分流作用就越大，通过敏感栅上的电流就越小，致使测量灵敏度降低，直接影响测量结果。绝缘电阻下降，将使应变计的指示应变比实际的应变值减少。但从对测量精度的影响来看，对绝缘电阻的要求并不很高，只有在低于 0.01 MΩ 之后，测量误差才急剧增加。绝缘电阻引起的另一个后果是零漂。

为减小绝缘电阻下降造成的测量误差和零漂，测量中应选用电绝缘性能良好的黏结剂和基底材料，并使其得到充分的固化处理。但是应该注意防止在提高应变计的绝缘电阻的同时增加蠕变和机械滞后。

6. 应变极限

保持温度不变，不断增加试件的应变，当应变计的指示应变与试件真实应变的非线性误差达到 10% 时，对应的试件真实应变即为应变计的应变极限，用 $\varepsilon_{\mathrm{lim}}$ 表示，如图 4－20 所示。一批应变计的应变极限是按一定百分率抽样实验获得的最小应变极限值。

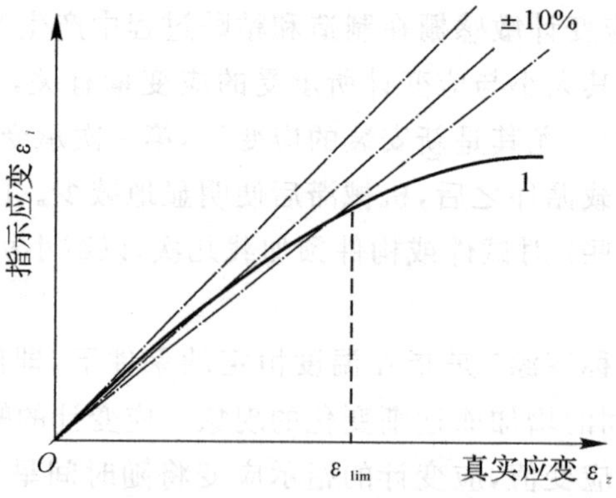

图 4－20　应变片的应变极限

由于大多数敏感栅材料的灵敏系数在弹性范围内变化很小，因此在一般情况下，黏结剂和基底材料传递应变的性能、引线与敏感栅焊点的布置形式以及应变计的安装质量等均会影响应变极限的大小。可见，要想获得较高的应变极限，应选用抗剪强度较高的黏结剂和基底材料，制造和安装应变计时应控制基底和黏结剂层不要太厚并进行适当的固化处理。应当注意随着工作温度升高，应变极限会明显地下降，中温和高温应变计在极限工作温度下的应变极限均低于常温应变计。

7. 横向效应系数

应变计的横向效应系数是指用同一单向应变分别作用于同一应变计的栅宽与栅长方向，前者与后者所得电阻变化率之百分比，它是测量中选择应变计的重要指标，前面已作了详细介绍，这里不再重复。

8. 疲劳寿命

应变计的疲劳寿命是指已安装在试件上的应变计，在恒定幅值的交变应变作用下，应变计连续工作，直至产生疲劳损坏时的循环次数。在恒定幅值的交变应力作用下，如果应变计敏感栅或引线发生断路、应变计输出幅值变化 10% 或者应变计输出波形上出现穗状尖峰等三种情形中的一个，即认为其发生了疲劳损坏。与应变极限类似，一批应变计的疲劳寿命也应取该批应变计按规定百分率抽样实验所得结果的最小值。

造成应变计疲劳损坏的因素主要有敏感栅栅条上的针孔和裂隙、内焊点接触电阻的变化、黏结剂强度下降以及应变计安装质量不好等。由于这些因素的影响，在动态应力测量时，应变计在交变应变的作用下，经过若干循环次数之后，其灵敏系数将随应变循环次数的增加而有所改变。因此要提高应变计的疲劳寿命，须特别注意引线与敏感栅之间的连接方式和焊点质量。

9. 温度特性

应变计的温度特性分为热输出和热滞后两种。

应变计的热输出是指由于温度变化而引起的应变输出。将应变计安装在可以自由膨胀的试件上，且试件不受外力作用。若环境温度不变，则应变计的应变为零。若环境温度变化，则应变计产生应变输出。产生应变计热输出的原因主要有两方面，一是应变计敏感栅材料本身具有电阻温度系数；二是由于敏感栅材料与试件材料的线膨胀系数不同，使敏感栅产生附加变形。

当环境温度变化 Δt℃ 时，应变计的电阻改变量为

$$\Delta R_t = R[\alpha + K_s(\beta_m - \beta_s)]\Delta t \tag{4-38}$$

温度改变引起的应变计的电阻变化率为

$$\frac{\Delta R_t}{R} = [\alpha + K_s(\beta_m - \beta_s)]\Delta t \tag{4-39}$$

式中，α 为敏感栅材料的电阻温度系数(1/℃)，β_m 为试件材料的线膨胀系数(1/℃)，β_s 为敏感栅材料的线膨胀系数(1/℃)，K_s 为敏感栅丝的灵敏系数，R 为应变计的电阻值(Ω)。

温度改变产生的热输出为

$$\varepsilon_t = \frac{1}{K}\frac{\Delta R_t}{R} = \frac{1}{K}[\alpha + K_s(\beta_m - \beta_s)]\Delta t \tag{4-40}$$

式中，K 为应变计的灵敏系数。应变计的热输出一般用温度每变化 1℃ 时的输出应变值来表示。

应变计的热滞后是指在某一温度下，升温的曲线和降温的曲线之间有一个差值。如果应变计是在升温和降温情况下循环工作，则在室温和极限工作温度之间增加或减少温度时，应变计的升温热输出曲线和降温热输出曲线并不重合，这就是应变计的热滞后现象。

应变计包装盒上都应标明产品的质量等级(A、B、C 级)，按上述指标分级的标准如表 4-2 所示，可以在购买应变计时作为参考。表中八项指标中，除电阻值外，都是对已安装的应变计而言的，因此，在使用中能否达到上述指标，很大程度上取决于安装质量的好坏。

表 4-2 常温应变计工作特性的质量等级

工作特性	说明	质量等级		
		A	B	C
电阻值/(%)	对标称值的偏差	1	3	6
	对平均值的公差	0.2	0.4	0.8
灵敏系数/(%)	对平均值的标准差	1	2	3
机械滞后/με	室温下	5	10	20
蠕变/(με/h)	室温下	5	15	25
应变极限/με	室温下	10 000	8 000	6 000
绝缘电阻/MΩ	室温下	1 000	500	500
横向效应系数/(%)		1	2	4
疲劳寿命	循环次数	10^7	10^6	10^5

七、电阻应变计的黏结剂

电阻应变计的黏结剂是用于制作电阻应变计基底(胶膜或厚纸、玻璃纤维用)材料、覆盖层和粘贴应变计所用的各种胶黏剂的总称。常温应变计是通过黏结剂(亦称为应变胶)粘贴到构件表面上的。在测量中,构件表面的应变是通过黏结层和应变计基底传递给敏感栅的,应变胶的传递性能将直接影响测量精度和传递信号的稳定性,是直接影响电阻应变测试精度的关键材料之一,所以根据应变计类型选择适当的应变胶,对提高应变计的粘贴质量也是至关重要的。

在诞生的初期,电阻应变计是用赛璐珞胶(即硝酸纤维素)把细丝黏结在纸基底上,再在上面覆盖 1mm 厚的毡,其作用是防止外部机械损伤和防潮。1951 年美国研制出用于高温应变计的无机系胶黏剂,1955 年 Eastman 公司发明了划时代的氰基丙烯酸酯系胶黏剂(即现在常用的瞬态快干胶),不仅简化了应变计的安装方法,而且也适用于多种基底和被黏结构。20 世纪 60 年代末到 70 年代,随着电阻应变计在称重传感器方面的应用不断扩大,人们对用于传感器用应变计的基底和黏结剂进行了研究和改进,出现了更为优良的酚醛胶、环氧胶、环氧乙酚醛胶以及聚酰亚胺胶等。

应变黏结剂在应变计的制造和使用中均具有重要作用,因此,其性能应满足一定的要求。理想的黏结剂,在固化后应有较强的黏结力,抗剪切强度高,蠕变小,受温度及湿度影响小,滞后现象小,耐老化性好,热膨胀系数与构件相近,对应变计基底及敏感栅无腐蚀作用,绝缘电阻大。此外还要工艺性好,粘贴操作方便、易涂刷、固化速度和固化温度低以及对使用者没有毒害或毒害小等。实际上,没有一种应变胶完全满足上述全部要求,因此,在研制、选择应变胶时,必须根据具体的要求和使用温度的范围,有重点地加以选择。

表 4-3 列出了常温应变计的常用黏结剂,下面分别对其进行说明。

表 4－3　粘贴常温应变计的常用黏结剂

序号	类　型	主要成分	牌　号	适用应变计	最低固化条件	固化压力/(N/cm^2)	使用温度/℃
1	硝化纤维素黏结剂	硝化纤维素、溶剂	—	纸基底	室温，10h 或 60℃，2h	5～10	－50～60
2	氰基丙烯酸酯黏结剂	氰基丙烯酸酯	KH501 KH502	纸、胶、玻璃纤维布基底	室温，1h	粘贴时指压	－50～60
3	环氧树脂类黏结剂	环氧树脂、邻苯二甲酸二丁酯、乙二胺	—	胶、玻璃纤维布基底	常温固化	10	－50～100
		环氧树脂、胺类固化剂	914		室温，2.5h	粘贴时指压	－60～80
4	酚醛树脂类黏结剂	酚醛树脂、聚乙烯醇缩丁醛	JSF－2	酚醛胶、玻璃纤维布基底	150℃，1h	10～20	－60～150
5	氯仿黏结剂	氯仿（三氯甲烷）、有机玻璃粉末	—	玻璃纤维布基底（粘贴于有机玻璃试件）	室温，3h	粘贴时指压	—

硝化纤维素黏结剂是早期使用的应变胶，并以丙酮-硝化纤维素（赛璐珞）为代表。它价格低廉，使用方便，因此曾广泛用于粘贴纸基应变计。这种应变黏结剂的缺点是由于其中溶剂（丙酮）占 85%，溶质（赛璐珞）只占 15%，固化时有大量溶剂挥发，胶层体积收缩，将使应变计敏感栅受到压缩而产生残余应力；它还有一个缺点是容易吸潮。

氰基丙烯酸脂黏结剂是目前应用很广泛的品种。这种胶无须加压、加温，仅靠自然吸收空气中的微量水分即可在常温下短时间内产生聚合反应而固化，用它黏应变片，几分钟就能黏住，两小时后就可以用于测量（但欲达到最高黏结强度需待 10～24 h 后），因而称为快干胶。使用时只需加一定指压即可。这种胶在现场测试、任务紧急的情况下具有明显优势。其缺点是不易保存，应在暗处 10℃以下密封储存，且不超过半年。其耐潮性能稍好于硝化纤维素黏结剂，但也必须采取防潮措施；未经防潮处理，一般半年以上粘贴的应变计就不能正常使用了。它的另一个缺点是固化速度过快，不易操作，因此要求有熟练的操作技巧。KH501 黏度较小，固化速度较快，但黏结强度稍低；而 KH502 稍稠，固化速度稍慢，黏结强度高，但储存期短。

环氧树脂类黏结剂是一种通用性很强的的胶。用它做应变胶，黏结力强，能承受较大的应变，抗湿性、绝缘性好，固化时因无挥发物因而收缩量小，不至造成应变计的残余应力。这种胶是二液性（双组分）的，胶体是环氧树脂，可长期保存，使用时需加入固化剂，方能产生聚合反应而固化。配置环氧胶常用的环氧树脂为浅黄色至琥珀色的透明黏稠液体（遇热变稀），适用的牌号为 E－42(634)、E－44(6101)、E－51(618)等。加入胺类固化剂时，将产生放热反应，释放出热量，因而可在室温下固化。环氧胶的配方很多，但都应严格遵守各种材料的配合比，尤其是使用胺类固化剂时更应注意。表 4－3 所示常温固化环氧胶的配比为：

环氧树脂 100g

邻苯二甲酸二丁酯(增塑剂) 20g

乙二胺(固化剂) 6～7g

环氧树脂胶要现用现配。配制时,先用天平称好环氧树脂质量,盛于烧杯等敞口容器中,加热至流态;加入增塑剂搅拌均匀,再加入固化剂并迅速将烧杯浸入冷水中散热。然后用玻璃棒沿一个方向搅拌,使混合物由黏度很大变为黄色半流体即可使用。由于乙二胺加入后与环氧树脂发生放热反应,初期 15 min 内可达 70～80℃,故使用中烧杯还要置于冷水中降温,否则就会使一部分尚未反应的乙二胺急剧反应而产生大量气泡,环氧树脂也随之变为多孔固体。

914 环氧胶是一种新型室温快速固化黏结剂。它将树脂(A)和固化剂(B)两个组分分装在两个锡管中,使用时按重量比 6(A)∶1(B)或体积比 5(A)∶1(B)混合均匀,在几分钟内用完,在室温下 3～5 h 即可固化。

酚醛树脂类黏结剂需要加热才能产生聚合反应,而且反应中有水产生。水受热会汽化,为了避免水汽不能完全逸出而在胶层中生成气泡,这种聚合过程需要对应变计施加适当压力。由于要加温、加压进行固化,这种胶使用不太方便。有些胶基应变计的基底材料为酚醛树脂,用这种胶粘贴应变计有利于发挥应变计的性能。

氯仿是可以溶化有机玻璃的溶剂,加入少量有机玻璃粉末,可以适当增加其黏稠度成为氯仿黏结剂,它只适合在有机玻璃上粘贴玻璃纤维布基底或纸基应变计,应变计粘贴后,黏结层中的少量氯仿会立即溶化有机玻璃表面并在短时间内挥发而固化,固化速度与氰基丙烯酸脂黏结剂接近。

八、电阻应变计的选择

在应变测量中,要确保测量精度和测量可靠性,必须正确选用电阻应变计。由于待测构件的实际工作情况千差万别,而应变计的种类繁多,因此应变计的选用应根据测试的环境条件、待测构件的应变状态、待测构件的材料性质、应变计的尺寸和电阻值以及测量精度等因素来决定。下面分不同情况对应变计的选用原则进行说明。

1.根据测试的环境条件

电阻应变计的环境条件包括环境温度、环境湿度和磁场环境等。应变计的敏感栅材料、基底材料、黏结剂类型及粘贴方法等,都有一定的工作温度范围,根据应变计所适合使用温度范围的不同分为高温应变计、常温应变计和低温应变计。在应变测量时应根据构件的环境温度选择合适的应变计,使得在给定的试验温度范围内,应变计能正常工作。潮湿环境会导致电阻应变计的绝缘电阻降低、黏结强度下降等现象,这将造成零漂,灵敏度系数下降,因而产生误差,对应变计性能影响极大,严重时甚至无法进行测量。因此,在潮湿环境中,不宜使用纸基应变计,而应选用防潮性能好的胶膜应变计,如酚醛-缩醛应变计、聚脂胶膜应变计等,并采取恰当的防潮措施,如涂防潮剂等。强磁场作用会导致电阻应变计的敏感栅伸长或缩短,从而使应变计产生虚假输出。因此,在强磁场环境中应变计的敏感栅材料应采用磁致伸缩效应小的镍铬合金或铂钨合金。

2.根据待测构件的应变状态和测试精度

应变计测出的应变值是应变计栅长范围内的平均应变值。当应变沿试件轴向为均匀分布时,选用任意栅长的应变计,对测试精度无直接影响。因此通常选用栅长大的应变计,其横向效应系数小,且粘贴也比较容易。但是对应变梯度大的构件进行测试,应变计的栅长会对测试结果产生较大的影响，因此应根据具体情况选用栅长较小的应变计。

对于静态应变测量，产生误差的主要原因是温度变化，如被测构件的温度场不均匀或温度变化大，应选用温度自补偿应变计。对于测量精度要求比较高的静态应变测量，为防止零漂、蠕变和热输出等过大，应考虑选用箔式应变计。对于动态应变测量，为延长其使用时间，应选用疲劳寿命高的应变计，如箔式应变计。测量高频动态应变时，应选用较小标距的应变计。

以胶膜为基底、以铜镍合金和镍铬合金材料为敏感栅的应变计性能较好，它具有精度高、长时间稳定性好以及防潮性能好等优点，因此在精度要求较高的测量中，通常选用这种应变计。

3.根据应变计的尺寸和待测构件的材料性质

应变计尺寸的选择，应根据试件的材料和应力状态，以及允许粘贴应变计的面积而定。例如，对于混凝土、铸铁、木材等表面粗糙、不匀的材料，选用栅长较大的应变计。用于混凝土表面应变测量的应变计，其栅长一般应比颗粒的直径大2～3倍以上。对于表面光滑、均匀的材料(如金属材料)，选用栅长较小的应变计。对于试件表面应力分布均匀或变化不大，且允许粘贴面较大的情况，选用栅长较大的应变计。若在试件的应力集中区域，或允许粘贴面积很小的情况下，选用栅长小于或等于1 mm的应变计。对于塑料等导热性差的材料，一般选用栅长大的应变计。应变计的尺寸越小，对粘贴质量的要求越高。因此，在确保测量精度和有足够安装面积的前提下，选用栅长较大的应变计为宜。

4.根据应变计的电阻值

应变计电阻值的选择，一般根据测试仪器对应变电阻值和测量应变灵敏度的要求，以及测试条件等而定。例如，应力分析测试常用的电阻应变仪通常是按应变计电阻值为120+5 Ω进行设计的，因此，应力分析测试时，普遍选用电阻值为120 Ω的应变计。而传感器上通常选用高电阻值(如350 Ω、500 Ω、1 000 Ω，甚至5 000 Ω)的应变计，因为这样可以提高其稳定性或输出灵敏度。在测量电路中包含有转换开关、集流器等装置时，使用高阻值的应变计可以减少接触电阻的影响，减少桥路中应变计的工作电流，提高应变计的工作稳定性，也可以减少应变计引线和连接导线的电阻对应变计应变灵敏度的衰减作用。此外选用高电阻值的应变计还可以提高动态应变测量的信噪比。

九、电阻应变计的粘贴技术

在应变测量时，只有正确安装使用应变计，才能保证测量精度和可靠性，达到预期的测试目的。因此，应变计的粘贴是非常细致，也是非常重要的环节。这里以常温下可固化的应变胶为例说明应变计的粘贴步骤。

1.检查、分选应变计

粘贴应变计前，先用放大镜检查应变计的外观，剔除那些敏感栅有形状缺陷，片内有气泡、霉变或锈点等的应变计。然后用万用表逐一测量剩下的应变计阻值，检查应变计有无断路、短路情况，并按阻值选配，使每组的阻值差异不超过0.5 Ω(大于这个差异就无法在一起使用)或更小。

2.构件测点表面处理

构件表面需事先进行处理，干净光滑表面只需用中粒度砂纸沿与贴片方向约成±45°的方向交叉打出纹路，这样便于加强胶层附着，提高黏结强度；不光滑、不干净的表面，应先用手提砂轮机、刮刀或锉刀等工具平整，除去油漆、电镀层、氧化皮、锈斑等，油污可用甲苯、四氯化碳、汽油等清洗，最后与光滑表面一样用砂纸打出纹路。如果不立即粘贴应变计，可涂一层凡士林暂作保护，等粘贴时再清除。

3. 粘贴应变计

用脱脂棉球蘸丙酮或酒精等挥发性溶剂少许清洗测点表面，以清除油脂、灰尘等，反复进行直至棉球上无污迹为止，并用钢划针划出贴片定位线，最后用干棉球擦净表面。禁止用手触摸或用口吹处理好的表面，因为这样容易使测点表面生锈。稍停几分钟，等表面溶剂彻底挥发后才可粘贴应变计，溶剂不彻底挥发，将使测点表面略带酸性，影响胶的黏结力。

使用硝化纤维素应变胶时，先用小排笔在测点面上薄薄地涂一层胶，将应变计放上，用尖嘴镊子轻轻找正方位，然后盖上一层聚乙烯薄膜或玻璃纸，用手指沿应变计粘贴方向轻轻滚压挤出多余胶水，使胶层薄而均匀（粘贴应变计的胶层越薄越均匀，粘贴强度越高），然后再检查一下应变计方位，调整后用拇指垂直于测点面加压数分钟使气泡完全排出，最后从应变计无引线的一端开始向有引线的一端揭掉聚乙烯薄膜，用力方向尽量与黏结表面平行。

使用氰基丙稀酸酯黏结剂（如502胶水、501胶水黏结剂）时，要掌握好时机。先用半干酒精棉球擦一下应变计底面，以防曾用手触摸存有汗渍。待酒精完全挥发后，用尖头无齿小弹力镊子平夹应变计引出线一端（注意不得用力过大损伤敏感栅），用手捏直应变计引出线并使其稍弯向非黏结面一方。在测点滴上一小滴胶液（注意越多越不好粘），捏着应变计的引出线，用其背面将黏结剂拖匀并形成一个薄层，同时，让应变计背面也浸满胶水。把握好贴片方向和测点位置，待胶水发黏时，将应变计置于测点，迅速找正应变计方位，然后在应变计上垫一层聚乙烯一类非极性塑料薄膜，用手指轻按非引出线一端并平稳向引出线一端轻轻滚压，挤出多余胶水。去掉薄膜，迅速检查并纠正应变计方位，再垫上薄膜用拇指垂直于测点面施压5min左右即可。如果应变计粘贴效果不佳，如有气泡、方位误差太大或由于不小心使应变计损坏等，需要重新粘贴新应变计时，一定要除去原胶层，重新清洁处理好测点表面。

4. 固化

硝化纤维素胶靠自然干燥使溶剂挥发即可固化。为了加快这一过程，可在自然干燥几小时后，用红外线灯烘烤（避免直接照射应变计），将贴片区加热到60～70℃，几小时后即可测量，要注意加温速度不能过快，否则会产生气泡。有曲率的表面，在固化过程中要对应变计加一些压力，以免应变计翘起。加压时垫一层玻璃纸和橡胶等柔软材料。501和502胶水黏结剂在室温下放置数小时，靠空气中的少量水分产生聚合反应即可充分固化，无须加热加压，并且具有较强的黏结强度。

5. 检查

主要检查应变计外观，并对其电阻值和绝缘电阻进行测量，应变计粘贴后，其阻值应无明显变化。绝缘电阻是应变胶固化程度的标志，胶层完全固化，绝缘电阻可达上万兆欧。一般的测量要求绝缘电阻不小于100 MΩ，动态测量时间一般不长，绝缘电阻有几十兆欧即可。环境恶劣而且测量时间长，绝缘电阻要达到几千兆欧。胶层固化后的外观检查，主要看应变计下，尤其是敏感栅下有无气泡或未粘住的地方，可用应变仪进行检查，将应变计接到应变仪，调整好零点，用橡皮头轻敲应变片，注意应变仪示值的反应，如果示值不能恢复，说明应变计未能完全粘牢，应刮掉重贴。

6.连接固定导线

导线连接可在黏结剂固化过程中进行。这也是非常细致的工作。应变计引出线一般也会被粘到构件表面，注意用镊子轻轻拉离，用力过大、过急都容易使引出线损坏或使焊点脱离而前功尽弃。在应变计与导线之间最好通过接线端子进行连接。它是用敷铜板腐蚀而成。接线端子片应粘贴在应变计附近，将导线与应变计引线都焊在端子片上。常温静态应变测量时，导线可采用 ϕ0.1～0.3 mm 的单丝纱包铜线或多股铜芯塑料软线。导线也必须固定(动态测量时，构件上的导线必须完全固定)，以免在拉动时损坏应变计。应变计引出线及导线与端子的连接用锡焊，锡焊时端子的焊点处应用砂纸砂掉保护层，使用松香或焊油给焊点处及线头处挂锡，然后焊接，注意引出线应弯曲，不可拉得太紧。使用焊油时还必须在焊完后将残留的焊油用酒精棉球清理干净，以免影响导线间的绝缘，造成测量时的不稳定。焊好的应变计要用万用表或应变仪检查是否存在不通或不稳定等问题。应变计的连接如图 4-21 所示。

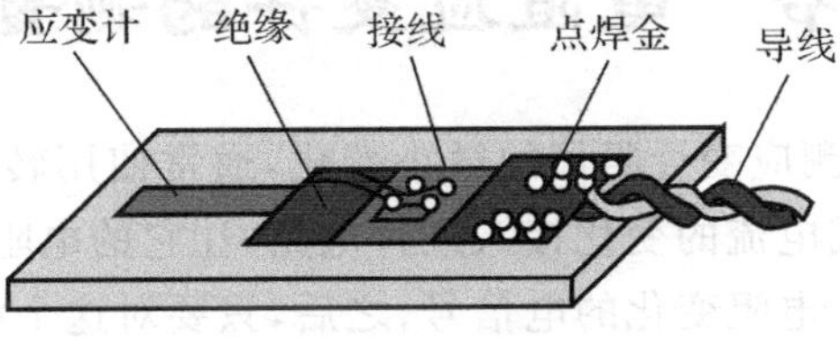

图 4-21　应变计连线的焊接与固定

十、应变计的防护

对粘贴好的应变计，应进行恰当的防护。在实际测量中，应变计可能处于多种环境之中，外界的有害因素，如水、蒸汽、机油等，都会对应变计起破坏作用。胶层和基底吸收水分后，会造成电学性能变坏、应变传递能力降低而使指示应变漂移，反复受潮还会造成应变计自行脱落。因此要根据需要对应变计采取一定的防护措施，使其与外界有害因素隔离，有时还需要兼有一定的机械保护作用。

用硝化纤维素胶粘贴的纸基应变计最容易受潮，若不是粘贴好以后短时间内立即使用，一般都需要采取防潮措施。胶基应变计防潮性能好，若使用环氧树脂类胶进行粘贴，在使用环境不太恶劣、非长期使用时，可以不采取防潮措施。对于常温应变计，常采用硅橡胶密封剂防护方法。这种方法是用硅橡胶直接涂在经一般清洁处理的应变计周围，在室温下经 12～24 h 即可黏合固化，放置时间越长，黏合效果越好。硅橡胶作为防护的优点是使用方便、防潮性能好、附着力强、储存期长、耐高低温、对应变计无腐蚀作用，缺点是强度较低。

应变计的防护工作要在应变计粘贴好并检查一切性能符合要求的情况下进行。为了提高绝缘电阻，防护前应变计可进行红外灯烘烤。由于硝化纤维素在烘烤后的短时间内吸潮速度特别快，所以防护工作要及时进行。特别是室外贴片，应变计应及时烘烤，及时防护，不可过夜。

下面介绍几种有效的应变计防护方法。

静态实验、条件不太恶劣时，简单的方法是将构件加热到 60℃左右，在应变粘贴区域涂一层约 2.5 mm 厚的石蜡，为了保护防护层不被碰坏，还可在防护层外面包一层绝缘胶带。由于低于 5℃石蜡会变脆而开裂，高于 80℃石蜡开始熔化，因此采用这种防护方式的应变计可在

5～80℃条件下工作。使用这种方法还可承受很高的湿度甚至浸水。

用纯凡士林进行防护也是一种简单易行的方法。将医用凡士林加热熔化，升温过程中去掉水分，冷却后即可使用。凡士林防水耐潮性能很好，对应变计及胶层无腐蚀作用。它的缺点是容易被剥掉，熔点低(55℃左右)，所以只适用于短时间使用和不需要机械保护的防护。

还有一种防潮剂，配方(质量比)为

$$m_{石蜡} : m_{松香} : m_{凡士林} : m_{机油} = 45 : 7 : 15 : 10$$

它与纯石蜡相比，涂布性较好，不易开裂。但它质地较软，易被刮掉；另外它溶于机油，不适合对机油进行防护。

环氧树脂类黏结剂也是具有很好防潮、防水和防油功能的防护材料，它附着强度高，抗破坏性能好，但不够柔软，对构件表面有一定加强作用，不适于小尺寸构件上应变计的防护。

第二节　电阻应变计的测量电路

在应变电测中，为了检测应变计阻值的微小变化，通常使用转换电路或仪器，将应变计感受的机械应变转换成电压或电流的变化接入某种电路，让它的电阻变化对电路进行某种控制，使电路输出一个能模拟这个电阻变化的电信号，之后，只要对这个电信号进行相应的处理就行了。随着科学技术的迅速发展，以微电脑为基础的测量系统正在日益获得广泛重视。本节还将介绍一种能将电阻变化通过电桥后直接转换为频率的转换电路。

一、直流电桥的输出电压

电阻应变仪是应变测试的必备工具，被广泛使用。常规电阻应变测量使用的电阻应变仪，其输入回路以应变计作为其构成部分组成的电桥叫做应变电桥。应变电桥能把电阻应变计阻值的微小变化转换成输出电压的变化。常用静、动态电阻应变仪的测量电路有交流载波放大和直流电桥放大两种形式。交流载波放大器的灵敏度高，稳定性好，受外界和电源的影响小，造价低，但工作上限频率低，受长导线分布电容影响大。直流放大器的工作频率宽，解决了分布电容问题，但电桥电源要求精密、稳定，造价较高。随着电子技术的发展和低漂移集成运算放大器的出现，在数字应变仪、超动态应变仪等小型多功能智能化应变仪中已广泛采用直流放大形式的测量电路。当电桥供电采用交流电源时，桥臂不能看做是纯阻性的，这将使推导变得复杂。而对于直流电桥和交流电桥而言，其一般规律是相同的。为了能用简单的方式说明问题，我们仅分析直流电桥的工作原理。

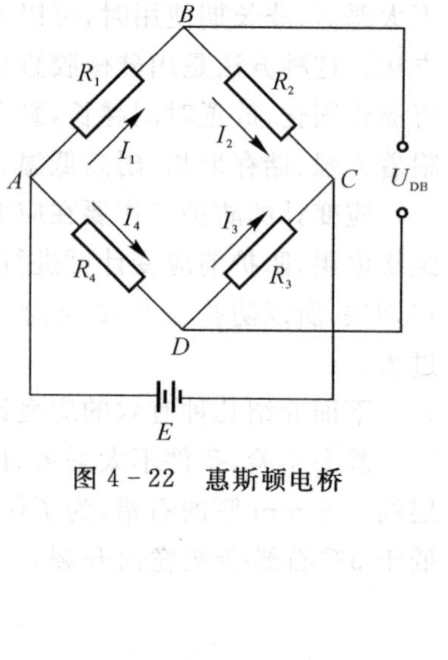

图 4－22　惠斯顿电桥

图 4－22 所示为供桥电压为直流电压的惠斯顿电桥，R_1，R_2，R_3，R_4 四个电阻依次接在 A，B，C，D 之间，构成电桥的四个桥臂。各桥臂可部分或全部取为应变计，例如可取 R_1 为应变计，R_1，R_2 为应变计，R_1，R_3 为应变计或者 R_1，R_2，R_3，R_4 均为应变计等几种形式。若部分桥臂取为应变计，则其余桥臂中接入电阻温度系数很小的精密无感固定电阻。电桥的对角 AC 接电源，电源电压为 E；对角 BD 为电桥的输出

端，其输出电压用 U_{DB} 表示。

下面讨论输出端开路的情况。由于应变电桥的输出总是接到电子放大器的输入端，而在大多数仪器中，电桥的输出端接到放大器的输入端，现代集成电路放大器的输入阻抗往往都在 10 MΩ 以上，在这种用法中实际流过测量端的电流很小，亦即电桥输出端主要是电位差起作用，故可近似认为电桥输入端是开路的，即 $I_1=I_2,I_3=I_4$。在电桥设计中，这种电桥称为电压桥。这样问题就变为求 B,D 两点之间的电位差。

设输入电压 E 恒定。因为 B,D 两点之间开路，故电流

$$I_1=\frac{E}{R_1+R_2}$$

电阻 R_1 上的电压降为

$$U_{AB}=I_1R_1=\frac{ER_1}{R_1+R_2}$$

电流

$$I_4=\frac{E}{R_3+R_4}$$

电阻 R_4 上的电压降为

$$U_{AD}=I_4R_4=\frac{ER_4}{R_3+R_4}$$

它们分别等于 A 点与 B 点，A 点与 D 点之间的电位差，即

$$U_{AB}=U_A-U_B$$
$$U_{AD}=U_A-U_D$$

将两式相减，可得 B,D 两点间的输出电压为

$$U_{DB}=U_D-U_B=U_{AB}-U_{AD}=\left(\frac{R_1}{R_1+R_2}-\frac{R_4}{R_3+R_4}\right)E$$

记为

$$U=U_{DB}=\frac{R_1R_3-R_2R_4}{(R_1+R_2)(R_3+R_4)}E \tag{4-41}$$

如果 4 个桥臂电阻均由贴在构件上的 4 枚电阻片组成，而且初始电阻 $R_1=R_2=R_3=R_4$，当输出电压 $U=0$ 时，电桥处于平衡状态。由式(4-41)可知，此时

$$R_1=R_3=R_2R_4$$

进行应变电测前，为了保证测量精度，通常都将电桥调平衡。当被测构件产生变形时，粘贴在构件上的应变计感受应变，电阻值发生变化，使电桥输出不再为零。如果原处于平衡的电桥，各电阻的改变量分别为 $\Delta R_1,\Delta R_2,\Delta R_3,\Delta R_4$，则电桥输出电压的相应变化为

$$U=\left[\frac{(R_1+\Delta R_1)(R_3+\Delta R_3)-(R_2+\Delta R_2)(R_4+\Delta R_4)}{(R_1+\Delta R_1+R_2+\Delta R_2)(R_3+\Delta R_3+R_4+\Delta R_4)}\right]E$$

将上式的分子展开，并注意到电桥初始处于平衡，可得

$$ER_1R_3\left(\frac{\Delta R_1}{R_1}-\frac{\Delta R_2}{R_2}+\frac{\Delta R_3}{R_3}-\frac{\Delta R_4}{R_4}+\frac{\Delta R_1}{R_1}\frac{\Delta R_3}{R_3}-\frac{\Delta R_2}{R_2}\frac{\Delta R_4}{R_4}\right)$$

令 $\frac{R_2}{R_1}=r$，同样注意到电桥初始处于平衡，整理后可得分母的展开式为

$$R_1R_3\left\{\frac{(1+r)^2}{r}\left[1+\frac{r}{1+r}\left(\frac{\Delta R_2}{R_2}+\frac{\Delta R_3}{R_3}\right)+\frac{1}{1+r}\left(\frac{\Delta R_1}{R_1}+\frac{\Delta R_4}{R_4}\right)\right]+\right.$$

$$\frac{\Delta R_1}{R_1}\frac{\Delta R_3}{R_3}+\frac{\Delta R_2}{R_2}\frac{\Delta R_4}{R_4}+r\frac{\Delta R_2}{R_2}\frac{\Delta R_3}{R_3}+\frac{1}{r}\frac{\Delta R_1}{R_1}\frac{\Delta R_4}{R_4}\Bigg\}$$

应变计电阻的变化一般很小，$\frac{\Delta R}{R}\ll 1$（通常只有千分之几），故分式中关于$\frac{\Delta R}{R}$的二次项与其他项相比均可略去。可以证明电阻改变后桥路输出电压为

$$U=\frac{rE}{(1+r)^2}\left(\frac{\Delta R_1}{R_1}-\frac{\Delta R_2}{R_2}+\frac{\Delta R_3}{R_3}-\frac{\Delta R_4}{R_4}\right)\times$$
$$\left[1+\frac{r}{1+r}\left(\frac{\Delta R_2}{R_2}+\frac{\Delta R_3}{R_3}\right)+\frac{1}{1+r}\left(\frac{\Delta R_1}{R_1}+\frac{\Delta R_4}{R_4}\right)\right]^{-1} \tag{4-42}$$

在电阻应变仪的设计中，应变电桥有两种方案，一种是等臂电桥，各桥臂初始阻值相等，即$R_1=R_2=R_3=R_4=R$；另一种是半臂电桥，即$R_1=R_2=R'$，$R_3=R_4=R''$，并且R'与R''不等。无论哪种方案，均满足平衡条件，并且$r=1$，因此

$$U=\frac{E}{4}\left(\frac{\Delta R_1}{R_1}-\frac{\Delta R_2}{R_2}+\frac{\Delta R_3}{R_3}-\frac{\Delta R_4}{R_4}\right)\times\left[1+\frac{1}{2}\left(\frac{\Delta R_1}{R_1}+\frac{\Delta R_2}{R_2}+\frac{\Delta R_3}{R_3}+\frac{\Delta R_4}{R_4}\right)\right]^{-1} \tag{4-43}$$

式(4-43)就是电桥电压恒定时，输出电压与桥臂电阻变化率之间的关系。构件受力后，应变电桥将依此关系把应变计的阻值变化转化为其输出电压的变化。在式(4-43)中，若令

$$1-C=\left[1+\frac{1}{2}\left(\frac{\Delta R_1}{R_1}+\frac{\Delta R_2}{R_2}+\frac{\Delta R_3}{R_3}+\frac{\Delta R_4}{R_4}\right)\right]^{-1}$$

$$C=\left[1+\frac{2}{\frac{\Delta R_1}{R_1}+\frac{\Delta R_2}{R_2}+\frac{\Delta R_3}{R_3}+\frac{\Delta R_4}{R_4}}\right]^{-1}$$

则式(4-43)可改写为

$$U=\frac{E}{4}\left(\frac{\Delta R_1}{R_1}-\frac{\Delta R_2}{R_2}+\frac{\Delta R_3}{R_3}-\frac{\Delta R_4}{R_4}\right)(1-C)=U_1+U_2$$

可见，U包括U_1和U_2两部分：

$$U_1=\frac{E}{4}\left(\frac{\Delta R_1}{R_1}-\frac{\Delta R_2}{R_2}+\frac{\Delta R_3}{R_3}-\frac{\Delta R_4}{R_4}\right)$$

为线性部分，而

$$U_2=-CU_1$$

为非线性部分，其大小与C值有关。若略去U_2，则将引入非线性误差，此相对误差为

$$e=\left|\frac{U_1-U}{U}\right|=\left|\frac{C}{1-C}\right|$$

将C的表达式代入得

$$e=\frac{1}{2}\left|\frac{\Delta R_1}{R_1}+\frac{\Delta R_2}{R_2}+\frac{\Delta R_3}{R_3}+\frac{\Delta R_4}{R_4}\right| \tag{4-44}$$

实际应变测量中，构件上不同测点的应变可能为正值或负值，故测点处的电阻值增量可能为正值或负值。根据式(4-43)及电桥的性质，在构件上布置应变计时，一般是力图使应变电桥相邻桥臂的电阻变化异号，相对桥臂的电阻变化同号。这样，式(4-44)中各项相抵消，e值很小。考虑一种最坏的情况，即只在电桥一臂接入应变计，而其他三臂阻值不变。此时的非线性误差为

$$e=\frac{1}{2}\frac{\Delta R_1}{R_1}=\frac{1}{2}K\varepsilon_1$$

一般应变计的灵敏系数近于2，则$e\approx\varepsilon_1$。这表明，略去式(4-43)的非线性部分所引入的相对

误差值与被测应变值大小相当。比如应变达到 5 000 $\mu\varepsilon$ 时，$e \approx 0.5\%$。可见在一般应变范围内分析应变电桥的输出电压时，只取式(4－43)的线性部分是足够精确的。

这样，在容许的非线性误差范围内，得到一个线性关系式，即

$$U=\frac{E}{4}\left(\frac{\Delta R_1}{R_1}-\frac{\Delta R_2}{R_2}+\frac{\Delta R_3}{R_3}-\frac{\Delta R_4}{R_4}\right) \tag{4-45}$$

应该注意，在推导过程中利用了电桥平衡条件，而且是针对等臂或半等臂电桥。另外，图 4－22 中对于阻值相等的半桥($R_1=R_2$，$R_3=R_4$)与桥源是并列的，这叫卧式桥；如果图中 $R_1=R_4$，$R_3=R_2$，则称为立式桥(立式桥也满足平衡条件)。立式桥输出电压的推导结果与卧式桥稍有差异。在相同的应变条件下，它的输出电压比卧式桥小些，而且与桥臂阻值比 R_3/R_2 有关。因此，在测试中接桥时，应予以注意。

现在我们得到了应变电桥的一个重要性质，即应变电桥的输出电压与相邻两臂的电阻变化率之差，或相对两臂电阻变化率之和成正比。如果相邻两臂的电阻变化率大小相等、符号相同，或相对两臂的电阻变化率大小相等、符号相反，则电桥将不会改变其平衡状态，即保持 $U=0$。

如果电桥四臂接入相同的应变计，则有

$$U=\frac{E}{4}\left(\frac{\Delta R_1}{R_1}-\frac{\Delta R_2}{R_2}+\frac{\Delta R_3}{R_3}-\frac{\Delta R_4}{R_4}\right)=\frac{E}{4}(\varepsilon_1-\varepsilon_2+\varepsilon_3-\varepsilon_4) \tag{4-46}$$

以上讨论了电压桥输出端开路的情况。下面讨论当电桥的负载为有限值时对电桥输出电压的影响。图 4－23 中，应变电桥输出端接有负载电阻 R_L。当开关 S 断开时，电桥的输出电压用式(4－41)表示。闭合 S，将有电流 I_L 通过 R_L，产生电压降

$$U_L=I_LR_L$$

式中，I_L 可从克希荷夫定律所列出电桥各回路方程式中解得，应用电工学中的等效电源原理可得

$$I_L=\frac{U}{R_L+R_0}$$

式中，U 为电桥输出端开路电压；R_0 为假设电源电压 $E=0$，A、C 两点短接并且输出端为开路时，B、D 两点之间的电阻，即

$$R_0=\frac{R_1R_2}{R_1+R_2}+\frac{R_3R_4}{R_3+R_4}$$

这样，就得到了当电桥负载电阻为 R_L 时，其输出电流与电压一般表达式分别为

$$I_L=\frac{R_1R_3-R_2R_4}{R_L(R_1+R_2)(R_3+R_4)+R_1R_2(R_3+R_4)+R_3R_4(R_1+R_2)}E \tag{4-47}$$

$$U_L=\frac{R_1R_3-R_2R_4}{(R_1+R_2)(R_3+R_4)+\frac{1}{R_L}[R_1R_2(R_3+R_4)+R_3R_4(R_1+R_2)]}E \tag{4-48}$$

由式(4－47)和式(4－48)可见，当 $R_1R_3=R_2R_4$ 时，$I_L=0$，$U_L=0$，即电桥处于平衡状态，其平衡条件和电压桥的平衡条件完全相同。电桥的输出电流与电压和负载电阻 R_L 有关，当 $R_L\to\infty$ 时，即为电压桥，其输出电压最大，输出电流为零。

在有些电阻应变仪中，为了使电桥功率能更有效地输出，选择适当的负载电阻 R_L，使得电桥功率最大，这种电桥称为功率桥。

电桥输出功率可表示为

$$W_L = I_L^2 R_L$$

令$\frac{\partial W_L}{\partial R_L}=0$,可得

$$2I_L R_L \frac{\partial W_L}{\partial R_L} + I_L^2 = 0$$

将式(4－47)代入上式微分后得

$$R_L = \frac{R_1 R_2}{R_1 + R_2} + \frac{R_3 R_4}{R_3 + R_4}$$

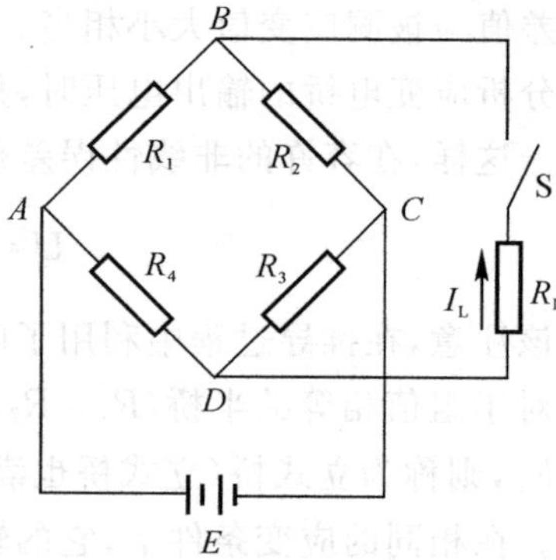

图 4－23　负载电阻的影响

上式表明当电桥负载电阻 R_L 与电桥内阻相等时，电桥输出功率最大，获得最佳匹配，此时功率桥的输出电流 I_L 和电压 U_L 为

$$I_L = \frac{R_1 R_3 - R_2 R_4}{R_1 R_2 (R_3 + R_4) + R_3 R_4 (R_1 + R_2)} \frac{E}{2}$$

$$U_L = \frac{R_1 R_3 - R_2 R_4}{2(R_1 + R_2)(R_3 + R_4)} E$$

用与电压桥相同的推导方法，可以得到，在等臂电桥中 $R_1 = R_2 = R_3 = R_4 = R$，当各臂阻值发生变化时，功率桥输出电压与电流为

$$I_L = \frac{E}{4R}\left(\frac{\Delta R_1}{R_1} - \frac{\Delta R_2}{R_2} + \frac{\Delta R_3}{R_3} - \frac{\Delta R_4}{R_4}\right)$$

$$U_L \approx \frac{E}{8}\left(\frac{\Delta R_1}{R_1} - \frac{\Delta R_2}{R_2} + \frac{\Delta R_3}{R_3} - \frac{\Delta R_4}{R_4}\right)$$

在半等臂电桥中($R_1 = R_2 = R'$, $R_3 = R_4 = R''$)，当各臂阻值发生变化时，功率桥输出电压与电流为

$$I_L \approx \frac{E}{4(R' + R'')}\left(\frac{\Delta R_1}{R_1} - \frac{\Delta R_2}{R_2} + \frac{\Delta R_3}{R_3} - \frac{\Delta R_4}{R_4}\right)$$

$$U_L \approx \frac{E}{8}\left(\frac{\Delta R_1}{R_1} - \frac{\Delta R_2}{R_2} + \frac{\Delta R_3}{R_3} - \frac{\Delta R_4}{R_4}\right)$$

可见，功率桥输出电压为电压桥的一半，但电桥各桥臂阻值变化对电压影响的规律完全相同。

二、温度的影响与补偿

温度效应是指对构件进行应变测量时，被测构件总是处于某一温度场中，当温度变化时，会造成应变计敏感栅电阻的变化。另外，当阻丝材料的线膨胀系数与构件材料的不同时，阻丝受到附加的拉伸(压缩)，从而造成电阻变化的现象。导体电阻随温度的变化率可近似看做与温度变化成正比，即

$$\left.\frac{\Delta R}{R}\right|_T' = \alpha_T \Delta T$$

式中，α_T 为电阻温度系数；ΔT 为温度变化。

如果以 β_e 和 β_g 分别表示构件材料和敏感栅材料的线膨胀系数。在 $\beta_e \neq \beta_g$ 的情况下，当应变计贴于可自由胀缩构件表面，敏感栅受到的附加应变为

$$\varepsilon_T=(\beta_e-\beta_g)\Delta T$$

产生电阻的相对变化为

$$\left.\frac{\Delta R}{R}\right|_T^{''}=k(\beta_e-\beta_g)\Delta T$$

在以上两种因素共同影响下，因温度效应引起的电阻相对变化可表示为

$$\left.\frac{\Delta R}{R}\right|_T=[\alpha_T+k(\beta_e-\beta_g)]\Delta T \tag{4-49}$$

可见，温度变化将引起电桥输出电压的变化，从而引起应变指示输出，这一输出称为热输出。严重时，温度每升高1℃，应变仪的指示应变可达几十微应变。例如，当采用镍铬丝的电阻应变计粘贴在钢构件上进行应变测量时，如果温度升高1℃，热输出即达70$\mu\varepsilon$。显然，这不是被测应变，必须设法排除。为了排除热输出，可以再用一片应变计作为温度补偿应变计(简称补偿片)，将它贴在一块与被测构件材料相同但不受力的试件上。将此试件和被测构件放在一起，使它们处于同一温度场。贴在被测构件上感受机械应变的那应变计称为工作应变计(简称工作片)。在电桥连接上，使工作片和温度补偿片处于相邻的桥臂中(见图4-24)。因为工作片和温度补偿片黏结部位的温度始终相同，所以它们因温度变化所致的电阻变化相同，又因为它们处于电桥相邻的两臂，所以并不造成电桥的输出电压变化，也就是说，温度效应的影响消除了。这种排除温度效应影响的措施，称为温度补偿。应该注意的是，工作片和温度补偿片的阻值、灵敏系数和电阻温度系数应相同。

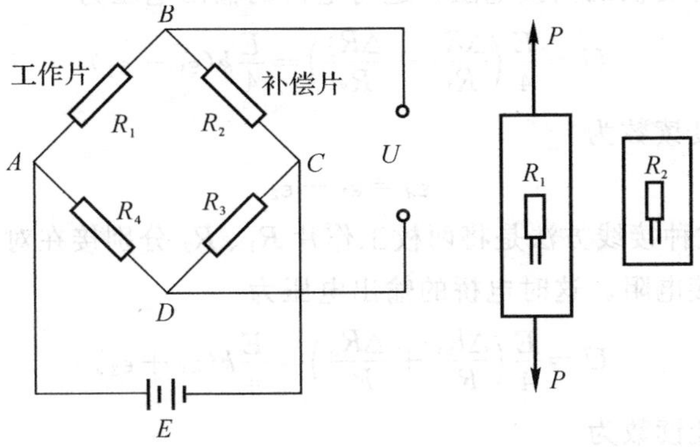

图4-24　温度效应的补偿

温度补偿片也可参与感受机械应变。只要预先知道温度补偿片和工作片所感受的机械应变之间的比例关系，采用适当的桥路接法，就既能起到温度补偿的作用，又能提高电桥的灵敏度。

温度效应的补偿还可使用所谓温度自补偿应变计完成。这种应变计通常用于温度变化条件下的应变测量，特别是温度和载荷都变化的静态应变测量，它是选择专门的电阻应变丝材(或箔材)和特殊构造制成的。在式(4-49)中，k、β_g基本上不能变，而α_T却可通过调整应变合金的成分，尤其是通过热处理的方法，在很大范围内(从负值到正值)改变。这样，对于一定材料(β_e)的构件，在一定温度范围内，可以做到$\alpha_T+K_0(\beta_e-\beta_g)\approx 0$，因为实际上在使用温度范围内多少有一定数量的热输出，一般认为在温度范围内平均热输出小于$0.5\sim 1\mu\varepsilon/℃$的应变计属于温度自补偿应变计，即能排除温度效应的影响。使用这种应变计，可以不必再加温度补

偿片。温度自补偿应变计仅限于某种膨胀系数的构件材料，例如对于$\beta_e=14\times10^{-6}/℃$的材料能温度自补偿的应变计不适用于$\beta_e>14\times10^{-6}/℃$或$\beta_e<14\times10^{-6}/℃$的材料，因热输出较大。使用温度自补偿应变计时可不使用温度补偿片。但在高温范围内，即使使用自补偿应变计也有几百微应变的热输出，这应从总应变读数中扣除修正，才能保证真实应变测量的精度。

三、电阻应变计的组桥方式

1. *不考虑温度影响情况下的几种典型的组桥方式*

应变计接入各桥臂的组桥方式不同，与工作应变计相应的输出电压也不同。在不考虑温度影响的情况下，介绍以下几种组桥方式：

(1) 单臂测量。接线方法参照图 4-22，这种接线方法只需将一枚工作片R_1接在AB桥臂上。其余 3 个桥臂一般为应变仪的内接精密无感电阻，不参与变形，应变为零。这时电桥的输出电压为

$$U=\frac{E}{4}\left(\frac{\Delta R_1}{R_1}\right)=\frac{E}{4}k\varepsilon_1 \tag{4-50}$$

其输出电压U代表被测点的真实工作应变。此时应变仪的输出应变读数为

$$\varepsilon_d=\varepsilon_1$$

(2) 半桥测量。这种接线方法是将两枚工作片R_1、R_2分别接在相邻两个桥臂AB、BC上。其余两个桥臂是应变仪的内接电阻。这时电桥的输出电压为

$$U=\frac{E}{4}\left(\frac{\Delta R_1}{R_1}-\frac{\Delta R_2}{R_2}\right)=\frac{E}{4}k(\varepsilon_1-\varepsilon_2) \tag{4-51}$$

此时应变仪的输出应变读数为

$$\varepsilon_d=\varepsilon_1-\varepsilon_2$$

(3) 对臂测量。这种接线方法是将两枚工作片R_1、R_3分别接在对臂AB、CD上。其余两个桥臂是应变仪的内接电阻。这时电桥的输出电压为

$$U=\frac{E}{4}\left(\frac{\Delta R_1}{R_1}+\frac{\Delta R_3}{R_3}\right)=\frac{E}{4}k(\varepsilon_1+\varepsilon_3) \tag{4-52}$$

此时应变仪的输出应变读数为

$$\varepsilon_d=\varepsilon_1+\varepsilon_3$$

(4) 全桥测量。这种接线方法是将 4 枚工作片R_1、R_2、R_3、R_4依次接在电桥的 4 个桥臂上。这时电桥的输出电压为

$$U=\frac{E}{4}\left(\frac{\Delta R_1}{R_1}-\frac{\Delta R_2}{R_2}+\frac{\Delta R_3}{R_3}-\frac{\Delta R_4}{R_4}\right)=\frac{E}{4}k(\varepsilon_1-\varepsilon_2+\varepsilon_3-\varepsilon_4) \tag{4-53}$$

此时应变仪的输出应变读数为

$$\varepsilon_d=\varepsilon_1-\varepsilon_2+\varepsilon_3-\varepsilon_4$$

2. *考虑温度影响情况下的几种典型的组桥方式*

温度补偿是运用桥路的加减特性，合理布片、有效利用温度补偿片正确组桥，以消除温度给应变测量带来的影响。下面讨论桥路原理在温度补偿中的几种典型应用。

(1) 单臂测量。接线方法如图 4-25(a) 所示，工作片R_1接AB臂，温度补偿片R_2接BC臂，剩下的两个桥臂是不参与变形的内接电阻。由于温度的影响，这时电桥的输出电压为

$$U=\frac{E}{4}\left(\frac{\Delta R_1}{R_1}-\frac{\Delta R_2}{R_2}\right)=\frac{E}{4}\left(\frac{\Delta R_1}{R_1}\bigg|_P+\frac{\Delta R_1}{R_1}\bigg|_T-\frac{\Delta R_2}{R_2}\bigg|_T\right) \tag{4-54}$$

相邻两桥臂的电阻片因温度变化引起的电阻变化率$\frac{\Delta R_1}{R_1}\Big|_T=\frac{\Delta R_2}{R_2}\Big|_T$。根据桥路特性，二者在桥路中相互抵消，从而使$U$消除了温度的影响，即$U=\frac{E}{4}\left(\frac{\Delta R_1}{R_1}\Big|_P\right)=\frac{E}{4}k\varepsilon_P$，因此单臂测量的结果只反映被测点的工作应变。此时应变仪的输出应变读数为

$$\varepsilon_d=\varepsilon_P$$

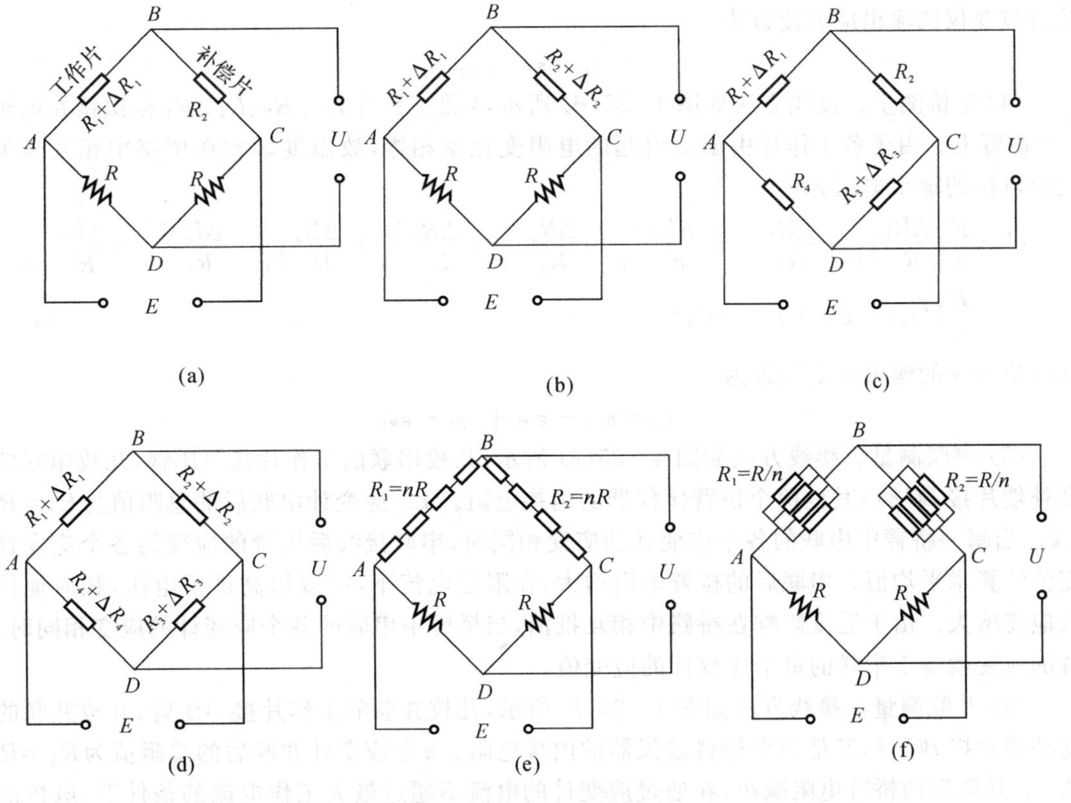

图 4-25　几种典型的组桥方式

(a) 单臂测量；(b) 半桥测量；(c) 对臂测量；(d) 全桥测量；(e) 串联测量；(f) 并联测量

(2) 半桥测量。接线方法如图 4-25(b) 所示，两枚工作片R_1、R_2分别接在相邻的两个桥臂AB、BC臂上，其他两个桥臂是应变仪的内接电阻。这时电桥的输出电压为

$$U=\frac{E}{4}\left(\frac{\Delta R_1}{R_1}-\frac{\Delta R_2}{R_2}\right)=\frac{E}{4}\left(\frac{\Delta R_1}{R_1}\bigg|_P+\frac{\Delta R_1}{R_1}\bigg|_T-\frac{\Delta R_2}{R_2}\bigg|_P-\frac{\Delta R_2}{R_2}\bigg|_T\right) \tag{4-55}$$

R_1、R_2的温度电阻变化率相等，即$\frac{\Delta R_1}{R_1}\Big|_T=\frac{\Delta R_2}{R_2}\Big|_T$。根据桥路特性，二者在桥路中相互抵消，从而不必接温度补偿片就消除了温度的影响。这时桥路的输出电压为

$$U=\frac{E}{4}\left(\frac{\Delta R_1}{R_1}\bigg|_P-\frac{\Delta R_2}{R_2}\bigg|_P\right)=\frac{E}{4}k(\varepsilon_{P1}-\varepsilon_{P2}) \tag{4-56}$$

此时应变仪的输出应变读数为

$$\varepsilon_d = \varepsilon_{P1} - \varepsilon_{P2}$$

(3) 对臂测量。接线方法如图 4-25(c) 所示，两枚工作片 R_1、R_3 分别接在对臂 AB、CD 上；两个温度补偿片 R_2、R_4 分别接在其他两对臂 BC、AD 上，由于4个电阻片都处于同一温度条件下，而且各电阻片由温度引起的电阻变化率相等，温度影响即在桥路中相互抵消。这时电桥的输出电压仍为

$$U = \frac{E}{4}\left(\frac{\Delta R_1}{R_1}\bigg|_P + \frac{\Delta R_1}{R_1}\bigg|_T + \frac{\Delta R_3}{R_3}\bigg|_P + \frac{\Delta R_3}{R_3}\bigg|_T - \frac{\Delta R_2}{R_2}\bigg|_T - \frac{\Delta R_4}{R_4}\bigg|_T\right) = \frac{E}{4}k(\varepsilon_{P1} + \varepsilon_{P3}) \tag{4-57}$$

此时应变仪的输出应变读数为

$$\varepsilon_d = \varepsilon_{P1} + \varepsilon_{P3}$$

(4) 全桥测量。接线方法如图 4-25(d) 所示，4 枚工作片 R_1、R_2、R_3、R_4 依次接在电桥的 4 个桥臂上。由于各工作片由温度引起的电阻变化率相等，故温度影响在桥路中相互抵消。这时电桥的输出电压为

$$U = \frac{E}{4}\left(\frac{\Delta R_1}{R_1}\bigg|_P + \frac{\Delta R_1}{R_1}\bigg|_T - \frac{\Delta R_2}{R_2}\bigg|_P - \frac{\Delta R_2}{R_2}\bigg|_T + \frac{\Delta R_3}{R_3}\bigg|_P + \frac{\Delta R_3}{R_3}\bigg|_T - \frac{\Delta R_4}{R_4}\bigg|_P - \frac{\Delta R_4}{R_4}\bigg|_T\right) = \frac{E}{4}k(\varepsilon_{P1} - \varepsilon_{P2} + \varepsilon_{P3} - \varepsilon_{P4}) \tag{4-58}$$

此时应变仪的输出应变读数为

$$\varepsilon_d = \varepsilon_{P1} - \varepsilon_{P2} + \varepsilon_{P3} - \varepsilon_{P4}$$

(5) 串联测量。接线方法如图 4-25(e) 所示，几枚串联的工作片接 AB 臂，几枚串联的温度补偿片接 BC 臂，其他两个桥臂接仪器的内接电阻。n 个应变计串联后的总阻值为 $R_1 = R_2 = nR$。当每一桥臂中串联的各个应变计的应变相同时，串联接线后桥臂的应变为各个应变计应变值的算术平均值。串联后的桥臂电阻增大，在限定电流下，可以提高供桥电压，相应地使读数应变增大。由于温度影响在桥路中相互抵消，当桥臂中串联的各个应变计的应变相同时，桥臂的应变就等于串联的单个应变计的应变值。

(6) 并联测量。接线方法如图 4-25(f) 所示，几枚并联的工作片接 AB 臂，几枚并联的温度补偿片接 BC 臂，其他两个桥臂接仪器的内接电阻。n 个应变计并联后的总阻值为 $R_1 = R_2 = R/n$。并联后的桥臂电阻减小，在通过应变计的电流不超过最大工作电流的条件下，电桥的输出电流可以相应地提高 n 倍，这对于直接用电流表或记录仪器是有利的。由于温度影响在桥路中相互抵消，当同一桥臂中并联的所有应变计的电阻改变量都相同时，桥臂的应变就等于并联的单个应变计的应变值。

从以上分析可见，电阻应变计的布片方案以及接桥方式不同，电阻应变仪的读数应变就不同。因此，在实际测量中，可根据具体情况和要求灵活选用布片方案及接桥方式。一般原则是在满足一定测量要求下，布片方案和接桥方式尽可能简单并且输出应变能够得到较大的读数为宜。

四、测量电桥的应用实例

构件上某点的应变是由粘贴在其表面的应变计来感受的，这个应变可能为拉应变也可能为压应变。在某些情况下，这个应变由多种内力因素造成，但有时我们只需要测出由其中一种内力因素造成的应变，这就要求把其余内力因素造成的应变从读数中排除掉。当然，应变计本

身不会分辨其示值中的应变成分是由哪种内力因素造成的，但是只要合理选择贴片位置、方位和适合的组桥方式，就可以从比较复杂的组合应变中测出指定成分。

例 1　测量悬臂梁指定截面最大弯曲应变 ε_{max}。

图 4-26 为一矩形截面悬臂梁，其自由端受集中力 P。图 4-27 为悬臂梁横截面上应力分布图。用不同的布片、组桥方式测定 A 截面的最大弯曲应变 ε_{max}。根据应变的测量值可进一步确定截面的最大应力 σ_{max}，截面弯矩 M_A。根据虎克定律 $\sigma = E\varepsilon$，被测点的应力为

$$\sigma_{max} = E\varepsilon_{max}$$

由最大弯曲正应力公式可求出 A 面的弯矩为

$$M_A = W\sigma_{max} = WE\varepsilon_{max}$$

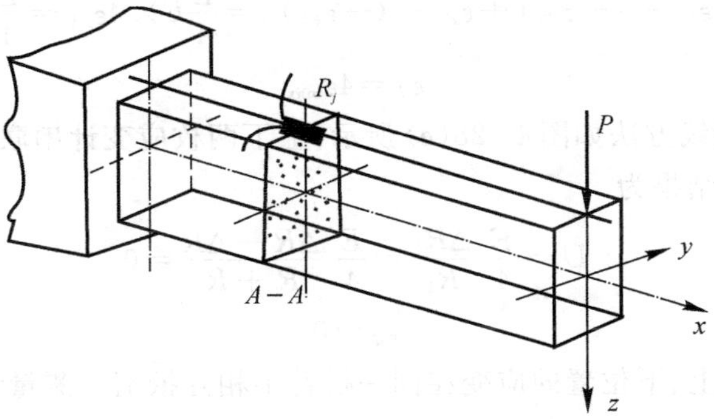

图 4-26　悬臂梁

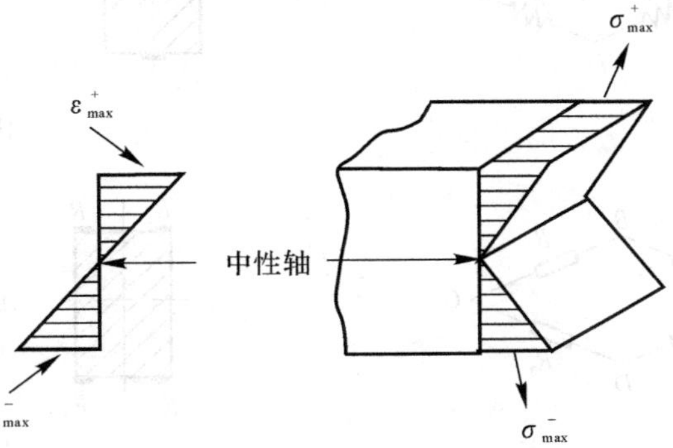

图 4-27　截面的应力分布图

(1) 单臂接法。接线方法如图 4-28(a) 所示，在截面 A 的上(或下) 表面待测点沿 x 方位贴一枚电阻应变计 R_1，另在补偿块上粘贴温度补偿片 R_2，进行单臂测量。结果为

$$U = \frac{E}{4}k\varepsilon_P = \frac{E}{4}k\varepsilon_{max}$$

$$\varepsilon_d = \varepsilon_1 = \varepsilon_{max}$$

(2) 半桥接法。接线方法如图 4-28(b) 所示，在指定截面的上下表面各贴一枚电阻应变计 R_1、R_2，组半桥测量。因上下两弯曲应变的大小相等，方向相反，故 $\varepsilon_{1max} = -\varepsilon_{2max}$ 其测量结果为

$$U = \frac{E}{4}k[\varepsilon_{P1} - (-\varepsilon_{P2})] = \frac{E}{4}k \times 2\varepsilon_{max}$$

$$\varepsilon_d = 2\varepsilon_{\max}$$

(3) 对臂接法。接线方法如图 4-28(c) 所示，上下两枚应变计接对臂测量，另外两臂接温度补偿片，测量结果为

$$U = \frac{E}{4}k[\varepsilon_{P1} - \varepsilon_{P2}] = \frac{E}{4}k[\varepsilon_{\max} - \varepsilon_{\max}] = 0$$

$$\varepsilon_d = 0$$

因组桥方式不当，上、下位置的应变相互抵消。测量无效。

(4) 全桥接法。接线方法如图 4-28(d) 所示，在上表面贴两枚电阻片 R_1、R_3；下表面贴两枚电阻片 R_2、R_4，组全桥测量，其结果为

$$U = \frac{E}{4}k[\varepsilon_{P1} - (-\varepsilon_{P2}) + \varepsilon_{P3} - (-\varepsilon_{P4})] = \frac{E}{4}k \times 4\varepsilon_{P1} = \frac{E}{4}k \times 4\varepsilon_{\max}$$

$$\varepsilon_d = 4\varepsilon_{\max}$$

(5) 串联接法。接线方法如图 4-28(e) 所示，上下两枚应变计串联接入 AB 臂，BC 臂串联两枚温度补偿片，测量结果为

$$U = \frac{E}{4}\,\frac{\Delta R_1}{R_1} = \frac{E}{4}\,\frac{\Delta R - \Delta R}{R + R} = 0$$

$$\varepsilon_d = 0$$

因组桥方式不当，上、下位置的应变在同一桥臂中相互抵消。测量无效。

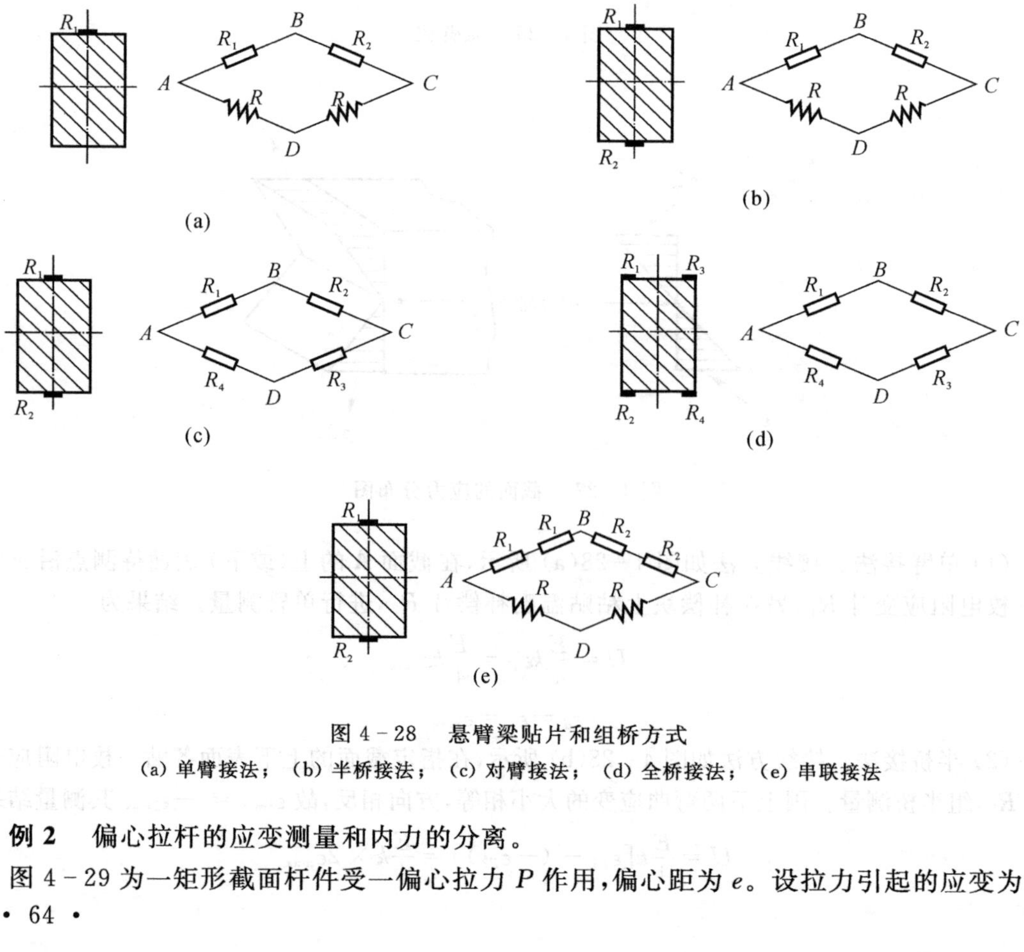

图 4-28　悬臂梁贴片和组桥方式

(a) 单臂接法；(b) 半桥接法；(c) 对臂接法；(d) 全桥接法；(e) 串联接法

例 2　偏心拉杆的应变测量和内力的分离。

图 4-29 为一矩形截面杆件受一偏心拉力 P 作用，偏心距为 e。设拉力引起的应变为 ε_P；

偏心引起的最大弯曲应变为 ε_{max}。用不同的布片和组桥方式可以分离和测定杆件的轴向应变 ε_P、最大弯曲应变 ε_{max}。根据应变的测量值可进一步确定截面的最大弯曲应力 σ_{max} 及截面弯矩 M_A。根据胡克定律 $\sigma = E\varepsilon$，被测点的弯曲应力为

$$\sigma_{max} = E\varepsilon_{max}$$

由最大弯曲正应力公式，截面的弯矩为

$$M_A = W\sigma_{max} = WE\varepsilon_{max}$$

拉杆的应力和内力分别为

$$\sigma_P = E\varepsilon_P, \quad N = F_0 E\varepsilon_P$$

式中，F_0 为杆的横截面积。

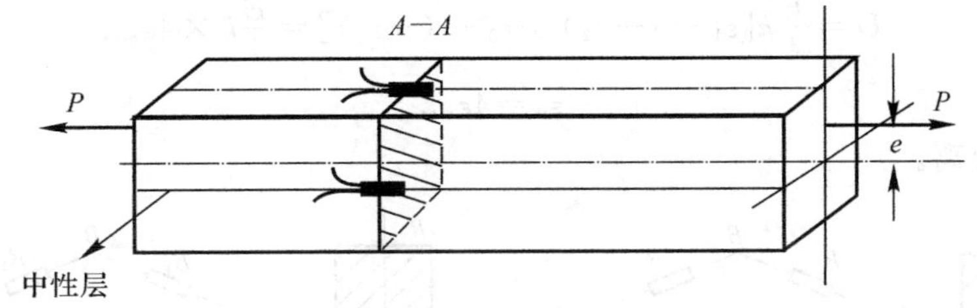

图 4-29　偏心拉杆

(1) 单臂接法。接线方法如图 4-30(a) 所示，工作片 R_1 贴在杆的中性轴上，BC 臂接温度补偿片 R_2。这种接法可以用来测定拉应变 ε_P，因 R_1 不受弯曲应变的影响，测量结果为

$$U = \frac{E}{4}k\varepsilon_P = \frac{E}{4}k\varepsilon_{max}$$

$$\varepsilon_d = \varepsilon_1 = \varepsilon_P$$

由于布片位置恰当，拉力和弯矩可自动分离开来。

(2) 半桥接法。接线方法如图 4-30(b) 所示，在 A 截面的上、下表面各贴一枚电阻片 R_1、R_2。与之相应的工作应变为 ε_1、ε_2。二者感受的应变由两部分组成：

$$\varepsilon_1 = \varepsilon_P + \varepsilon_{max}$$

$$\varepsilon_2 = \varepsilon_P - \varepsilon_{max}$$

将 R_1 接入 AB 臂，R_2 接入 BC 臂进行半桥测量。这种接法可以用来测定杆的最大弯曲应变 ε_{max}，其结果为

$$U = \frac{E}{4}k(\varepsilon_1 - \varepsilon_2) = \frac{E}{4}k[\varepsilon_P + \varepsilon_{max} - (\varepsilon_P - \varepsilon_{max})] = \frac{E}{4}k \times 2\varepsilon_{max}$$

$$\varepsilon_d = 2\varepsilon_{max}$$

ε_P 在这里被消除，使轴力 P 和弯矩 M 分离开来。

(3) 对臂接法。接线方法如图 4-30(c) 所示，上、下表面的两枚电阻片 R_1、R_2 感受的应变由两部分组成：

$$\varepsilon_{上} = \varepsilon_P + \varepsilon_{max}$$

$$\varepsilon_{下} = \varepsilon_P - \varepsilon_{max}$$

将 R_1 接入 AB 臂，R_2 接入 CD 臂进行对臂测量，这种接法可以用来测定杆的拉应变 ε_P，其结果为

$$U = \frac{E}{4}k[\varepsilon_1 + \varepsilon_3] = \frac{E}{4}k[\varepsilon_{上} - \varepsilon_{下}] = \frac{E}{4}k[\varepsilon_P + \varepsilon_{max} + (\varepsilon_P - \varepsilon_{max})] = \frac{E}{4}k \times 2\varepsilon_P$$

$$\varepsilon_d = 2\varepsilon_P$$

ε_{max} 在这里被消除，P 和 M 两种内力得以分离。

(4) 全桥接法。接线方法如图 4－30(d) 所示，在上表面贴两枚电阻片 R_1、R_3；下表面贴两枚电阻片 R_2、R_4，各应变计感受的应变都由两部分组成：

$$\varepsilon_1 = \varepsilon_P + \varepsilon_{max}$$

$$\varepsilon_2 = \varepsilon_P - \varepsilon_{max}$$

$$\varepsilon_3 = \varepsilon_P + \varepsilon_{max}$$

$$\varepsilon_4 = \varepsilon_P - \varepsilon_{max}$$

将各电阻片依次接入桥臂，这种接法可以用来测定杆的弯曲应变 ε_{max}，测量的结果为

$$U = \frac{E}{4}k[\varepsilon_1 - (-\varepsilon_2) + \varepsilon_3 - (-\varepsilon_4)] = \frac{E}{4}k \times 4\varepsilon_{max}$$

$$\varepsilon_d = 4\varepsilon_{max}$$

两种内力得以分离。

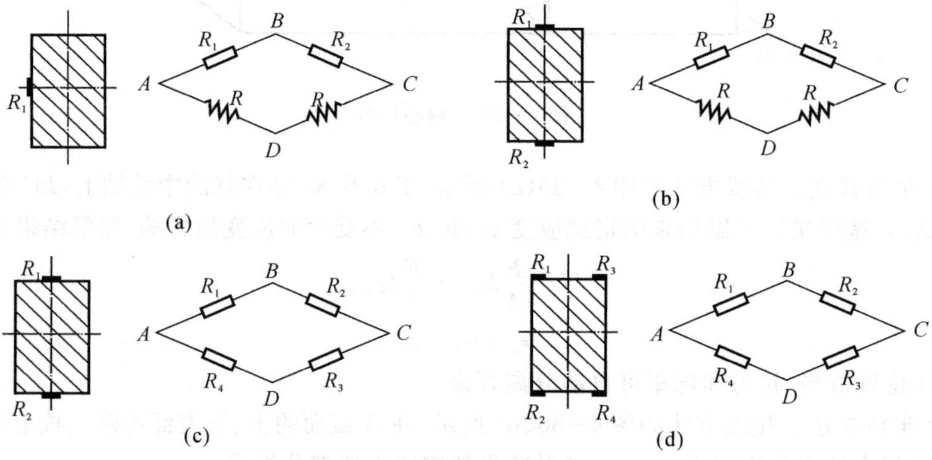

图 4－30　偏心拉杆的应变测量和内力的分离

(a) 单臂接法；(b) 半桥接法；(c) 对臂接法；(d) 全桥接法

例 3　圆轴扭转的应变和内力测量。

圆轴在转矩 T 作用下为纯切应力状态(见图 4－31)。其应力在横截面上的分布情况如图 4－32 所示，最大切应力为 τ_{max}，主应力 σ_1、σ_3 分别沿 45° 和 135°。因为电阻应变计只能测线应变，不能测切应变，所以应变计只能沿主应力的方向粘贴。

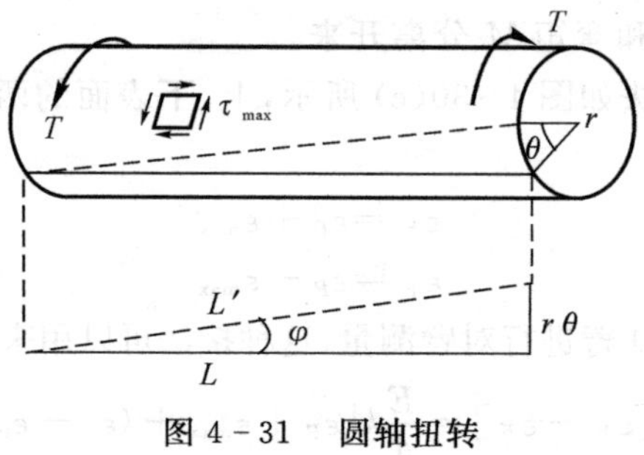

图 4－31　圆轴扭转

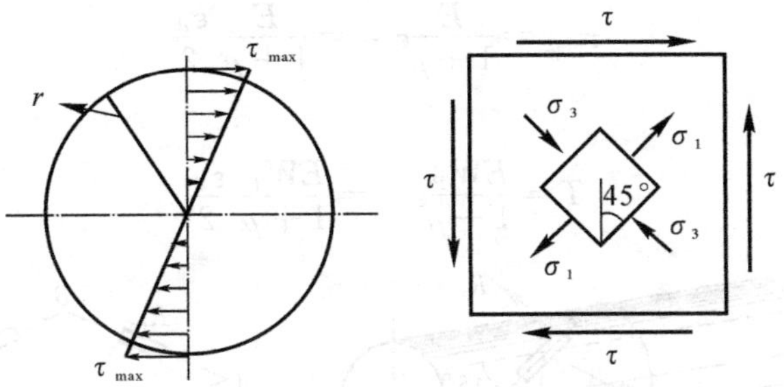

图 4-32　截面的应力分布与纯剪切应力状态

(1) 单臂接法。为测定纯切应力 τ_{max} 和转矩 T，沿轴表面的 45° 方向贴一枚电阻片 R_1（见图 4-33），相应的应变为 ε_1。单臂测量的结果为

$$U=\frac{E}{4}k\varepsilon_1$$

$$\varepsilon_d=\varepsilon_1=\varepsilon_{45^\circ}$$

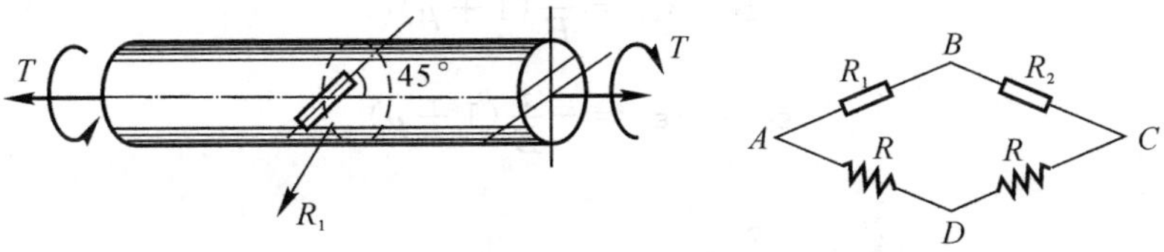

图 4-33　单臂接法

由平面应力、应变分析知：

$$\varepsilon_{45^\circ}=\frac{\tau}{E}(1+\mu)$$

最大切应力为

$$\tau_{max}=\frac{E\varepsilon_{45^\circ}}{1+\mu}$$

相应的转矩为

$$T=W_P\tau_{max}=\frac{EW_P}{1+\mu}\varepsilon_{45^\circ}$$

式中，E 为材料的弹性模量；μ 为材料的泊松比；W_p 为圆轴截面的抗扭截面系数。

(2) 对臂接法。沿截面直径两端点的 45° 方向各贴一枚应变计 R_1、R_3（见图 4-34），与之对应的应变为

$$\varepsilon_1=\varepsilon_3=\varepsilon_{45^\circ}=\frac{\tau}{E}(1+\mu)$$

R_1、R_3 组成对臂测量后，测量结果为

$$U=\frac{E}{4}k(\varepsilon_1+\varepsilon_3)=\frac{E}{4}k\times 2\varepsilon_{45^\circ}$$

$$\varepsilon_d=\varepsilon_1+\varepsilon_3=2\varepsilon_{45^\circ}$$

纯切应力则为

$$\tau_{max}=\frac{E}{1+\mu}\varepsilon_{45°}=\frac{E}{1+\mu}\frac{\varepsilon_d}{2}$$

相应的转矩为

$$T=\frac{EW_P}{1+\mu}\varepsilon_{45°}=\frac{EW_P}{1+\mu}\frac{\varepsilon_d}{2}$$

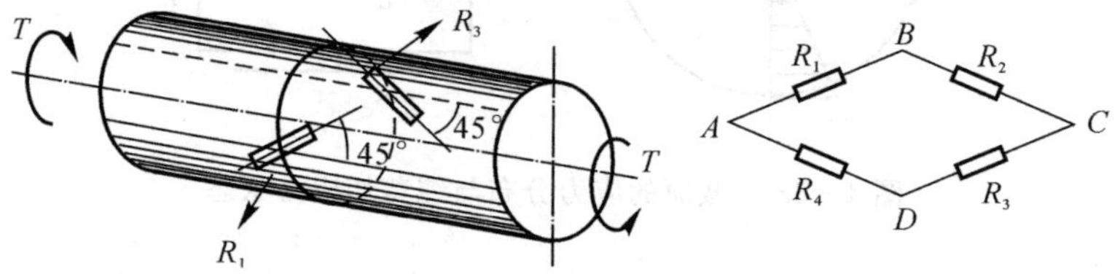

图 4-34　对臂接法

(3) 半桥接法。 沿轴表面的 45° 和 135° 方各贴一枚电阻片 R_1、R_2(见图 4-35),与之对应的线应变为

$$\varepsilon_1=\varepsilon_{45°}=\frac{\tau}{E}(1+\mu)$$

$$\varepsilon_2=-\varepsilon_1=-\frac{\tau}{E}(1+\mu)$$

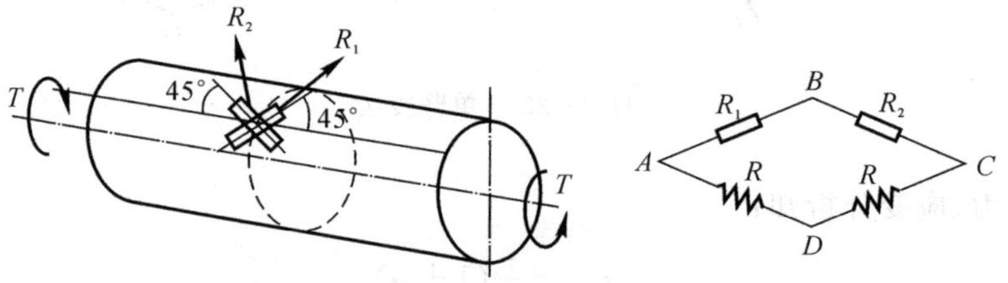

图 4-35　半桥接法

R_1、R_2 组成半桥测量后,结果为

$$U=\frac{E}{4}k(\varepsilon_1-\varepsilon_2)=\frac{E}{4}k\times 2\varepsilon_{45°}$$

$$\varepsilon_d=-\varepsilon_1-\varepsilon_2=2\varepsilon_{45°}$$

同样,最大切应力为

$$\tau_{max}=\frac{E}{1+\mu}\varepsilon_{45°}=\frac{E}{1+\mu}\frac{\varepsilon_d}{2}$$

相应的转矩为

$$T=\frac{EW_P}{1+\mu}\varepsilon_{45°}=\frac{EW_P}{1+\mu}\frac{\varepsilon_d}{2}$$

上述实例说明,实验中如果能很好地利用电桥的特性,合理布片、灵活组桥,可有效地提高测量灵敏度并减少测量误差,而且可以将不同性质的应变(或内力)分离开来。一点的应变测出后,根据轴力、弯矩以及转矩与主应力及切应力的关系,即可求出相应的内力值。

例 4　材料弹性模量 E 和泊松比 μ 的测量。

材料弹性模量 E 和泊松比 μ 可以在拉力机上进行测定。为了获得材料弹性模量 E 和泊松

比 μ 的准确值，必须消除由于试件初曲率以及试验机夹头偏心的作用所造成的试件两面的应变不相同，也就是说在测量中需要设法消除试件弯曲变形的影响。接线方法采用全桥接法，测试过程如下：

(1) 测量弹性模量 E。图 4-36(a) 为某种材料制成的一拉伸试件，在其两侧面沿试件轴线 y 方向粘贴工作应变计 R_1、R_3，另在补偿块上粘贴补偿片 R_2、R_4，并分别将 R_1 和 R_3、R_2 和 R_4 接入两相对桥臂，按图 4-36(b) 接成全桥线路进行对臂测量。

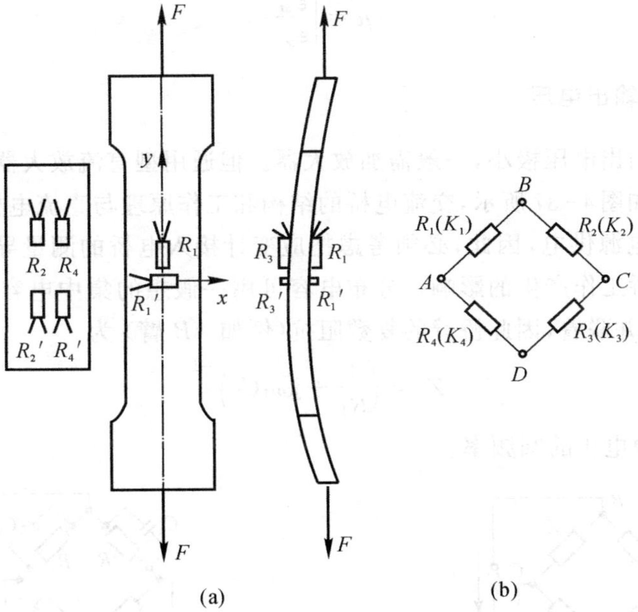

图 4-36　弹性模量 E 和泊松比 μ 的测量

若以 ε_F、ε_M 分别表示轴向拉伸和弯曲变形所引起的应变，则各应变计的应变为

$$\varepsilon_1=\varepsilon_F+\varepsilon_M+\varepsilon_t$$

$$\varepsilon_2=\varepsilon_4=\varepsilon_t$$

$$\varepsilon_3=\varepsilon_F-\varepsilon_M+\varepsilon_t$$

应变仪的读数应变为

$$\varepsilon_{yd}=\varepsilon_1-\varepsilon_2+\varepsilon_3-\varepsilon_4=2\varepsilon_F$$

故由轴向拉伸变形引起的应变为

$$\varepsilon_F=\frac{1}{2}\varepsilon_{yd}$$

若试件截面积为 A，则可得材料弹性模量为

$$E=\frac{\sigma}{\varepsilon_F}=\frac{2F}{\varepsilon_{yd}A}$$

(2) 测量泊松比 μ。如图 4-36(a) 所示，在拉伸试件两侧面沿试件轴线垂直的 x 方向粘贴工作应变计 R_1'、R_3'，另在补偿块上粘贴补偿片 R_2'、R_4'，并分别将 R_1' 和 R_3'、R_2' 和 R_4' 接入两相对桥臂，按图 4-36(b) 接成全桥线路进行对臂测量。此时各应变计的应变为

$$\varepsilon_1=-\mu(\varepsilon_F+\varepsilon_M)+\varepsilon_t$$

$$\varepsilon_2 = \varepsilon_4 = \varepsilon_t$$

$$\varepsilon_3 = -\mu(\varepsilon_F - \varepsilon_M) + \varepsilon_t$$

应变仪的读数应变为

$$\varepsilon_{xd} = \varepsilon_1 - \varepsilon_2 + \varepsilon_3 - \varepsilon_4 = 2\mu\,\varepsilon_F$$

由于 $\varepsilon_F = \frac{1}{2}\varepsilon_{yd}$，代入上式可得

$$\mu = \left|\frac{\varepsilon_{xd}}{\varepsilon_{yd}}\right|$$

五、交流电桥的输出电压

由于应变电桥输出电压极小，一般需加放大器。但通用型直流放大器容易产生零漂，因此常用交流放大器。如图4-37所示，交流电桥的结构和工作原理与直流电桥基本相同。由于应变电桥须采用交流电源供电，因此，必须考虑把应变计接入电桥的测量导线（包括应变计）存在的分布电容对电桥工作产生的影响。分布电容可用一假想的集中电容代替，如图 4-38 所示，并与应变计电阻并联着，因此桥臂的复数阻抗（例如 AB 臂）为

$$Z_1 = \left(\frac{1}{R_1} + j\omega_H C_1\right)^{-1} \tag{4-59}$$

式中，ω_H 为交流桥源电压的圆频率。

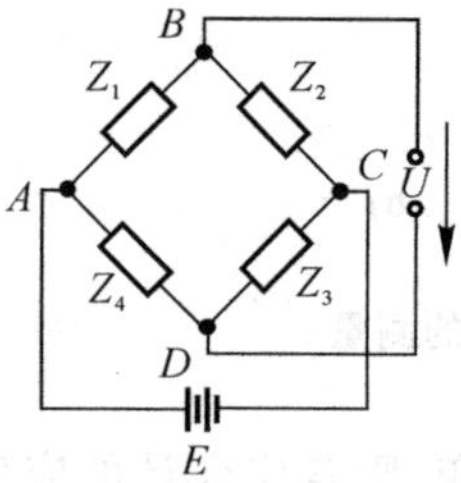

图 4-37　交流电桥

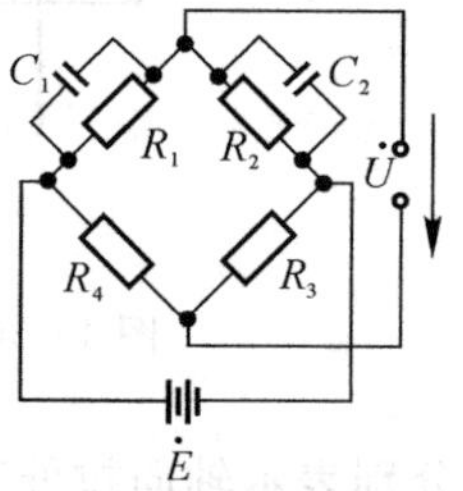

图 4-38　交流电桥分布电容的影响

当取半桥接法时，电容的影响可认为仅在应变计的半桥上。类似于直流电桥，交流电桥的平衡条件可写为

$$Z_1 Z_3 = Z_2 Z_4$$

由于 $Z_3 = R_3$，$Z_4 = R_4$，故有

$$\left(\frac{1}{R_1} + j\omega_H C_1\right)^{-1} R_3 = \left(\frac{1}{R_2} + j\omega_H C_2\right)^{-1} R_4$$

整理后得

$$R_1 R_3 + j\omega_H R_1 R_2 R_3 C_2 = R_2 R_4 + j\omega_H R_1 R_2 R_4 C_1$$

或写为

$$\left.\begin{aligned} R_1 R_3 &= R_2 R_4 \\ R_3 C_2 &= R_4 C_1 \end{aligned}\right\} \tag{4-60}$$

可见，欲使交流电桥平衡，需同时满足电阻平衡和电容平衡两个条件。

下面推导电桥输出电压与应变计电阻变化率之间的关系。

设初始电阻值 $R_1=R_2=R_3=R_4=R$，仅工作片 R_1 有电阻变化 ΔR，则 B、D 两点的电位差为

$$\dot{U}=\dot{U}_{AB}-\dot{U}_{AD} \tag{4-61}$$

其中

$$\dot{U}_{AB}=\frac{\dot{E}}{Z_1+Z_2}Z_1,\quad \dot{U}_{AD}=\frac{\dot{E}}{2}$$

将 Z_1、Z_2 的表达式代入并将 $\dot{U}_{AB}$、$\dot{U}_{AD}$ 代入式(4-61)得

$$\dot{U}=\frac{\dfrac{R+\Delta R}{1+\mathrm{j}\omega_{\mathrm{H}}C_1(R+\Delta R)}}{\dfrac{R+\Delta R}{1+\mathrm{j}\omega_{\mathrm{H}}C_1(R+\Delta R)}+\dfrac{R}{1+\mathrm{j}\omega_{\mathrm{H}}C_2R}}\dot{E}-\frac{\dot{E}}{2}=$$

$$\frac{\dot{E}}{2}\,\frac{\Delta R+\mathrm{j}\omega_{\mathrm{H}}R^2(C_2-C_1)+\mathrm{j}\omega_{\mathrm{H}}R\Delta R(C_2-C_1)}{\Delta R+\mathrm{j}\omega_{\mathrm{H}}R^2(C_2+C_1)+\mathrm{j}\omega_{\mathrm{H}}R\Delta R(C_2+C_1)+2R}$$

略去含 $\Delta R(C_2-C_1)$ 的二阶微小量。分母中一、三项与其他项相比亦可略去。上式变为

$$\dot{U}=\frac{\dot{E}}{2}\,\frac{\Delta R+\mathrm{j}\omega_{\mathrm{H}}R^2(C_2-C_1)}{2R+\mathrm{j}\omega_{\mathrm{H}}R^2(C_2+C_1)}$$

令 $C_2+C_1=2C_0$，$C_2-C_1=\Delta C$，可得

$$\dot{U}=\frac{\dot{E}}{2}\,\frac{\Delta R+\mathrm{j}\omega_{\mathrm{H}}R^2\Delta C}{2R+2\mathrm{j}\omega_{\mathrm{H}}R^2C_0}$$

有理化后为

$$\dot{U}=\frac{\dot{E}}{4}\left[\frac{\Delta R}{R}+\omega_{\mathrm{H}}^2R^2C_0\Delta C+\mathrm{j}\omega_{\mathrm{H}}(R\Delta C-C_0\Delta R)\right]\times(1+\omega_{\mathrm{H}}^2R^2C_0^2)^{-1}$$

这就是存在分布电容时，电桥因 R_1 变为 $R_1+\Delta R$ 而输出的复数电压。如果没有电容存在，上式变为式(4-45)。

目前 $\dot{U}$ 包括以下三部分。

(1) 由应变计电阻变化造成的输出电压：

$$\dot{U}_1=\frac{\dot{E}}{4}\,\frac{\Delta R}{R}(1+\omega_{\mathrm{H}}^2R^2C_0^2)^{-1} \tag{4-62}$$

由式(4-62)可见，输出电压将减小到桥臂为纯电阻时的 $(1+\omega_{\mathrm{H}}^2R^2C_0^2)^{-1}$ 倍。如果 ω_{H} 不高，分布电容很小，则 $\dot{U}\approx\dfrac{\dot{E}}{4}\dfrac{\Delta R}{R}$。如果 ω_{H} 较高，导线又长，则 $\omega_{\mathrm{H}}^2R^2C_0^2$ 不能忽略，引入的相对误差为

$$e=\left|\frac{1}{1+\omega_{\mathrm{H}}^2R^2C_0^2}-1\right| \tag{4-63}$$

将 $(1+\omega_{\mathrm{H}}^2R^2C_0^2)^{-1}$ 展开成幂级数 $\omega_{\mathrm{H}}^2R^2C_0^2<1$ 并略去高阶小量，得

$$e=(\omega_{\mathrm{H}}RC_0)^2$$

若规定此误差不得超过 0.2%，设 $R=120\ \Omega$，电源频率 $f_H=50\ 000$ Hz，则可定出

$$C_0\leqslant\frac{\sqrt{0.2\times10^{-2}}}{2\pi}\times50\ 000\times120=1\ 187\ \mathrm{pF}$$

若双股导线每米分布电容为 100～200 pF，则其长度应限在 10 m 以内。

(2) 由电容不平衡造成的输出电压：

$$\dot{U}_2=\frac{\dot{E}}{4}\omega_{\mathrm{H}}^2R^2C_0\Delta C(1+\omega_{\mathrm{H}}^2R^2C_0^2)^{-1} \tag{4-64}$$

如果测量前电桥经过电容平衡预调，且测量中 C_1、C_2 不再变化，则 $U_2=0$。然而，在动态应变测量中，被测构件往往有机械运动，若测量导线扎结固定得不好，就有可能使 C_1、C_2 发生较大变化，从而使 U_2 增大且剧烈变化，表现为对应变信号的干扰。

(3) 第三部分为：

$$\dot{U}_3=\frac{\dot{E}}{4}\mathrm{j}\omega_{\mathrm{H}}(R\Delta C-C_0\Delta R)\times(1+\omega_{\mathrm{H}}^2R^2C_0^2)^{-1} \tag{4-65}$$

注意到字母"j"，它表示 $\dot{U}_3$ 的相位比 $\dot{E}$ 超前 $\frac{\pi}{2}$。这样的电压分量不会显示在载波放大式应变仪的输出端。但此项过大时，会占去一部分放大器工作范围，使灵敏度降低，线性变坏。

六、电位计式电路

图 4-39 所示的电位计式电路也能把应变计的电阻变化转化为电压变化。电位计式电路由电源、固定电阻和应变计组成，这种电路比较简单，电路中的电阻元件数量很少。在实用上，这种电路常常用来测量频率很高的动态应变(如爆炸、冲击和振动)。如果用变压器耦合，比如使用灵敏系数很大的半导体应变计，记录应变幅值不太高的应变脉冲时，可直接在 A、B 端接记录仪器，构成简单的测量系统。

与应变电桥一样，E 是电路的直流输入电压，而 A、B 是电压输出端。当 R_1 和 R_2 确定时，A、B 间的开路电压为

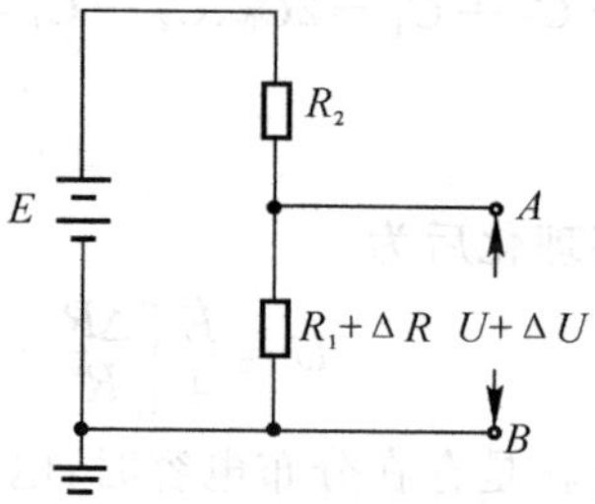

图 4-39 电位计式电路

$$U=\frac{R_1}{R_1+R_2}E$$

若 R_1 和 R_2 均有增量，则输出电压变为

$$U+\Delta U=\frac{R_1+\Delta R_1}{R_1+\Delta R_1+R_2+\Delta R_2}E$$

可得

$$\Delta U=\left(\frac{R_1+\Delta R_1}{R_1+\Delta R_1+R_2+\Delta R_2}-\frac{R_1}{R_1+R_2}\right)E$$

令 $\frac{R_2}{R_1}=r$，代入上式经整理后可得

$$\Delta U=E\frac{r}{(1+r)^2}\left(\frac{\Delta R_1}{R_1}-\frac{\Delta R_2}{R_2}\right)\left[1+\frac{1}{1+r}\left(\frac{\Delta R_1}{R_1}+r\frac{\Delta R_2}{R_2}\right)\right]^{-1} \tag{4-66}$$

这就是电阻有变化时，电位计电路输出电压的变化，它是电阻变化率的非线性函数。若令

$$C'=1-\left[1+\frac{1}{1+r}\left(\frac{\Delta R_1}{R_1}+r\frac{\Delta R_2}{R_2}\right)\right]^{-1}$$

则有

$$\Delta U=E\frac{r}{(1+r)^2}\left(\frac{\Delta R_1}{R_1}-\frac{\Delta R_2}{R_2}\right)(1-C') \tag{4-67}$$

可见 ΔU 也可视为由线性部分和非线性部分组成。当只用线性部分来描写输出电压的增量与电阻变化之间的关系时，引入的非线性误差为

$$e=\left(\frac{C'}{1-C'}\right)=\left|\frac{1}{1+r}\left(\frac{\Delta R_1}{R_1}+r\frac{\Delta R_2}{R_2}\right)\right| \tag{4-68}$$

为了分析这一误差的大小，设 R_1 是应变计，而 R_2 不变。这时

$$\frac{\Delta R_1}{R_1}=K\varepsilon,\quad \frac{\Delta R_2}{R_2}=0$$

而
$$e=\frac{1}{1+r}K\varepsilon$$

当 $r=9$，$K=2$ 和 $\varepsilon=5000\mu\varepsilon$ 时：

$$e=\frac{1}{1+9}\times 2\times 5000\times 10^{-6}=10^{-3}$$

可见，当使用金属式应变计，被测应变在几千个微应变以内时，完全可以略去非线性项而使用下面的公式分析电位计式电路：

$$\Delta U=E\frac{r}{(1+r)^2}\left(\frac{\Delta R_1}{R_1}-\frac{\Delta R_2}{R_2}\right)\tag{4-69}$$

当然，如果使用半导体应变计，容许的被测应变就要适当减小。

由式(4-69)，若 R_1 是应变计，感受应变 ε，而 R_2 是固定电阻，则有

$$\Delta U=\frac{r}{(1+r)^2}EK\varepsilon\tag{4-70}$$

令
$$S=\frac{\Delta U}{\varepsilon}=\frac{r}{(1+r)^2}EK$$

则 S 表示每微应变相应的输出电压，故称为电位计式电路的灵敏度，单位为 $\mu V/\mu\varepsilon$。靠提高电压 E 来增加 S，受到应变计容许电流的限制。图 4-39 中，流过应变计的最大电流为

$$I_g=\frac{E}{R_1+R_2}$$

故
$$E=I_g(R_1+R_2)=R_1I_g(1+r)$$

代入可得

$$S=\frac{r}{1+r}KR_1I_g\tag{4-71}$$

式(4-71)可供选择电位计式电路的元件参数并估计电路输出电压的大小。固定电阻 R_2 一般比 R_1 大得多，常称为镇定电阻，它保证 R_1 变化时，电路电流无显著变化。当 R_2 很大，即 r 很大时，S 将最大。但加大 R_2，E 也需加大。故一般取 $r\approx 9$。因此，假设 $K=2$，$R_1=120\Omega$，取应变计容许电流 $I_g=20$ mA，则

$$S=\frac{9}{10}\times 2\times 120\times 20\times 10^{-3}=4.32\mu V/\mu\varepsilon$$

如若使用半导体应变计，设 $K=100$，则 $S\approx 0.2mV/\mu\varepsilon$。可见，一般情况下，电位计式电路的输出电压增量不大。

式(4-69)只是输出端电压变化。实际上，A、B 间的电压为 $U+\Delta U$。当应变计感受一按正弦规律变化的应变时，A、B 间的输出电压如图 4-39 所示。U 为一直流电压，一般约为几伏，而与应变相应的 ΔU 是微伏级的。在动态应变的情况下，可以在 A、B 端加接一个适当的滤波器，阻止 U 的通过而得到 ΔU。静态应变时，由于很难得到量程大，灵敏度又高的仪表，故难以从 $U+\Delta U$ 中提取 ΔU。因此，一般不用电位计电路作静应变测量。

第三节　电阻应变仪

应变电桥只是测量系统的核心，为了使其工作，进行精确的测量，还必须配合电源、放大器等组成一个完整的应变测量系统，这就是通常使用的电阻应变仪。其功能是将应变电桥的输出电压放大后显示读数或者向记录仪器进行输出。

一、电阻应变仪的分类和调幅波的产生

电阻应变仪是一种专用仪器，其显示部分直接显示应变值，通过应变可以计算出载荷、应力和变形，为计算构件的强度提供依据。这种仪器使用方便，灵敏度高，测量点多，精确可靠，并能做远距离测量，如果装有计算机接口，还可以将数据输入计算机进行处理，因此应用十分广泛。目前电阻应变仪的发展趋向是采用高质量的电器元件以提高电阻应变仪的稳定性。

按照供电方式的不同，电阻应变仪可以分为直流应变仪和交流应变仪。直流应变仪的电桥采用交流供电，放大器采用差分放大器和调制性直流放大器，其工作频率可达 10 kHz。由于电桥采用直流供电，分布电容不影响电桥平衡，故操作较简单。其主要问题在于直流放大器有非常严重的零点漂移。近年来，在晶体管电路稳定技术的提高和集成电路技术发展的带动下，直流应变仪逐渐得到更多的应用。交流应变仪的电桥通常采用数千赫兹的正弦交流供电，这种应变仪有很好的稳定性，不存在零点漂移问题，其结构较简单，对电路元件的要求不太高。因此，它是目前应用最为广泛的一种应变仪，国产应变仪多属于此种类型。

按照频率响应范围不同，电阻应变仪可分为静态电阻应变仪、动态电阻应变仪、静动态电阻应变仪、超动态电阻应变仪。静态电阻应变仪专供测量不随时间而变或变化极缓慢的应变而用。动态应变仪用于测量动态应变，它通常与光线示波器、磁带记录器、数据采集器等记录器配合使用。静动态应变仪通常以测量静态应变为主，但也可以测量频率较低(数百赫兹)的动态应变。用于测量高频应变和瞬态应变的动态应变仪，通常称为超动态应变仪，其最高工作频率可以达到 200 kHz。

下面讨论调幅波的产生。设工作片的灵敏系数 $K=2$，采用单臂接桥方法，则应变电桥的输出电压为 $U=\frac{1}{4}KE\varepsilon$。电桥桥压 E 一般约为 2 V(受应变计容许电流限制，不能过大)，所以电桥输出电压 U 很小，其大小与应变 ε 的大小相当。一般测量中，U 只是个微伏级的量，即使待测的应变达 5 000 $\mu\varepsilon$，相应的 U 也仅有 5 mV，必须经放大器放大到足够大才能推动后续的仪表。放大器的设计应考虑电桥输出电压的特点。当电桥采用直流桥源时，如工作片感受静态应变，则电桥输出直流电压信号，为了放大它，须采用直流放大器。如果应变计感受的是动态应变，电桥的输出将是一个变化规律与动应变相同的波动电压。根据傅立叶级数理论，任意一个有限区间上的复杂波，都可看做由一系列具有一定振幅和相位的简谐波叠加而成。所有简谐分量的频率在频率坐标轴上占有一定的区间(带宽)，它可能从零(直流分量)一直到很高的频率(高次谐波)。显然，要无失真地放大这样一个电信号，绝非一个普通交流放大器所能胜任，而必须采用宽带放大器或直流放大器。通常，为了控制直流放大器的零点漂移，使它的设计和制造都复杂化了。为解决这一问题，早期电阻应变仪采用交流桥源，用一个专门的正弦波振荡器向电桥供电，则当测量静态应变时，电桥将输出一个频率与桥源电压频率相同的交流信

号；而测量动态应变时，电桥的输出电压将包含一系列频率与桥源频率相近的简谐波。这样，只要加接一个窄频带交流放大器就可以了。

应变电桥各臂可看做纯阻性的。设 R_1 为工作片，若电桥原来平衡，下面来讨论当 R_1 承受不同性质的应变时电桥的输出电压。

设电桥的输入正弦交流电压为

$$E = E_m \sin\omega_H t \tag{4-72}$$

式中，E_m 为电压幅值；ω_H 为圆频率；$\omega_H = 2\pi f_H$；f_H 是振荡器的振荡频率。如果工作片感受一静态拉应变 ε_0，则有

$$U = \frac{1}{4}KE_m\varepsilon_0 \sin\omega_H t \tag{4-73}$$

可见输出电压亦为正弦波，且频率与输入电压相同，而幅值为 $\frac{1}{4}KE_m\varepsilon_0$（见图 4-40(a)）。

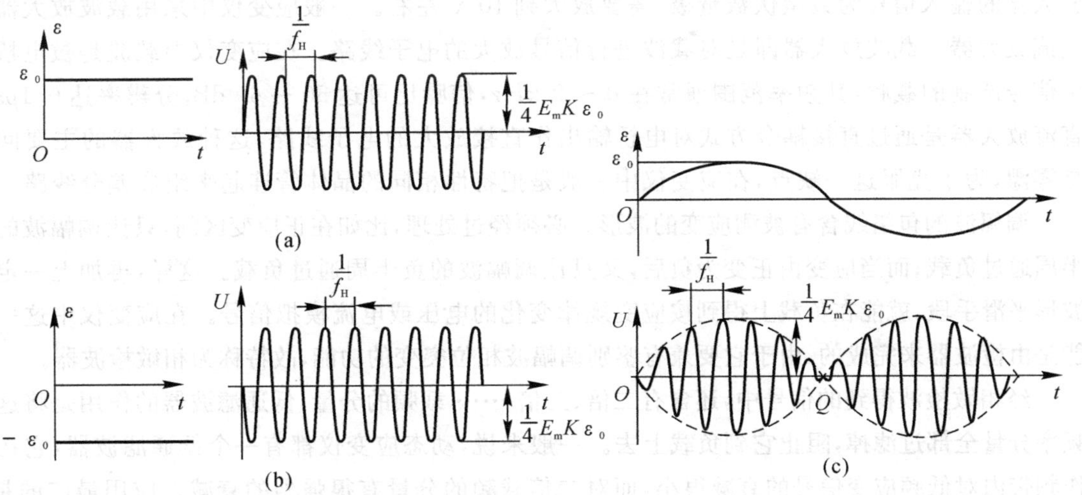

图 4-40　应变波形

(a) 静态拉应变时 U 的波形；(b) 静态压应变时 U 的波形；(c) $\varepsilon = \varepsilon_0 \sin\omega t$ 时 U 的波形

如果 R_1 感受一静态压应变 $-\varepsilon_0$，则应变电桥的输出电压与拉应变时比较，仅仅是相位差了 180°（见图 4-40(b)）。如果前者叫做与输入电压同相，则在压应变时，输出电压与输入电压反相。这种反相的过程，可以这样解释：如果 R_1 感受一正弦应变 $\varepsilon = \varepsilon_0 \sin\omega t$，且 $\omega \ll \omega_H$，则

$$U = \frac{1}{4}KE_m\varepsilon_0 \sin\omega_H t \sin\omega t \tag{4-74}$$

此时，应变电桥输出电压的波形可大致看做一个振幅在连续变化的正弦波（见图 4-40(c)），也可以理解为频率为 f_H 的高频正弦波，振幅受到频率 $f = \omega/2\pi$ 的低频正弦波的控制并随其变化。由图 4-40(c) 可见，当 $\omega \ll \omega_H$ 时，这个波形的包络线，就代表了低频波的形状。只不过包络线是对称于时间坐标轴的。我们看到当 $\varepsilon = 0$ 时，$U = 0$。而当 ε 的绝对值增大时，无论应变正负 U 都增大，只是在图中的 Q 点，由于相应于应变由正变为负，U 的相位突变了 180°。这种高频波的振幅受某低频波变化规律控制的现象，称为幅度调制。高频波称为载波，而 U 的波形称为调幅波。

二、常用电阻应变仪的组成

电阻应变仪一般由应变电桥、放大器、相敏检波器、低通滤波器和振荡器等部分组成。下面先对各部分的作用进行简单介绍。

应变电桥是应变仪的核心，其工作原理如本章第二节所述。在电阻应变仪的面板上有4个接线柱对应于应变电桥的 A、B、C、D 4个节点。它通过测量导线将应变计接入电桥。动态应变仪常将这些接线柱安装在一个电桥盒上，用一定长度的屏蔽导线与应变仪相连，以方便使用。构成半桥时的固定电阻也在盒内。电桥的交流桥源电压由振荡器供给，电桥的输出电压则送入放大器。

放大器的作用是把电桥输出的微弱信号加以放大。一般应变波形包括直流成分以及达数千赫兹的交流成分。因而对放大器电路要求能对这一频率范围的信号都有相同的放大倍数。放大器的输入信号为数微伏数量级，需要放大到10 V左右。一般应变仪中采用载波放大器和直流放大器。载波放大器即是对载波进行信号放大的电子线路。在应变仪中载波是被电桥输出信号调制的载频，其频率范围通常在 $0 \sim 2$ kHz，信噪比可达 $50 \sim 60$ dB，分辨率达 $0.1\mu\varepsilon$。直流放大器是通过直接耦合方式对电桥输出作直接放大的电子线路，这种放大器的主要问题是零漂，为了克服这一缺点，在应变仪中一般是把特性相同的晶体管连起来组成差分线路。

调幅波的包络线含有被测应变的波形。必须经过处理，比如在正应变区间，只让调幅波的正半周通过负载；而当应变由正变为负后，又只让调幅波的负半周通过负载。这样，再加上一定的波形平滑手段，就能在负载上得到按应变规律变化的电压或电流模拟信号。在应变仪中这一功能是由检波器来完成的，由于它要兼有鉴别调幅波相位突变的功能，故特称为相敏检波器。

经相敏检波得到的信号中，还含有二倍、三倍……载频的分量，低通滤波器的作用是将这些频率分量全部过滤掉，阻止它到负载上去。一般来说，动态应变仪都有一个低通滤波器，它在工作频带内对低频应变信号的衰减很小，而对二倍载频的分量有很强烈的衰减。应用最广的是 π 型LC低通滤波器。静态应变仪里，应变调制信号经过相敏检波后直接送入平衡指示器（直流电表），仅求指示平衡与否，并无严格的滤波的必要。此外，电表运动部分的惯性，有一定的机械滤波作用。故这种应变仪往往仅给指示电表并联一个旁路电容，以进行最简单的滤波。

振荡器（载波发生器）是应变仪的心脏。在交流应变仪中它既要向应变电桥提供桥源电压，又要向相敏检波器输出控制电压。常用的振荡线路是正弦振荡线路，其中又有感容振荡器和阻容振荡器两种。从测量精度的要求讲，振荡电压幅值应当恒定；从电桥平衡的要求讲，要求波形失真小，尽量接近纯正弦波。因为任何失真都包含高次谐波成分，使电桥的电容平衡困难。关于振荡频率的选择，据测定，载频必须比所测应变频率成分中不可忽略的最高次谐波频率大 $7 \sim 10$ 倍，才能保证调幅波的包络线很接近应变波形。否则，只能测出大致数值，而谈不上应变信号的波形了（见图4-41）。因此，载频决定了动态应变仪可测应变频率的上限。它的提高与提高仪器的测量精度和稳定性有矛盾（在高频下，寄生电容的影响将显著增加，放大器等环节的工作状况也显著变坏），因而是受到限制的。这一点，正是采用载波放大原理的应变仪的短处。静态应变仪的振荡器，当然没有提高载频的必要，一般仅几百赫兹，以至可以忽略桥臂分布电容的影响。

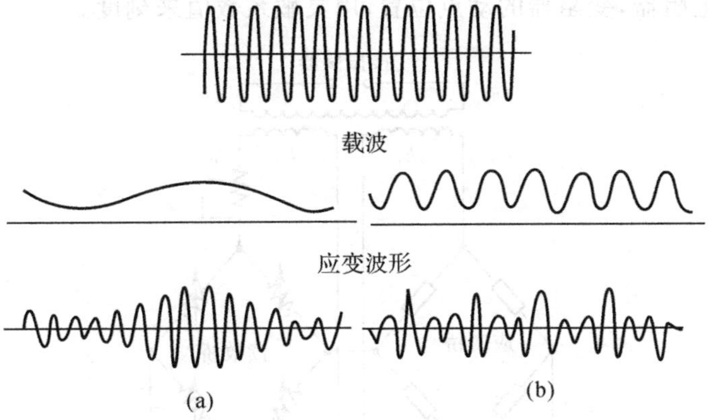

图 4－41　输出应变波形与载频的关系

(a) 应变频率大大低于载频；(b) 应变频率接近于载频

三、静态应变仪

1. 交流供桥的双桥式静态应变仪

早期静态应变仪的测定方式多采用“零位法”，即当应变电桥有输出电压时，仪器显示部分将有指示，调节读数机构，使指示回零，读数机构即给出相应的应变数。这种测定方式不受桥源电压波动以及放大器增益变动的影响，对放大器的要求也较低，从而可保证较高的测量精度。

图 4－42 为双电桥线路的原理图，由于静态应变不随时间变化，因此可用比较精确的读数法直接得到应变读数。为此，在应变测量电桥之外另设一个电桥，称为读数电桥，其四臂均为高精度可调电阻器，并且用同一载波振荡器供电。这个电桥与应变电桥在输出方面是串联的。测量开始之前，应先对测量电桥调平。当应变电桥因感受应变而输出一个等幅电压时，调整读数桥臂阻值，使之输出一个与前一电压幅值相等但相位相反的电压，抵消了送入放大器的电压(表现为平衡指示电表重新指零)。只要将读数桥各可调电阻器的电阻变化换算成相应的应变值在仪器面板上刻度，即可直接读出应变数。为判别读数电桥的输出电压是否等于测量电桥的输出电压，将两电桥的输出端信号输入到一个高倍数的差动放大器，电压差经放大后驱动一个高灵敏度的电压表头，即可检查测量电桥与读数电桥的输出是否相同。

因为读数桥可调电阻旋钮的每一角度位置(即每一应变刻度值)都与该桥某臂的电阻变化率相对应，且以某一给定灵敏系数 K_2 进行应变值刻度，因此读数桥电压输出为

$$U_d = \frac{1}{4}E_2 K_2 \varepsilon_d$$

当应变计感受应变 ε_1 时，则应变测量电桥的电压输出为

$$U_c = \frac{1}{4}E_1 K_1 \varepsilon_1$$

现在要求 $U_d = U_c$，而且 $\varepsilon_d = \varepsilon_1$，则必须使

$$E_2 K_2 = E_1 K_1$$

此式表示当桥压 E_1、E_2 固定时，读数桥的应变刻度只有在使用 K_1 的应变计时才是准确的。这显然限制了这台应变仪的通用性。为了解决这一矛盾，一般采用改变 E_2 来满足上式。早期静态和静动态应变仪的面板上都有一个调整灵敏系数的旋钮，在内部实际上是一个用来调整读

数桥压 E_2 的可变电阻器，变阻器的动点位置，用灵敏系数值来刻度。

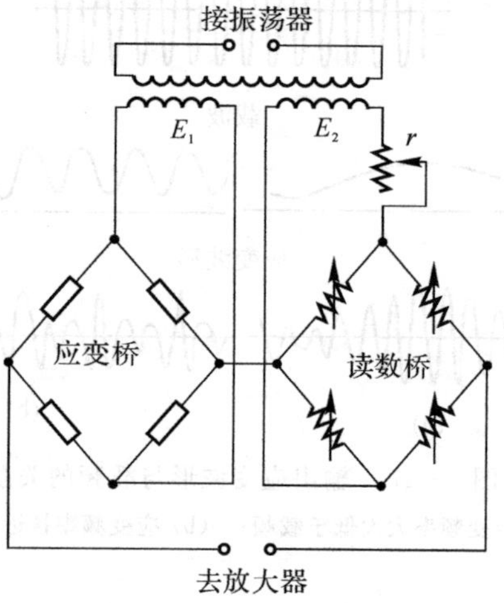

图 4-42　双电桥电路

交流供桥电路的最大缺点是测量电桥的线间分布电容对测试结果有很大影响。因此，应变测试时，不仅要调整电阻的平衡，还需要调整电容的平衡，并且测试过程中导线如果产生移动，由于线间电容的变化也会给测试带来误差。

2. 数字式电阻应变仪

近年来，由于直流放大器的性能不断提高，采用直流供桥直流放大的数字式电阻应变仪已经得到普遍使用，目前已有很多静态数字电阻应变仪带有数字通信功能，其基本组成部分如图 4-43 所示。

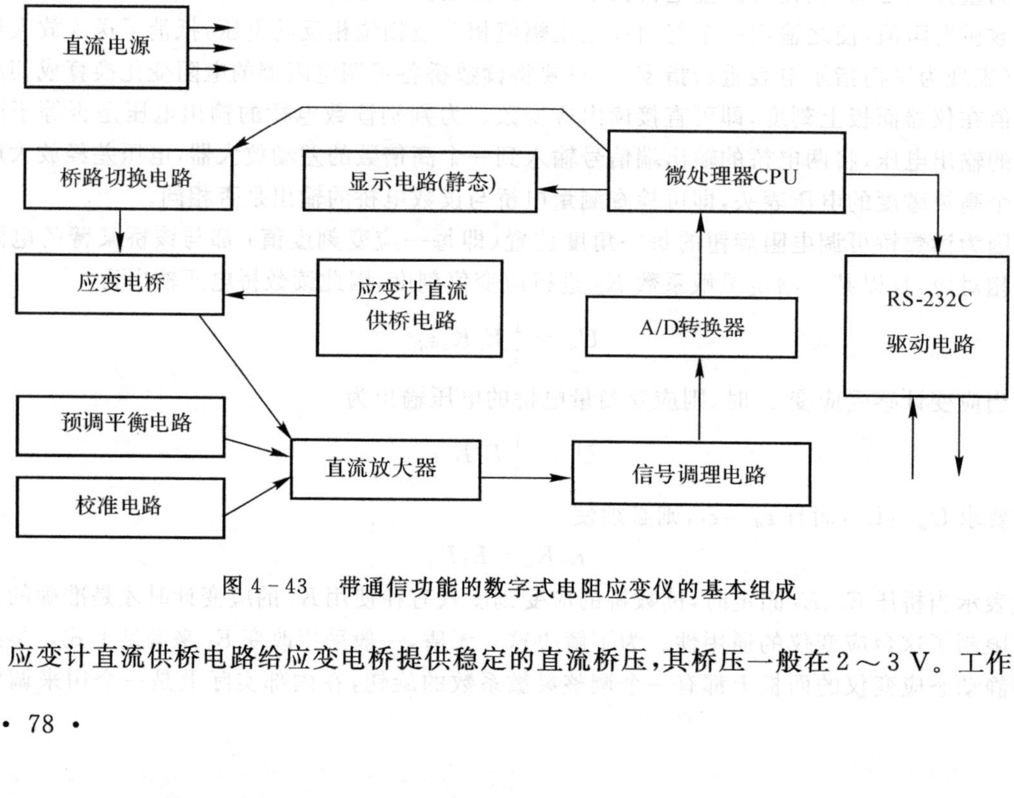

图 4-43　带通信功能的数字式电阻应变仪的基本组成

应变计直流供桥电路给应变电桥提供稳定的直流桥压，其桥压一般在 2～3 V。工作片的阻值变化通过电桥转变为电信号的变化，送入直流放大器进行信号放大。预调平衡电路使测量电桥处于平衡状态，以防止放大器放大后的输出信号溢出(±15 V供电的放大器其线性输出范围通常在±11 V之间，而±5 V供电的放大器其线性输出范围通常不大于±3.5 V，随放大器性能不同而不同)。放大后的电压信号可送到显示仪表(如直流电压表)显示，或送到数据采集系统做数字记录，或使用其他的记录仪器记录等。

这种应变仪通常设计成10或16通道不等。数据采集过程可直接由计算机控制，通常使用串行接口与微型计算机通信，因此它与微型计算机联机非常方便，计算机可以方便地以任意格式存放采集得到的数据。静态数字式电阻应变仪具有测量范围大((20 000$\mu\varepsilon$)、稳定性好、精度高、使用方便等优点。可使用公共补偿技术，进行单臂、半桥、全桥测量；可直接显示微应变值；直流供桥、一键调零，使用非常方便。

应变仪使用之前通常需要进行标定(或称校准)。通常采用的标定方法有并联标准电阻法和切换标准电压法两种。并联标准电阻法是指在电桥桥臂上并联一个已知阻值的低温度系数电阻(即标准电阻)，实际的应变值通过计算即可获知。这种方法通常用于给定阻值(如120 Ω)的应变计。切换标准电压法是指将仪表信号调理电路的输入部分接到一个标准的电压上，这时的输出已通过调试，相当于某一给定的应变值。该法使用时与输入无关，所以使用较为方便，但仪表的前期调试通常要求较高。信号调理电路通常对放大后的电压信号做平滑、比例调整等变换，使输出的电压信号更适合后续的仪器设备使用。常用的有增益调整电路、信号衰减电路、低通滤波电路、50 Hz工频吸收电路、电压/电流转换电路等。

在实际工程的静态应变测量中，经常遇到多点测量的情况。为了实现用一台静态电阻应变仪进行多点测量，使用多路切换技术和应变仪公共补偿技术，可以使一个放大器服务于多个通道，从而降低成本。如图4-44所示，为了使应变仪使用方便，静态应变仪通常还提供精度较高的示值功能、多路预调平衡电路、应变计灵敏系数补偿电路等。由于使用公用放大器分时切换工作，静态应变仪的最大优点在于可使用应变计的公共补偿技术，从而使测试成本降低。

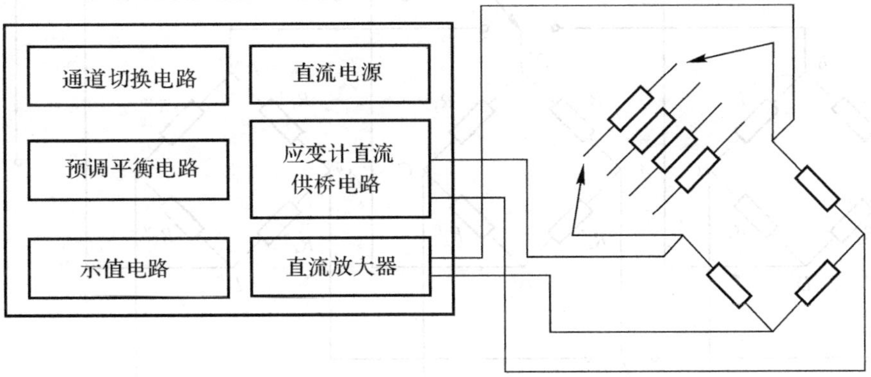

图4-44　数字式静态应变仪框图

数字式静态电阻应变仪的大多数电路与动态应变仪相同或相似，如直流电源、供桥电路、直流放大器等。但也有特殊的电路，主要为通道切换和预调平衡电路。为通道切换控制方便，数字式静态电阻应变仪通常使用优质触点的继电器作为通道切换部件，以防止接触电阻的变化影响测试结果的精度。目前，优质继电器的接触电阻变化不大于0.000 2 Ω。对于图4-45所示的半桥切换来说，对测试结果的影响可控制在 $2\mu\varepsilon$ 量级。由于放大器的输入阻抗通常很高，因而 B 处的接触电阻变化不会影响到测量精度。公共补偿时，接触电阻对测量精度的影响与半桥时相同。

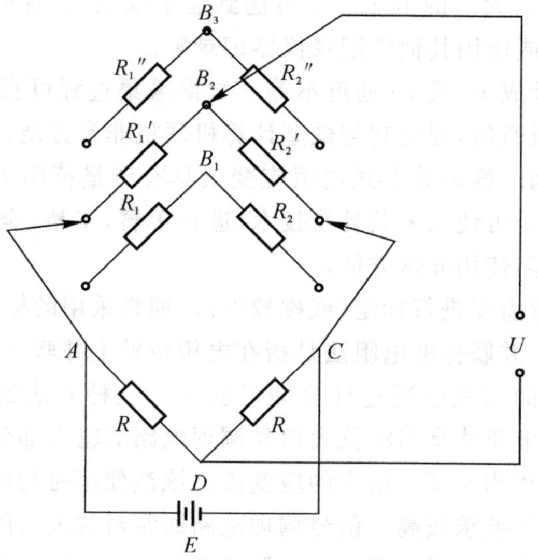

图 4-45　半桥测量时的通道切换

全桥测量时，按照图 4-46 方式切换，由于切换点移到了电桥的外部，接触电阻与电桥总电阻相比可以忽略，这样通道切换时可始终保持电桥的输出不变。从而可有效消除接触电阻对测量精度的影响。

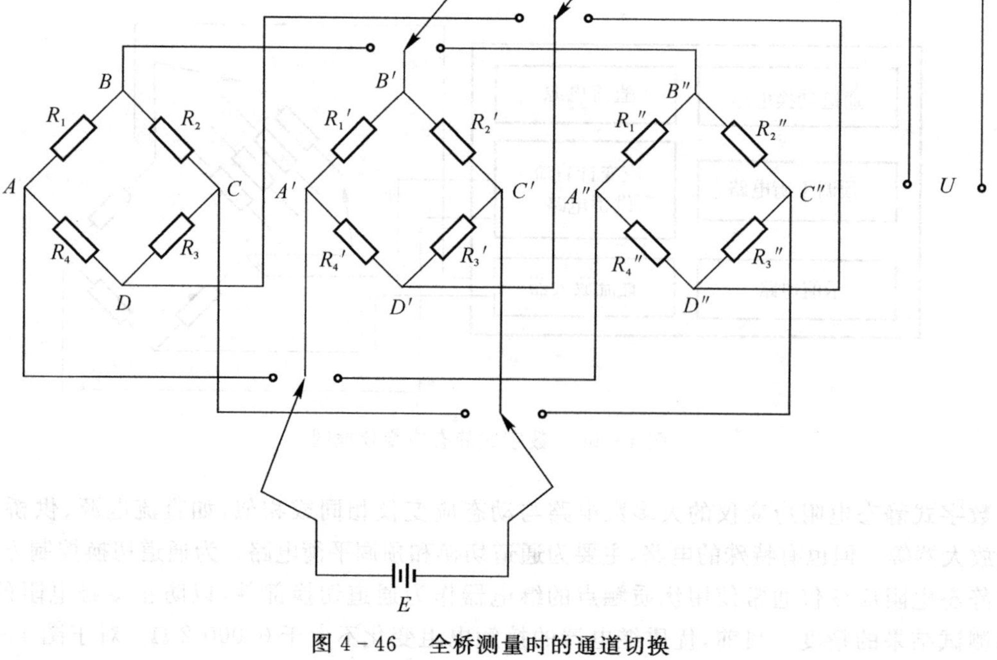

图 4-46　全桥测量时的通道切换

数字式静态电阻应变仪的预调平衡电路可通过多种方式实现。由于现代电子技术的发展，现在使用较多的是初读数记忆式和D/A转换器补偿式。对于A/D分辨率高并且带有微处理器的应变仪，实际上不必作平衡预调也可正常测试，但是对电桥的不平衡度仍有要求。通常初读数记忆式调零，按下清零按键后，仪器将记下放大器此时的读数，并在以后的显示中扣除该数。显然该方法是较理想的，但对仪器的分辨率也相当高，仪器通常必须能分辨1/4 000的满程值，否则仪器的测试范围将受到影响。D/A转换器补偿式调零如图4-47所示，是指使用D/A转换器产生一个偏移电压，与仪器放大器的输出电压相加后送入A/D转换器，从而使加法放大器的输出电压非常接近于零。这种方法再结合初读数记忆法，可实现一键调零。与初读数记忆式调零相比，电路较为复杂，但调零范围可做得较大，且可以充分使用A/D转换器的有效分辨率。这种调零方法可用于动态应变仪。由于这两种方法均不改变桥臂电阻值，故不会影响电桥的输出灵敏度。

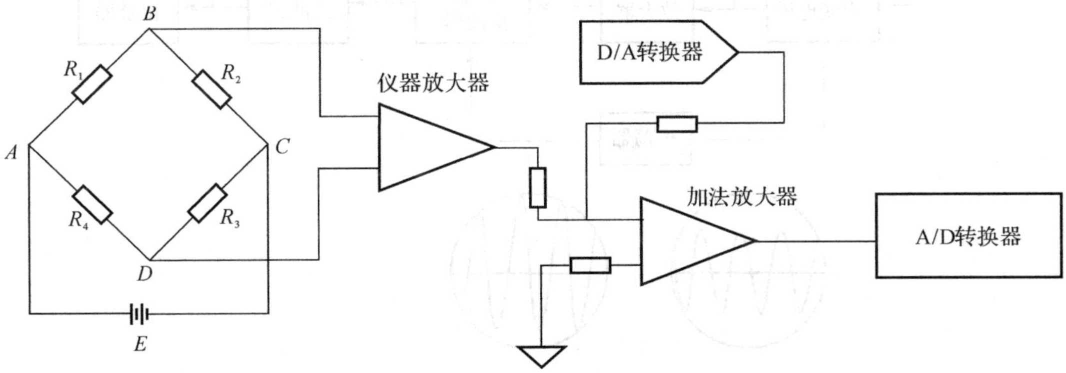

图4-47　数字式应变仪的D/A转换器补偿式平衡调整方法

四、动态电阻应变仪

动态电阻应变仪测量随时间变化的应变，使用频率在1 000～5 000 Hz。由于必须把应变的动态过程记录下来再做分析，所以动态电阻应变仪是与记录仪器配套使用的。早期的动态电阻应变仪其实是一个带供桥信号的仪器放大器，对桥源电压的稳定性、放大器的直线性、增益的稳定性均要求较高。由于输出信号需连续变化，显然，欲进行多点动态测量，不能用轮换接入的办法。因此动态应变仪均设计成多路的，每路可接入一个测点。各路输出的测量结果一般送入同一个记录仪器。与动态应变仪配合使用的记录仪器通常有通用示波器、光线示波器、磁带记录仪、笔式记录仪、数据采集系统等。

随着电子技术的发展，早期的交流供桥交流放大式动态电阻应变仪已普遍被直流供桥直流放大的动态应变仪所替代，其结构形式也有了很大的变化。常见的有多通道小体积动态电阻应变仪和数字输出型动态电阻应变仪。

1. 交流供桥动态电阻应变仪

为解决放大器本身的零漂问题，早期的动态应变仪普遍采用交流供桥、交流放大。它由应变电桥、放大器、相敏检波器、低通滤波器和振荡器等部分组成。为了对这种应变仪各部分功能有更清晰的了解，图4-48画出了电压信号在各环节间传输时的波形变化。由于要做到高稳定度的交流供桥比较困难;交流供桥时对线间电容敏感,抗干扰能力差;交流放大器输出信号需经相敏检波后再低通滤波,信号噪声大;供桥电流的交流振荡频率通常不高于 4 kHz,因而被测信号的频率不能太大,考虑到低通滤波时的信号衰减,其基波频率不应大于 100 Hz,因此不适宜测量冲击信号。随着直流放大器零漂问题的解决,这种交流供桥、交流放大方式的动态应变仪将逐渐退出使用。

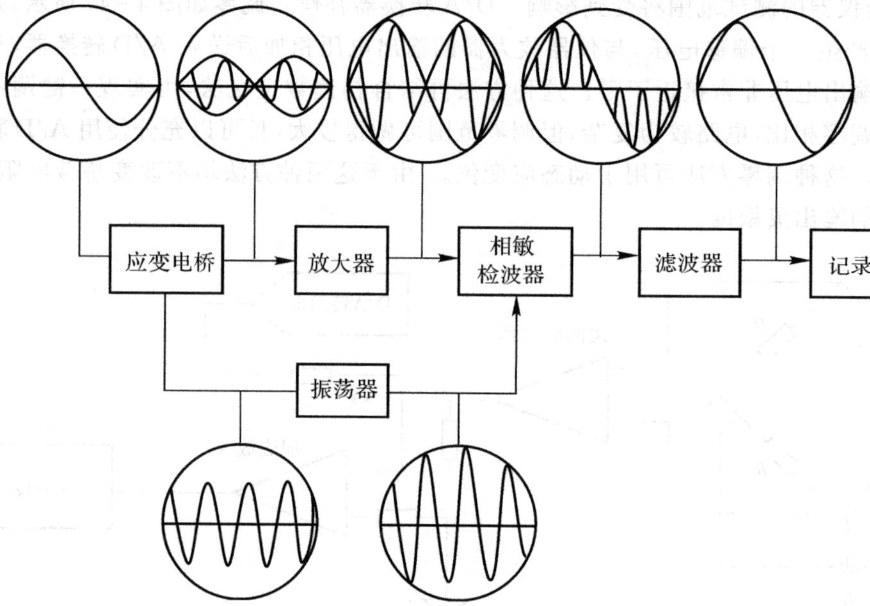

图 4-48　交流供桥动态应变仪的各部分波形

2. 直流供桥动态电阻应变仪

直流供桥、直流放大方式的动态电阻应变仪包括应变电桥、直流放大器、示值电路和电源等部分。图 4-49 为直流供桥动态电阻应变仪框图。这种应变仪的核心是直流放大器。

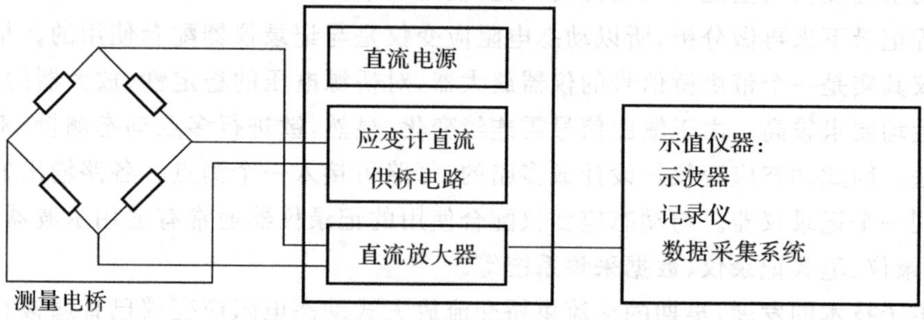

图 4-49　直流放大动态应变仪框图

随着电子技术的发展,低漂移的直流放大器已经得到了广泛的应用。单个的低漂移运算放大器(如 OP-07)的性能已经能达到普通交流放大器的性能指标。为了提高放大器的性能,经常使用 3 个低漂移的运算放大器组成 1 个简易型仪用放大器,这种仪用放大器在性能上则已远远超过交流放大器。20 世纪末,美国的模拟器件公司(AD 公司)即已开发了性能优越的专用仪器放大器，不仅零点漂移较小，而且具有优越的动态性能。针对不同的用户需求，还提供了廉价型（AD620）及精密型（AD524、AD624）等不同型号。尽管仪用放大器的价格较昂贵，但对于精度要求较高的应变仪，通常可以承受。

五、电阻应变仪的预调平衡电路

由于应变计阻值不可能完全相同；测量导线长短可能有所差异；连接点的接触电阻难以保证一致；当桥源频率较高时，分布电容的作用显著等因素的存在，使电桥在进行测量前即已失去平衡，且不平衡度往往大于应变计变形所能引起的，从而使仪器无法正常工作（在不工作时放大器可能已饱和了）。所以必须采用相应的预调平衡装置。交流电桥平衡时应满足 $R_1R_3=R_2R_4$，$R_3C_2=R_4C_1$。为此，传统交流供桥动态应变仪（包括某些载频较高的静态应变仪）均设置了电阻平衡器和电容平衡器，如图 4-50 中的电位器 R_{B1} 和电阻 R_S，电位器 R_{B2} 和电容器 C_1。R_{B1} 与面板上的“电阻平衡”旋钮相对应，R_{B2} 与“电容平衡”旋钮相对应。

R_{B1} 接在电桥的 A、C 节点间，滑动点串一个大电阻（R_S）后接于电桥节点 D。调节 R_{B1}，即可改变桥臂 AD 和 DC 电阻的比例，使电阻平衡条件得到满足。这一装置的平衡范围取决于固定电阻 R_S 的值。因为在极端情况下，R_{B1} 的滑动点滑到一头，将 R_S 完全并联在某一桥臂上，使其阻值变化最大。设桥臂电阻均为 120 Ω，若要求预调平衡的范围为应变计阻值的 1%，即桥臂电阻应能变化1.2 Ω，则应有

$$\Delta R=R-\frac{RR_S}{R+R_S}=1.2\ \Omega$$

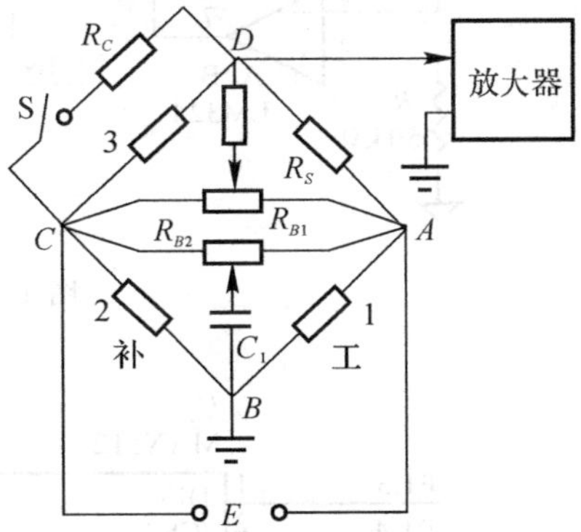

图 4-50 电桥电路

将 $R=120\ \Omega$ 代入，可解得 $R_S=11.65\ \text{k}\Omega$。

为了保证平稳调节，R_{B1} 采用多圈电位器。R_{B1} 始终并联在供桥电源的两端，因此不会造成桥压的波动。其阻值要适当，太大将使电阻平衡的调节速度过慢，太小又会过多消耗桥源功率。一般应变仪取 $R_{B1}=10\ \text{k}\Omega$。

由 $R_1R_3=R_2R_4$，$R_3C_2=R_4C_1$ 可知，电阻平衡和电容平衡的调节互有影响，因此，需交替调节才能使电阻、电容均达到平衡。

以上预调平衡电路简单，使用方便，但当调整范围较大时，会引起桥路输出灵敏度降低。所以该电路不适用于精度要求较高的应变仪。电流注入法可以很好地解决上述电路中的问题。以 OP-07 组成的三运放仪用放大器为例，电流注入法平衡调整电路如图 4-51 所示。+EX 及 -EX 为供桥驱动信号，A_4：A 组成一个简单电压跟随器，A_4：B 为一个反相放大器，主要目的是保持放大器的对称性。

只要仪器带微处理器，利用上述平衡调整电路容易实现自动预调平衡。只需用 1 片 D/A 转换芯片产生调零电压来代替图中的电位器 VR_1 即可。图 4-52 即为一实用的电路，图中 MAX512 可产生三路模拟信号，分辨率 12 位。+VREF 可取 1.5V，-VREF 可取 -1.5V，与 +VREF 对称。R_1、R_2 产生的分压可使 AZOUT 的电压在 ±0.5 V 之间。将 AZOUT 输出信号接到图 4-51 的第 4 脚即可。平衡调整时，通过微处理器使 MAX512 产生连续变化的信号，同时采样从放大器来的信号，当该信号接近零点时，记下初读数即可。微处理器与 MAX512 的通信

使用三线方式，灵活方便。事实上，很容易找到单片八通道的 D/A 转换芯片，以便用于动态应变仪的多路自动平衡调整。

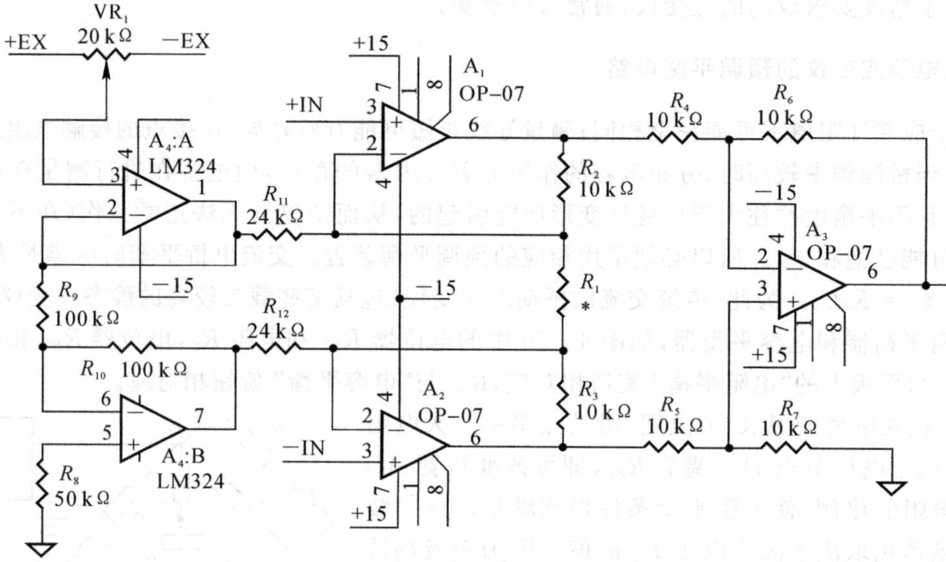

图 4-51　电流注入法平衡调整电路

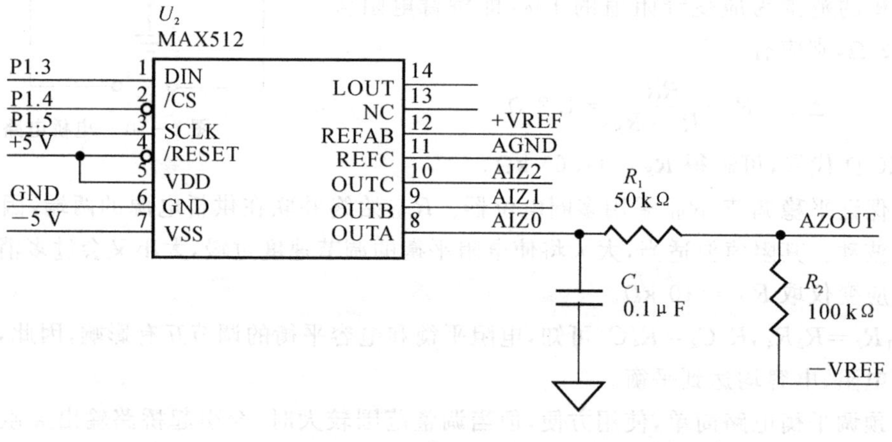

图 4-52　用 D/A 转换器产生电流注入法平衡调整电压

六、电阻应变仪的校准及灵敏系数补偿

大多数电阻应变仪在校准时，都在应变仪内半桥的桥臂上并联一个电阻来获得基准应变信号。图 4-50 中，开关 S 与电阻 R_C 串联后，并联在应变仪内半桥的某臂上，即成为这样的标定装置。不计应变计横向效应的影响，应变计的电阻变化率与被测应变的关系为

$$\frac{\Delta R}{R}=K\varepsilon$$

闭合开关 S，引起的阻值变化为

$$\Delta R = R - \frac{R_C R}{R_C + R} = \frac{R^2}{R_C + R}$$

故

$$R_C = \frac{R}{K\varepsilon}(1 - K\varepsilon) \tag{4-75}$$

如果应变仪是按配用 $K=2$、$R=120\ \Omega$ 的应变计设计的，代入已知数可得仪器面板上注明标定应变为 $200\mu\varepsilon$ 的一挡，相应的 $R_C=300\ \mathrm{k\Omega}$。这样，当开关 S 闭合时，应变电桥将输出一个相当于 $200\ \mu\varepsilon$ 所造成的不平衡电压。在记录图形上得到的标高就代表 $200\ \mu\varepsilon$。

传统的灵敏系数补偿方法是调整电桥的供桥电压，但如果静态应变仪带有微处理器，则可以通过计算来修正应变计的灵敏系数，这样使用、调整都很方便。有的动态电阻应变仪，专设一提供标定信号的电桥，因此标定不受应变计阻值的影响。标定电桥也靠给某一臂并联电阻产生标定信号。应变电桥和标定电桥借助于转换开关可分别接入放大器的输入回路，因此在测量过程中能随时标定。通常，动态应变仪不作灵敏系数调整，实际使用时再通过换算修正。此外，利用标准应变模拟仪也可以很方便地对静、动态电阻应变仪各项技术指标进行校准，以便确定应变仪的测量精度和工作特性。

七、电阻应变仪的技术指标

电阻应变仪的选用主要是依据它的技术指标。下面以动态应变仪为对象，对其主要的技术指标进行说明，并且随时加进对静态应变仪特有指标的说明。

1. 测量通道

这是指仪器有几条通道，亦即可以同时测几个点上的应变。自然，通道越多适用性越强，但也导致仪器体积和质量过大。仪器可多台并用时，由于仪器的载频不完全相同，可能互相干扰。为此，有的仪器设有振荡频率的同步装置，以供和载频相近的仪器并用。

2. 测量范围

这是指可测应变量的范围，一般以 $\mu\varepsilon$ 为单位。设计应变仪时，这个范围的给定，考虑了工程中常遇到的最大应变量。动态应变仪在放大器前级加有衰减网络，使以后各级的动态工作被控制在一定的范围，从而使可测应变范围得到扩展。

静态应变仪由于用读数桥的输出电压去抵消应变电桥的输出电压，这样双电桥后面的通道经常工作在小信号状态，因此可测的应变范围就比动态应变仪大。

3. 工作频率范围

若应变计感受正弦应变，则工作频率范围是指此应变的频率应不超过某值。此值取决于载频的大小。

4. 频率响应误差

所谓频率响应是指测量仪器输出量的振幅和相位与输入量振幅和相位之间的关系随输入量频率的变化，分别称为振幅频率响应特性（简称幅频特性）和相位频率响应特性（相频特性）。频率响应误差小，是指上述关系几乎不随输入量的频率而变化。由于大部分仪器幅频和相频特性不造成失真的容许频率范围是差不多重合的，因此，分析频响误差不超过容许值的频率范围时，往往仅指幅频特性而言。亦即，使应变仪测量一个幅值恒定的应变，仅改变应变的频率时，应变仪输出电流的变化情况。

5. 灵敏系数

这是指该仪器按配用某灵敏系数值的应变计设计。

静态应变仪都设有调节灵敏系数的装置，以与不同灵敏系数的应变计配合，读出的应变数不必另行修改。当然，这种调节有一定范围，若使用灵敏系数超出此范围的应变计，则可用以下方法修正应变读数。对于动态应变仪，因为并非直接读数，所以如能在仪器之外另有随时与所用应变计相应的应变标定装置，则应变计的 K 值并不重要。但为了方便，应变仪本身都设有标定装置，而这一装置是按某一 K 值设计的。因此，使用其他 K 值的应变计，就必须对应变读数进行修正。若 ε 为真实应变，而 ε_h 为按仪器标定装置提供的应变标高在示波图上测取的应变，则

$$\frac{\Delta R}{R}=K\varepsilon=K_{仪}\ \varepsilon_h$$

故有

$$\varepsilon=\frac{K_{仪}}{K}\varepsilon_h$$

其中 $K_{仪}$ 为仪器设计值，K 为所用应变计的灵敏系数。

6. 应变计的阻值

这是指应变仪应使用指定阻值的应变计。当应变计阻值为其他值时，振荡器的输出电压因负载电阻不同而有所改变，桥压的变化影响电桥输出电压。另外，功率电桥输出电压与应变计阻值直接相关，为此，在使用不同阻值的应变计时，电桥的灵敏度要有些变化。必要时也要对应变读数进行修正。一般仪器说明书中给出一条由实验测定的修正曲线，可备查用。

7. 零漂

这是衡量仪器静态稳定性的指标。这里的静态，是指放大器无信号输入的状态。开启仪器，观察其稳定性，仪器平衡指示器可能随时间有缓慢偏转，即仪器有少量输出的现象，谓之零漂。

表 4-4 和表 4-5 分别给出了目前部分国产静、动态电阻应变仪的主要性能指标。

表 4-4 国产静态数字电阻应变仪的性能指标

型号	YJ-25	YJ-25	YJ-22	YJD-27	BZ2206	YJK4500	XL2101B3+
名称	静态电阻应变仪	静态电阻应变仪	静态应变测量处理仪	静动态电阻应变仪	静态电阻应变仪	静态电阻应变仪	静态电阻应变仪
量程/$\mu\varepsilon$	±19 999	±19 999	±19 999	±1 799.5 ±1 800～19 999	±19 999	±19 999	±10 000
分辨率	1	1	1	0.5	1	1	1
基本误差	±0.2%+1 字	±0.1%+1 字	±0.1%+2 字	±0.1%+1 字	±0.1%+2 字	±0.2%+1 字	±0.2%±3 字
供桥电压	2V 方波 1kHz	2V D.C	12V D.C	1.2V D.C	2V D.C	2.5～33V D.C	2V D.C
应变计电阻/Ω	60～1 000	60～1 000	60～1 000	60～1 000	60～1 000	120	60～1 000
标定误差	±0.2%	±0.1%					
零漂	$\pm3\mu\varepsilon(4h)^{-1}$	$\pm5\mu\varepsilon(4h)^{-1}$	$\pm5\mu\varepsilon(4h)^{-1}$	$\pm3\mu\varepsilon(4h)^{-1}$	$\pm2\mu\varepsilon(4h)^{-1}$	$\pm2\mu\varepsilon(4h)^{-1}$	$\pm3\mu\varepsilon(4h)^{-1}$
灵敏度变化	$\pm0.1\%(4h)^{-1}$	$\pm0.1\%(h)^{-1}$	±0.1% ±2 字$/h^{-1}$	±0.1% $\pm1\mu\varepsilon(4h)^{-1}$	±0.1% ±2 字$/h^{-1}$	$\pm0.2\%(4h)^{-1}$	

续 表

型号	YJ-25	YJ-25	YJ-22	YJD-27	BZ2206	YJK4500	XL2101B3+
灵敏系数	1.80～2.60	1.80～2.60	2.00	2.00 可调	1.80～2.60	1.80～2.60	1.00～3.00
电阻平衡范围	±2 500μs	≥0.5%		可接打印机、计算机	±5 000μs		±5 000μs
电容平衡范围	3 000 pF						
多点测量	配 P20R-25 20 点/箱	配 P20R-18 10 点/箱	配 YZ-22 20 点/箱	配 YZ-22 20 点/箱	主机 10 点	P-12配平衡箱 12 点/个	主机 16 点
用途特点	一般实验室和现场应用	特适用于野外无电地区(用干电池)	可接打印机、计算机	静、动态频响 DC～1 500Hz,误差±0.5dB,线性误差±0.1%,范围误差±5V(2kΩ)、±50mA(120Ω)	一般实验室和现场应用	用镍镉电池密封,安全型	一般实验室和现场应用

表 4-5　国产动态数字电阻应变仪的性能指标

名称	动态电阻应变仪	动态电阻应变仪	动态电阻应变仪	动态电阻应变仪	动态电阻应变仪	超动态电阻应变仪	动态电阻应变仪	动态电阻应变仪
测量通道	6	8	2,4,6,8	2,4,6	4,6	6	2,4,6,8	6
桥压载频	1,2,3V 5 kHz	2V 50kHz	3V 10kHz	2V 10kHz	2V D.C	8V D.C	2,4,6,8V	2,4V
工作频率/Hz	0～500	0～5k 0～10k	0～1.5k	0～1.5k		0～200k		
测量范围/$\mu\varepsilon$	±6 400	±10 000	±10 000	±20 000	±100 000	±10 000	±10 000	
基本误差	标定±1%	±1%			<±5%			±5%
灵敏系数	2.00	2.00	2.00	2.00	2.00	2.00	2.00	2.00
应变计电阻/Ω	120	120 100～600	120 100～600	120 设计 100～600	120 60～1 000	120 100～600	120 600～1 000	120～1 000
电阻平衡范围/Ω	±0.6	±0.3%	±0.6%	±0.6%	±1%	±1%	±1%	±1%
电容平衡范围/pF	±2 000	300	±2 000	±2 000				
零点漂移	±5$\mu\varepsilon$ $(4h)^{-1}$	±5$\mu\varepsilon$ $(0.5h)^{-1}$	±5$\mu\varepsilon$ $(2h)^{-1}$	±2% $(2h)^{-1}$	±0.5% $(2h)^{-1}$	±1$\mu\varepsilon$ $(4h)^{-1}$		±1μV/℃\ 0.5FS$(4h)^{-1}$

续 表

名称	动态电阻应变仪	动态电阻应变仪	动态电阻应变仪	动态电阻应变仪	动态电阻应变仪	超动态电阻应变仪	动态电阻应变仪	动态电阻应变仪
灵敏度变化	±1% $(0.5h)^{-1}$	±2με $(0.5h)^{-1}$	±1με $(0.5h)^{-1}$	±1% $(2h)^{-1}$	±1% $(2h)^{-1}$	±0.5dB/10 min		±1% $(4h)^{-1}$
分辨率或灵敏度	0.1mA (20Ω)	0.1mA(με)	0.01mA (50Ω) 10mV (1kΩ)	50mA (200με) 5V (200με)	0.5V(100με)			500mV (100με)
线性误差		20(15Ω)		±5V(5kΩ) 50mA ±0.5%	±0.1%		±0.1%	±0.1%
频响误差		2dB 5kHz	±6dB	0～1.5kHz ±6dB	DC～2kHz ±0.5dB	±0.5dB	DC～50kHz ±0.5dB	DC～20kHz ±0.5dB

第四节　记录仪器

应变仪将待测应变的变化规律转换成电压或电流信号的变化后，需要记录下来以便进行分析。这个工作需要通过记录仪器来完成，它是一种独立于测量仪器之外的通用设备。动态应变必须有记录仪器的配合，得到各点应变随时间的变化过程，以供分析。早期的记录仪器有通用示波器、笔试记录仪、光线示波器、磁带记录仪等。随着电子技术和计算机技术的飞速发展，计算机数据采集系统的功能及性能有了很大的提高，成为发展的主流和趋势，逐渐取代了早期的记录仪器。

一、示波器

示波器是早期常用的显示观察仪器，如果利用示波器的记忆功能或对示波器波形照相，则又是一种快速的 x-y 函数记录仪器。在一般情况下，y 轴的输入端接入被测振动的电压信号，使光点随信号电压的升降而上下移动；x 轴的输入端接内部产生的锯齿波电压，光点均匀地从左到右扫描，因而其水平位置表示时间。若 x 轴的输入端接另一被测信号，则光点的轨迹为两被测信号的函数关系曲线。目前的数字存储示波器不但具有普通示波器的功能，而且由于数字电路本身的优点以及微处理机技术的加入，使其功能用途大为扩展。利用数字存储示波器能够捕捉各种复杂的瞬态信号，并且能够将捕捉到的波形永久地（在不断电的条件下）存储在示波器中，还可以将示波器与计算机联机，通过计算机记录应变波形。

二、笔式记录仪

x-y 函数记录仪是以前最常用的通用笔式记录仪。其 x、y 轴各由一套独立的随动系统驱动，使记录笔能在幅面宽大的记录纸上精确记录函数曲线。在加载速率比较缓慢的力学性能实验中是测量和记录负荷-变形曲线的理想设备。也有一些笔式记录仪多达八笔。

图 4-53 为 $x-y$ 函数记录仪的驱动原理。随动系统由输入端、平衡电桥、衰减器、放大器和伺服电机组成。输入电压 ΔU 经过适当衰减，调整到合适的灵敏度，与平衡电桥输出电压合成 ΔE，经放大器推动电机转动。它拖动滑线电阻 R_3 和 R_4 变化，使得平衡电桥输出电压改变，直至合成电压 $\Delta E=0$ 时停止。在这个调节过程中，与滑线触头同步的记录笔随之而动，它记录了输入电压 ΔU 变化的全部过程。如果 $\Delta E=0$ 时手动调节电位器，改变 R_1 和 R_4，也会迫使电机拖动记录笔移动，改变 R_3 和 R_4，使得 $\Delta E=0$，这就是记录仪上手动调节记录笔位置的工作原理。

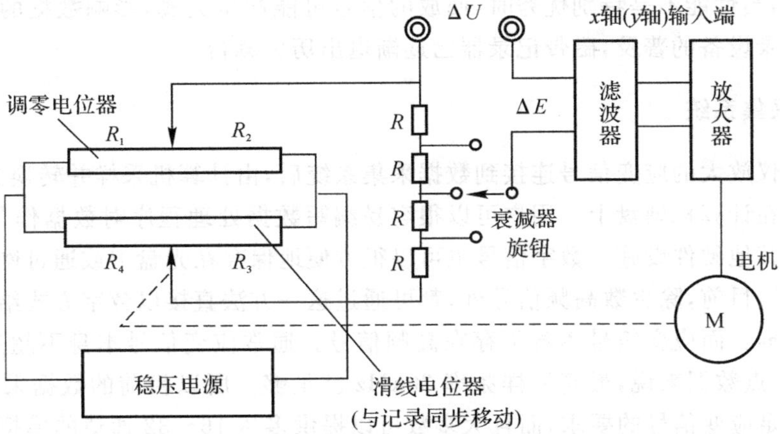

图 4-53　记录仪记录笔驱动原理

三、光线示波器

光线示波器也是以前常用的波形记录仪器。它采用照相原理记录波形信号。由于采用了快速显影技术，仪器使用起来比较方便。由于振动子的惯性较机械式记录仪器小，因此工作频率相对较高，可记录高达 500 Hz 的信号。光线示波器的主要缺点是它的使用成本相对较高，感光记录纸价格较贵，且使用前后均不便长期保存，记录多线信号后，数据整理比较麻烦，目前已很少使用。

四、磁带记录器

笔式记录器和光线示波器分别靠记录笔的摆动或小镜的偏转来模拟被记信号的变化，以墨迹、电火花烧灼或光线感光等方式在记录带上做出可见的记录。从原理来看，它们都属于检流计式记录器。磁带记录器则采用磁记录技术，它的记录介质是磁性材料。在一种坚韧的、尺寸稳定很好的薄塑料带基上，涂上磁性材料(通常是把一种氧化铁(Fe_2O_3)粉末——颗粒线度小于 $1\mu m$，与合成树脂黏结剂混合后粘到带基某一面)制成磁带。让磁带以及稳定的速度从供带盘卷向收带盘。磁带的涂磁面紧贴着一个记录磁头擦过。记录磁头由两组片状铁芯拼成环状，对接处加入非磁性隔离材料形成前、后间隙(后间隙仅是由于制作工艺困难而必须有的)，间隙宽度仅十几个微米或更小。在两组铁芯上均绕有线圈，当被记信号电流从线圈通过时，在铁芯内形成磁通，并在间隙处出现离开铁芯的漏泄，漏泄磁通穿透磁带的磁性材料涂层，将磁性颗粒单元磁化。当该单元离开间隙时，就把一个剩余磁感应图像留在磁带上。这样，输入信号随时间的变化就被转换为沿磁带长度的剩余磁感应强度的变化而记录下来。如果把这条磁带再从头以恒速擦过一个再现磁头(构造与记录磁头相同，只是间隙更小)，磁带上的磁场将在铁芯中形成磁通，磁通的变化使线圈感生电势，经放大后就能得到再现输入信号的电信号。

调频记录再现时，从磁带上取下的调频方波信号先送入解调器解调，再经过低通滤波，即可得到再现的信号。调频式磁带记录器的线路比较复杂，因而价格昂贵。这种记录器可用于记录自直流到 20kHz 的精确过程，但是不适合记录 20Hz 以下的低频信号。磁带记录器记录的是模拟信号，当性能不是特别优秀时，回放的信号可能产生失真，影响数据的真实性。因此随着数字式记录设备的普及，磁带记录器已逐渐退出历史舞台。

五、数据采集系统

经过应变仪放大的应变信号连接到数据采集系统后，由计算机采样并转换为数字信号，以数字方式存储在计算机硬盘上。用户可以很容易编写数据处理程序对数据作各种各样处理，而不必再动用其他硬件设施。数字信号也可以很方便地保存在光盘上或通过网络给其他研究人员共享信息。目前，除少数高频信号外，都可通过这一方法直接以数字方式给人们提供计算或数据处理依据。而应变信号本身不存在高频信号。通常应变信号本身不超过 1 000Hz，以每周期采样 30 点数据来说，最高采样频率 30kHz 已足够。所以目前的数据采集系统的速度以绝对可以满足应变信号的要求，而且大多数可以提供多达 16～32 通道的模拟输入通道。

第五节　静态应变测量

通过前面的介绍，我们已经弄清了电测法的基本原理，本节介绍静态应变计测量的一般步骤和若干影响测量精确度的因素。这些因素包括仪器性能、应变计、测量环境以及线路等各方面。

一、测量的步骤

静态应变测量的一般步骤如下。

1. 明确测量目的

根据测试要求的不同，静态应变测量的目的通常为获得构件的应力应变分布规律；检验构件的强度问题；考察构件局部位置的应力集中程度；了解构件所受的载荷状况等。进行实验前首先要明确本次实验的目的，才能开始后续测试工作。不同的测量目的决定了静态测量的内容和实施步骤。

2. 确定布片方案

测量目的决定了测点位置的选择。如为获得构件上的应力分布资料，就需要在构件表面沿某一方向相继贴若干应变计，在估计应力变化比较剧烈的地方贴片应适当加密。如为检验构件的强度储备，则需要根据构件承载的理论分析结果，选择应力可能为最大的几个点进行布片测量。如为考察构件截面突变处的应力集中问题，则测点要在局部地方密集连续布置。如为了解某一构件所受的载荷情况，则要沿构件某一截面的四周贴片。在测点位置疑虑不定时，可借鉴类似构件的计算或实验资料，或参考其他实验方法的测量结果作为选择测点的依据。

确定布片方案时，要考虑测点的应力状态、构件的受载情况和温度补偿的原则。通常，单向应力状态测点只需贴1个工作片；主应力方向已知的平面应力状态测点需贴互相垂直的两个工作片；主应力方向未知时，则需在一点贴3个工作片，或采用应变花；当构件受拉、弯、扭的不同载荷时，要根据测试要求来决定应变计的接桥方法，以便在测量结果中消除不需要的载荷影响。在温度沿构件表面变化不大的测试中，可以考虑将测点按位置分组，同一组的工作片共用一个贴在附近的温度补偿片。

测点位置和布片方案决定后，应制订相应的实验方案文件。

3. 选择应变计和测量仪器

应变计的种类和型式应根据用途和测试要求来选择。应变计的栅长要根据被测构件的几何尺寸、材质的粗细（例如混凝土或金属）和应力梯度的大小来选择。对选定的应变计要检查其电阻值，并按阻值分组使用（同一桥路中各应变计阻值相差不超过±0.2Ω）。

应变仪的选择，要考虑测量精度要求、测点数目和测量的速度。对于测点数不多的静态应力测量，可采用手动平衡的静态电阻应变仪；对于测点数较多（如数十到上千点）或者应力状态变化较快的情况，应采用自动记录的数字式应变仪或其他数据采集、处理系统。在野外测量时还要注意便携性和电源问题。选好应变计和应变仪后，还应该对其特性进行检测，做到对这些工具的误差范围有确切的数据。

4. 贴片、布线、线路检查和防护

应变计粘贴的好坏在相当大的程度上影响着测量精度和正确性。要根据应变计基底的要求选用合适的黏结剂，严格按规定的工艺操作和固化。要仔细观察在基底下有无气泡和粘贴方位是否正确，对不合要求的应变计必须铲除重贴。

测量导线的布置，要考虑导线的电阻、温度变化和分布电容等可能造成的影响，力求做到同一桥路的应变计取等长的导线并沿途固定在一起。要注意避开电磁场的干扰，必要时采取屏蔽措施。

在测量导线和应变计焊接后，要从测量导线接应变仪的一端，检验应变计电阻和对金属构件的绝缘电阻，同时核对测量导线的编号与应变仪粘贴位置是否相符。以上工作完成后，要根据需要对应变计进行机械防护和防潮处理。

5. 调试应变仪和加载测量

将全部测量导线与应变仪接好后，对所有测点进行预调平衡（调零），失衡严重时可采取并联固定电阻的应急措施。摇动测量导线，看应变仪电表指针有无明显的晃动，以判断测量导线及接线头有无问题。再逐点试调平衡时，可用手摸相应的应变计，以手指的温度使应变计受热，应变仪指针就有反应，以此进一步检查编号与粘贴位置有无错误，并可观察应变计反应的正负方向是否正确（手摸应变计，有正应变反应）。在一切准备工作确认无误后，在可能情况下应进行预加载3次（最好超载5%～10%），然后正式加载并记录测量读数。

6. 分析测量数据，完成实验报告

在多次重复加载的情况下，测试数据应有较好的重复性，数据随载荷的变化有明显的规律性。在重复性和规律性有疑问时，要检查和改进实验的各个环节（包括加载是否正确在内）。要确认数据可靠后，测试才可结束。完成测试后，对已采集的应变数据进行分析，给出相应结论，并对测量结果作出精度评价。实验报告应该包括必要的数据、计算依据与计算结果、精度评价和实验结论等。

二、贴片方位和应变应力换算

待测构件上测点的选择及电阻应变计在测点上的粘贴方位是正确进行应变测量的关键环节。贴片方位一般由待测点的应力状态而定。下面针对几种不同的平面应力状态，说明如何选取测点位置及其贴片方位。

若待测点处于单向应力状态，只要沿主应力方向贴一个工作片就够了。如果待测点在构件的棱边，例如图4-54中的A点，无论其他处的应力状态多么复杂，这类测点永远处于主方向平行于棱边的单向应力状态，可以在测试中注意利用。测得主应变后，测点的应力由单向应力状态的胡克定律决定：

$$\sigma = E\varepsilon$$

大多数情况下(高压液下例外)，应变计总是贴在没有外力作用的构件表面上，在这种表面上的点，如图4-54中的B点，处于平面应力状态，其应力-应变的关系为

$$\left.\begin{aligned} \sigma_x &= \frac{E}{1-\mu^2}(\varepsilon_x + \mu\varepsilon_y) \\ \sigma_y &= \frac{E}{1-\mu^2}(\varepsilon_y + \mu\varepsilon_x) \\ \tau_{xy} &= G\gamma_{xy} \end{aligned}\right\} \tag{4-76}$$

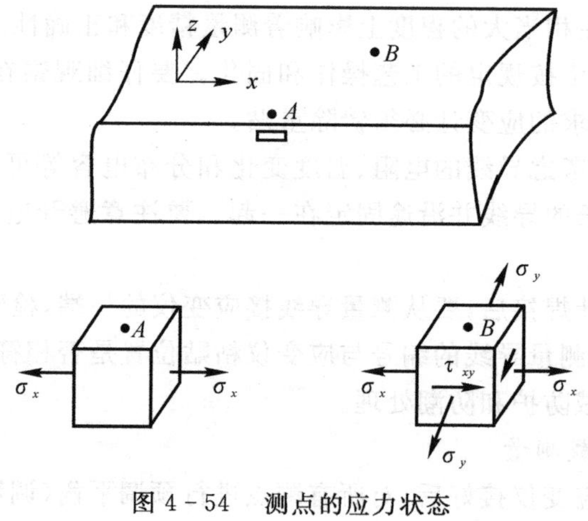

图4-54　测点的应力状态

如果主应力方向可以确定，则可令上式中

$$\left\{\begin{aligned} \varepsilon_x &= \varepsilon_1 \\ \varepsilon_y &= \varepsilon_2 \\ \gamma_{xy} &= 0 \end{aligned}\right.$$

得到

$$\left.\begin{aligned} \sigma_1 &= \frac{E}{1-\mu^2}(\varepsilon_1 + \mu\varepsilon_2) \\ \sigma_2 &= \frac{E}{1-\mu^2}(\varepsilon_2 + \mu\varepsilon_1) \end{aligned}\right\} \tag{4-77}$$

由式(4－77)可见，处于平面应力状态的测点，当主应力方向能够确定时，采用两个工作片，沿两个主应力方向粘贴，即可获得两个方向的主应变 ε_1、ε_2，据此可以计算得到该测点的主应力。

对于形状和受力比较复杂的构件，待测点的主应力方向往往无法预先判定。此时，需要有3个相互独立的测量数据才能确定该点的应力状态，也就是要在该点上沿不同方向贴3个工作片才行。如图4－55所示，B 点处于主方向未知的平面应力状态，设沿任意3个方向 θ_1、θ_2 和 θ_3 贴3个工作片，则根据材料力学理论可知，平面应力状态任意方向的线应变可表示为

$$\left.\begin{aligned}\varepsilon_{\theta1}&=\frac{1}{2}(\varepsilon_x+\varepsilon_y)+\frac{1}{2}(\varepsilon_x-\varepsilon_y)\cos2\theta_1-\frac{1}{2}\gamma_{xy}\sin2\theta_1\\\varepsilon_{\theta2}&=\frac{1}{2}(\varepsilon_x+\varepsilon_y)+\frac{1}{2}(\varepsilon_x-\varepsilon_y)\cos2\theta_2-\frac{1}{2}\gamma_{xy}\sin2\theta_2\\\varepsilon_{\theta3}&=\frac{1}{2}(\varepsilon_x+\varepsilon_y)+\frac{1}{2}(\varepsilon_x-\varepsilon_y)\cos2\theta_3-\frac{1}{2}\gamma_{xy}\sin2\theta_3\end{aligned}\right\}\tag{4-78}$$

分别测出3个方向的应变 $\varepsilon_{\theta1}$、$\varepsilon_{\theta2}$、$\varepsilon_{\theta3}$，即可解出3个未知量 ε_x、ε_y、γ_{xy}，再由 ε_x、ε_y、γ_{xy} 可求出主应变 ε_1、ε_2 和主方向与 x 轴的夹角 φ：

$$\left.\begin{aligned}\varepsilon_{1,2}&=\frac{\varepsilon_x+\varepsilon_y}{2}\pm\frac{1}{2}\sqrt{(\varepsilon_x-\varepsilon_y)^2+\gamma_{xy}^2}\\\varphi&=\frac{1}{2}\tan^{-1}\frac{\gamma_{xy}}{\varepsilon_x-\varepsilon_y}\end{aligned}\right\}\tag{4-79}$$

将主应变 ε_1、ε_2 代入式(4－77)，即可求得主应力。

可见，3个应变计之间的夹角理论行可以任意设定。但实际上，为了简化计算，3个应变计与 x 轴的夹角 θ_1、θ_2 和 θ_3 总是选择为特殊角，例如0°、45°和90°角，或0°、60°和120°角，并且将几个敏感栅制作在同一基底上，这就是前面介绍的应变花。

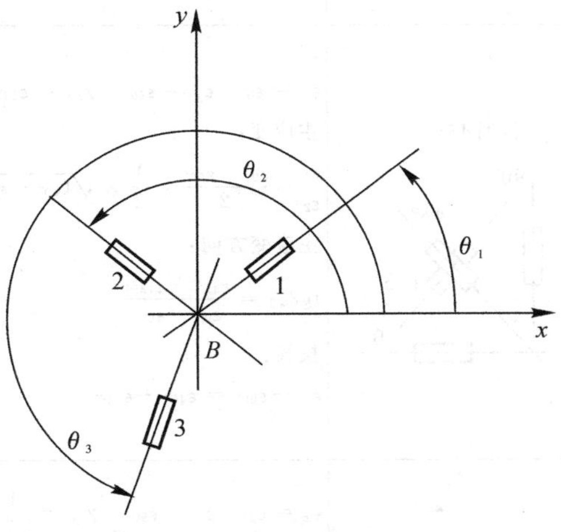

图4－55　主方向未知时的贴片

应变花的结构形式有多种。在主应力方向大致知道的情况，首选采用3片45°应变花。将互相垂直的两片电阻应变计沿估计的主应力方向粘贴。因为在0°和90°两个方向附近，应变的大小对于角度的微小变化不敏感；而在45°方向附近，应变的大小对于角度的微小变化比较敏感。

对于测量前无法估计主应力方向的测点，应该选用3片60°应变花进行测量。因为3片60°应变花在3个测量方向均匀分布，使得由角度误差而产生的测量结果误差不会太大。

4片60°应变花能给出4个应变读数，其4个测量读数之间有如下关系：

$$\varepsilon_{\theta4}=\frac{2}{3}(\varepsilon_{\theta2}+\varepsilon_{\theta3})-\frac{1}{3}\varepsilon_{\theta1}$$

这一多余应变读数可用来校验其他3个读数的准确性。

表4－6给出了几种应变花的结构形式及其应力应变计算公式。

表 4 - 6　应变花的结构形式及应力应变计算公式

应变花	应变计算式	应力计算式
三片45° 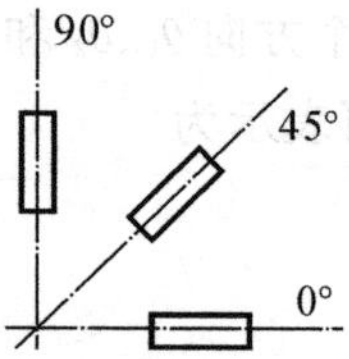	$\varepsilon_x=\varepsilon_{0^\circ}\quad \varepsilon_y=\varepsilon_{90^\circ}$ $\gamma_{xy}=(\varepsilon_{0^\circ}-\varepsilon_{45^\circ})-(\varepsilon_{45^\circ}-\varepsilon_{90^\circ})$ **主应变：** $\begin{matrix}\varepsilon_1\\\varepsilon_2\end{matrix}=\frac{\varepsilon_{0^\circ}+\varepsilon_{90^\circ}}{2}\pm\frac{1}{\sqrt{2}}\sqrt{(\varepsilon_{0^\circ}-\varepsilon_{45^\circ})^2+(\varepsilon_{45^\circ}+\varepsilon_{90^\circ})^2}$ **主应变方向：** $\mathrm{tg}2\alpha_0=\frac{(\varepsilon_{45^\circ}-\varepsilon_{90^\circ})-(\varepsilon_{0^\circ}-\varepsilon_{45^\circ})}{(\varepsilon_{45^\circ}-\varepsilon_{90^\circ})+(\varepsilon_{0^\circ}-\varepsilon_{45^\circ})}$	**主应力：**$\begin{matrix}\sigma_1\\\sigma_2\end{matrix}=\frac{E}{1-\mu^2}\Big[\frac{1+\mu}{2}(\varepsilon_{0^\circ}+\varepsilon_{90^\circ})\pm$ $\frac{1-\mu}{\sqrt{2}}\sqrt{(\varepsilon_{0^\circ}-\varepsilon_{45^\circ})^2+(\varepsilon_{45^\circ}-\varepsilon_{90^\circ})^2}\Big]$
三片60° 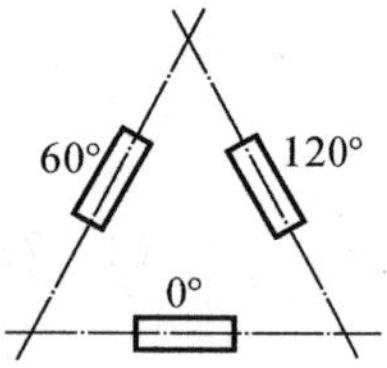	$\varepsilon_x=\varepsilon_{0^\circ}\ \varepsilon_y=\frac{1}{3}[2(\varepsilon_{60^\circ}+\varepsilon_{120^\circ})-\varepsilon_{0^\circ}]$ $\gamma_{xy}=\frac{2}{\sqrt{3}}(\varepsilon_{120^\circ}-\varepsilon_{60^\circ})$ **主应变：**$\begin{matrix}\varepsilon_1\\\varepsilon_2\end{matrix}=\frac{\varepsilon_{0^\circ}+\varepsilon_{60^\circ}+\varepsilon_{120^\circ}}{3}\pm\frac{\sqrt{2}}{3}\times$ $\sqrt{(\varepsilon_{0^\circ}-\varepsilon_{60^\circ})^2+(\varepsilon_{60^\circ}-\varepsilon_{120^\circ})^2+(\varepsilon_{120^\circ}-\varepsilon_{0^\circ})^2}$ **主应变方向：** $\mathrm{tg}2\alpha_0=\sqrt{3}\,\frac{(\varepsilon_{0^\circ}-\varepsilon_{120^\circ})-(\varepsilon_{0^\circ}-\varepsilon_{60^\circ})}{(\varepsilon_{0^\circ}-\varepsilon_{120^\circ})+(\varepsilon_{0^\circ}-\varepsilon_{60^\circ})}$	**主应力：** $\begin{matrix}\sigma_1\\\sigma_2\end{matrix}=\frac{E}{1-\mu^2}\Big[\frac{1+\mu}{3}(\varepsilon_{0^\circ}+\varepsilon_{90^\circ}+\varepsilon_{120^\circ})\pm$ $\frac{\sqrt{2}(1-\mu)}{3}\times$ $\sqrt{(\varepsilon_{0^\circ}-\varepsilon_{60^\circ})^2+(\varepsilon_{60^\circ}-\varepsilon_{120^\circ})^2+(\varepsilon_{120^\circ}-\varepsilon_{0^\circ})^2}\Big]$
四片45° 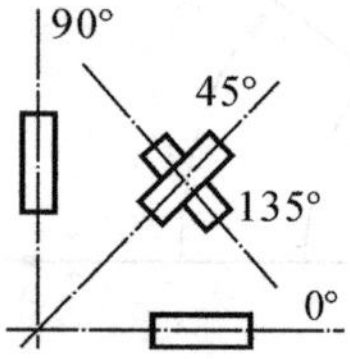	$\varepsilon_x=\varepsilon_{0^\circ}\quad \varepsilon_y=\varepsilon_{90^\circ}\quad \gamma_{xy}=\varepsilon_{135^\circ}-\varepsilon_{45^\circ}$ **主应变：** $\begin{matrix}\varepsilon_1\\\varepsilon_2\end{matrix}=\frac{\varepsilon_{0^\circ}+\varepsilon_{90^\circ}}{2}\pm\frac{1}{2}\times\sqrt{(\varepsilon_{0^\circ}-\varepsilon_{90^\circ})^2+(\varepsilon_{45^\circ}-\varepsilon_{135^\circ})^2}$ **主应变方向：** $\mathrm{tg}2\alpha_0=\frac{\varepsilon_{45^\circ}-\varepsilon_{135^\circ}}{\varepsilon_{0^\circ}-\varepsilon_{90^\circ}}$ **校核：** $\varepsilon_{0^\circ}+\varepsilon_{90^\circ}=\varepsilon_{45^\circ}+\varepsilon_{135^\circ}$	**主应力：** $\begin{matrix}\sigma_1\\\sigma_2\end{matrix}=\frac{E}{1-\mu^2}\Big[\frac{1+\mu}{2}(\varepsilon_{0^\circ}+\varepsilon_{90^\circ})\pm\frac{(1-\mu)}{2}\times$ $\sqrt{(\varepsilon_{0^\circ}-\varepsilon_{90^\circ})^2+(\varepsilon_{45^\circ}-\varepsilon_{135^\circ})^2}\Big]$
四片60° 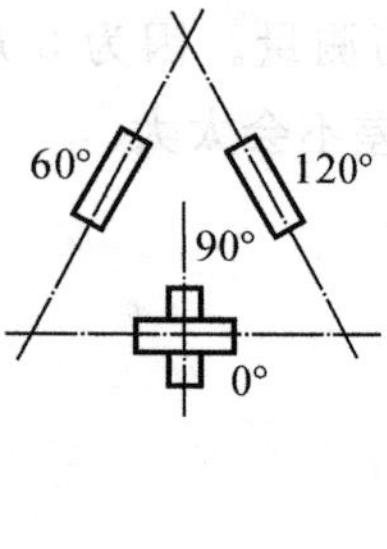	$\varepsilon_x=\varepsilon_{0^\circ}\quad \varepsilon_y=\varepsilon_{90^\circ}\quad \gamma_{xy}=\frac{4}{\sqrt{3}}(\varepsilon_{120^\circ}-\varepsilon_{60^\circ})$ **主应变：** $\begin{matrix}\varepsilon_1\\\varepsilon_2\end{matrix}=\frac{\varepsilon_{0^\circ}+\varepsilon_{90^\circ}}{2}\pm$ $\frac{1}{2}\sqrt{(\varepsilon_{0^\circ}-\varepsilon_{90^\circ})^2+\frac{4}{3}(\varepsilon_{60^\circ}-\varepsilon_{120^\circ})^2}$ **主应变方向：** $\mathrm{tg}^2\alpha_0=\frac{2}{\sqrt{3}}\frac{(\varepsilon_{60^\circ}-\varepsilon_{120^\circ})}{(\varepsilon_{0^\circ}-\varepsilon_{90^\circ})}$ **校核：** $\varepsilon_{0^\circ}+3\varepsilon_{90^\circ}=2(\varepsilon_{60^\circ}+\varepsilon_{120^\circ})$	**主应力：** $\begin{matrix}\sigma_1\\\sigma_2\end{matrix}=\frac{E}{1-\mu^2}\Big[\frac{1+\mu}{2}(\varepsilon_{0^\circ}+\varepsilon_{90^\circ})\pm\frac{(1-\mu)}{2}\times$ $\sqrt{(\varepsilon_{0^\circ}-\varepsilon_{90^\circ})^2+\frac{4}{3}(\varepsilon_{60^\circ}-\varepsilon_{120^\circ})^2}\Big]$

三、应变计栅长的选择

应变计是以其栅长范围内的平均应变来代替这一长度内某点的应变的，其误差取决于栅长的大小和应变沿构件表面的变化梯度。设应变计栅长为 L，现分析栅长 L 范围内的平均应变和其中一点（例如中点 M）应变之间的差别。如图 4－56 所示，设应变计栅长 L 范围内应变分布的规律可用一个多项式表示：

$$\varepsilon_x = c_0 + c_1 x + c_2 x^2 + c_3 x^3 + \cdots \tag{4-80}$$

当 $c_1, c_2, \cdots, =0$ 时，ε_x 呈均匀应变；当 $c_2, c_2, \cdots =0$ 时，ε_x 呈线性变化；类似推演，ε_x 可以是呈二次变化、三次变化等。如果用栅长 L 内的平均应变代替中点 M 的应变时，当待测点的应变呈均匀应变或者线性变化时，均不会引入误差。其余情况均会引入误差。

下面针对应变呈二次函数变化的情况，分析其测量读数的误差。此时，在 L 内的平均应变为

$$\varepsilon_a = \frac{1}{L}\int_0^L (c_0 + c_1 x + c_2 x^2)\mathrm{d}x = c_0 + \frac{c_1}{2}L + \frac{c_2}{3}L^2$$

而中点 M 的应变为

$$\varepsilon_M = c_0 + \frac{c_1}{2}L + \frac{c_2}{4}L^2$$

平均应变与中点应变之差为

$$\delta\varepsilon = \varepsilon_a - \varepsilon_M = \frac{c_2}{12}L^2 \tag{4-81}$$

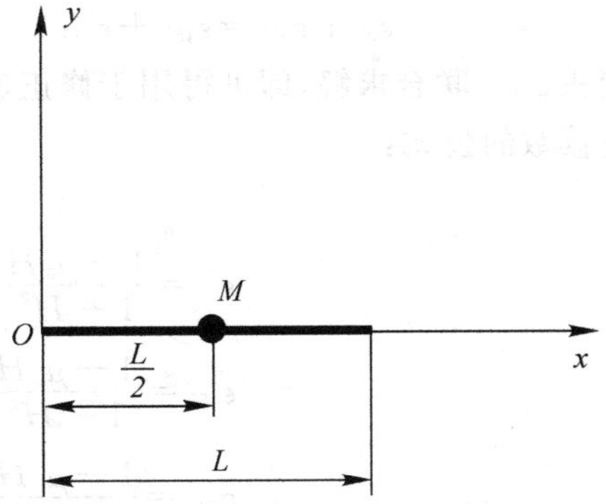

图 4－56　一点的应变与平均应变

由式(4－81)可见，误差的大小与栅长 L 和系数 c_2 有关，栅长愈大或应变变化愈剧烈时，误差也愈大。对于按三次或三次以上规律分布的应变，次数愈高误差愈大。所以对于应变分布变化比较剧烈的区域，如应力集中区的测点，应选用栅长小的应变计。而对于应力均匀或变化不太剧烈的应变场，如纯弯曲、简单拉压构件的测点，可选用栅长稍大的应变计，它易于贴准方位，并且横向效应小。

如果构件由非均质材料制成，则应变计栅长的选择必须考虑材料的不均匀程度。如混凝土构件，由于石子和水泥的弹性模量相差较大，其内部变形极不均匀，故应变计应有足够的栅长，以测出一定长度内的平均应变（在测点附近的一定范围内，还需要用环氧树脂之类的涂料填补混凝土的空隙）。为使材料均匀性差而造成的误差小于 5%，应变计栅长至少应比骨料直径大4 ～ 5 倍。

四、应变计横向效应的修正

电阻应变计的横向效应对应变读数的影响已在前面做过讨论，并已指出对于单向应力状态的测点，即使应变计横向效应系数达 5%，所得应变读数误差也不大于 1%，一般可不修正。但是，对平面应力状态的测点，横向效应的影响一般需要进行修正。

当主应力方向已知时，沿主应力方向贴两个互相垂直的应变计（直角应变花），以 $\varepsilon_{0°}$ 和 $\varepsilon_{90°}$ 分别表示这两个方向的真实应变，以 $\varepsilon_{0°}^*$ 和 $\varepsilon_{90°}^*$ 分别表示沿两个主应力方向所贴应变计的应变读数。根据横向效应系数的修正公式，可写出对直角应变花计算主应变的修正公式为

$$\left.\begin{aligned}\varepsilon_1=\varepsilon_{0^\circ}=\frac{1-\mu_0 H}{1-H^2}(\varepsilon_{0^\circ}^{*}-H\varepsilon_{90^\circ}^{*})\\ \varepsilon_2=\varepsilon_{90^\circ}=\frac{1-\mu_0 H}{1-H^2}(\varepsilon_{90^\circ}^{*}-H\varepsilon_{0^\circ}^{*})\end{aligned}\right\}\tag{4-82}$$

当主应力方向未知并采用图 4-57 所示的 3 片 45° 应变花时，可得

$$\left.\begin{aligned}\varepsilon_{0^\circ}=\frac{1-\mu_0 H}{1-H^2}(\varepsilon_{0^\circ}^{*}-H\varepsilon_{90^\circ}^{*})\\ \varepsilon_{90^\circ}=\frac{1-\mu_0 H}{1-H^2}(\varepsilon_{90^\circ}^{*}-H\varepsilon_{0^\circ}^{*})\end{aligned}\right\}\tag{4-83}$$

再在 135° 方向虚设一应变计，同理可得

$$\left.\begin{aligned}\varepsilon_{45^\circ}=\frac{1-\mu_0 H}{1-H^2}(\varepsilon_{45^\circ}^{*}-H\varepsilon_{135^\circ}^{*})\\ \varepsilon_{135^\circ}=\frac{1-\mu_0 H}{1-H^2}(\varepsilon_{135^\circ}^{*}-H\varepsilon_{45^\circ}^{*})\end{aligned}\right.\tag{4-84}$$

利用弹性理论的应力不变量公式可写出

$$\varepsilon_{0^\circ}+\varepsilon_{90^\circ}=\varepsilon_{45^\circ}+\varepsilon_{135^\circ}$$

消去 ε_{135°，联合求解，即可得用于修正 3 片 45° 应变花读数的公式：

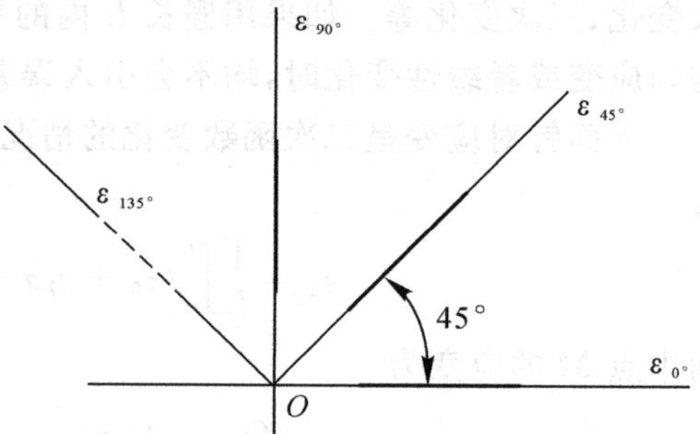

图 4-57　对 3 片 45° 应变花的修正

$$\left.\begin{aligned}\varepsilon_{0^\circ}=\frac{1-\mu_0 H}{1-H^2}(\varepsilon_{0^\circ}^{*}-H\varepsilon_{90^\circ}^{*})\\ \varepsilon_{45^\circ}=\frac{1-\mu_0 H}{1-H^2}[(1+H)\varepsilon_{45^\circ}^{*}-H(\varepsilon_{0^\circ}^{*}+\varepsilon_{90^\circ}^{*})]\\ \varepsilon_{90^\circ}=\frac{1-\mu_0 H}{1-H^2}(\varepsilon_{90^\circ}^{*}-H\varepsilon_{0^\circ}^{*})\end{aligned}\right\}\tag{4-85}$$

按照类似的推导，可得其他形式应变花的修正公式如表 4-7 所示，表中 $Q=\frac{1-\mu_0 H}{1-H^2}$。

表 4-7　几种常用应变花考虑横向效应时的修正公式

应变花类型		修正公式
直角应变花	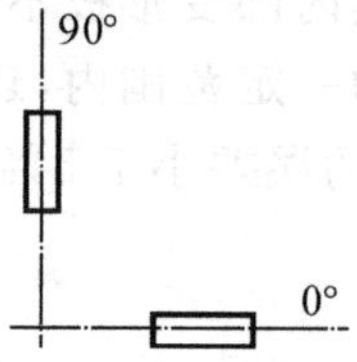	$\varepsilon_{0^\circ}=Q(\varepsilon_{0^\circ}^{*}-H\varepsilon_{90^\circ}^{*})$ $\varepsilon_{90^\circ}=Q(\varepsilon_{90^\circ}^{*}-H\varepsilon_{0^\circ}^{*})$
三轴 45° 应变花	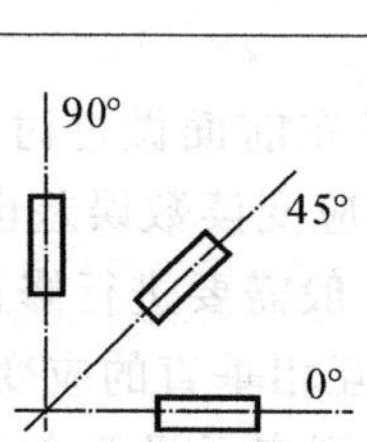	$\varepsilon_{0^\circ}=Q(\varepsilon_{0^\circ}^{*}-H\varepsilon_{90^\circ}^{*})$ $\varepsilon_{45^\circ}=Q[(1+H)\varepsilon_{45^\circ}^{*}-H(\varepsilon_{0^\circ}^{*}+\varepsilon_{45^\circ}^{*})]$ $\varepsilon_{90^\circ}=Q(\varepsilon_{90^\circ}^{*}-H\varepsilon_{0^\circ}^{*})$

续 表

应变花类型		修正公式
三轴 60° 应变花	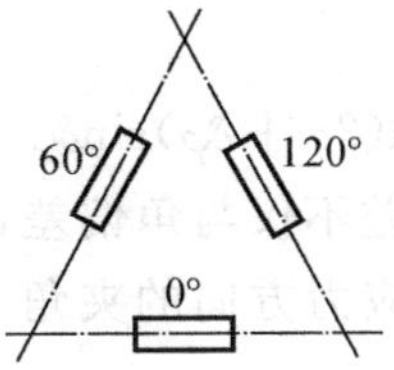	$\varepsilon_{0^\circ}^{*}=Q[\varepsilon_{0^\circ}^{*}-H(\varepsilon_{60^\circ}^{*}+\varepsilon_{120^\circ}^{*})]$ $\varepsilon_{60^\circ}=Q[\varepsilon_{60^\circ}^{*}-H(\varepsilon_{120^\circ}^{*}+\varepsilon_{0^\circ}^{*})]$ $\varepsilon_{120^\circ}=Q[\varepsilon_{120^\circ}^{*}-H(\varepsilon_{0^\circ}^{*}+\varepsilon_{60^\circ}^{*})]$
四轴 45° 应变花	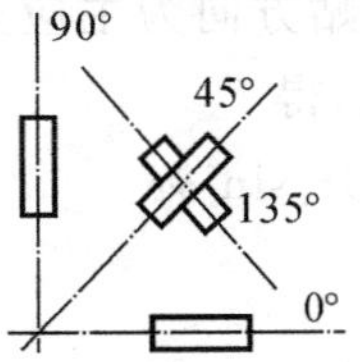	$\varepsilon_{0^\circ,90^\circ}=Q(\varepsilon_{0^\circ,90^\circ}^{*}-H\varepsilon_{90^\circ,0^\circ}^{*})$ $\varepsilon_{45^\circ,135^\circ}=Q(\varepsilon_{45^\circ,135^\circ}^{*}-H\varepsilon_{135^\circ,45^\circ}^{*})$
四轴 60° 应变花	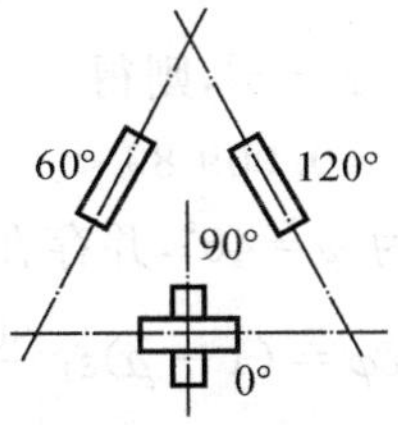	$\varepsilon_{0^\circ,90^\circ}=Q(\varepsilon_{0^\circ,90^\circ}^{*}-H\varepsilon_{90^\circ,0^\circ}^{*})$ $\varepsilon_{60^\circ,120^\circ}=Q[(1+H)\varepsilon_{60^\circ,120^\circ}^{*}-H(\varepsilon_{0^\circ}^{*}+\varepsilon_{90^\circ}^{*})]$

五、应变计粘贴方位不准造成的误差

由于应变计的粘贴完全为手工操作，因此其粘贴后的实际方位，很难保证与预定的基准方位完全重合。应变计粘贴方位的不准必然给测量带来误差。下面确定此误差的大小。

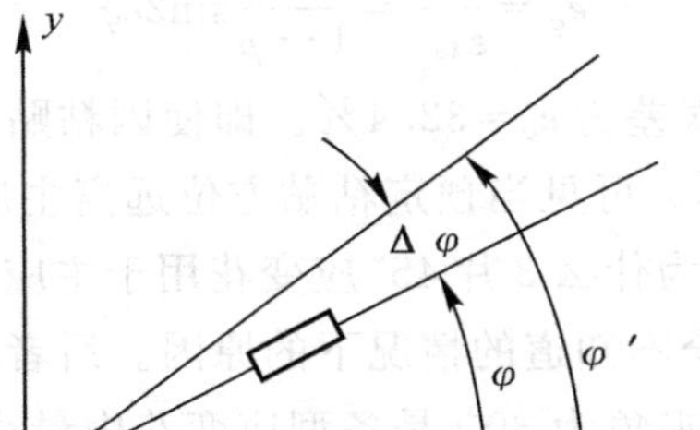

图 4-58　应变计粘贴方位不准引起的误差

如图 4-58 所示，设待测点的预定的基准线与主应力方向的夹角为 φ，应变计实际粘贴方位与主应力方向的夹角为 φ'，粘贴的角偏差 $\delta\varphi=\varphi'-\varphi$。基准线上的应变 ε_φ 可用主应变表示为

$$\varepsilon_p=\frac{\varepsilon_1+\varepsilon_2}{2}+\frac{\varepsilon_1-\varepsilon_2}{2}\cos 2\varphi$$

由于应变计粘贴方位不准，实际测得的是与主应力方向成 φ' 角方向的应变

$$\varepsilon_{\varphi'}=\frac{\varepsilon_1+\varepsilon_2}{2}+\frac{\varepsilon_1-\varepsilon_2}{2}\cos 2(\varphi+\delta\varphi)$$

应变测量的误差为

$$\delta\varepsilon_{\varphi}=\varepsilon_{\varphi}-\varepsilon_{\varphi'}=\frac{\varepsilon_1-\varepsilon_2}{2}[\cos2\varphi-\cos2(\varphi+\delta\varphi)]$$

化简后得

$$\delta\varepsilon_{\varphi}=(\varepsilon_1-\varepsilon_2)\sin(2\varphi+\delta\varphi)\sin\delta\varphi \tag{4-86}$$

由式(4-86)可知,由于粘贴方位不准造成的误差不仅与角偏差 $\delta\varphi$ 有关,还和预定粘贴方位与该点主方向的夹角 φ 有关。预定粘贴方位与主应力方向的夹角 φ 越大,则角偏差造成的误差亦越大。

假设测点为单向应力状态,应变计应预定粘贴方向为主应力方向($\varphi=0$),粘贴角偏差为 $\delta\varphi$,根据式(4-86),并考虑了 $\varepsilon_1-\varepsilon_2=(1+\mu)\varepsilon_1$,得

$$\delta\varepsilon_{\varphi}=(1+\mu)\varepsilon_1\sin^2\delta\varphi$$

其相对误差为

$$e_{\varphi}=\frac{\delta\varepsilon_{\varphi}}{\varepsilon_1}=(1+\mu)\sin^2\delta\varphi$$

一般情况下,角偏差 $\delta\varphi$ 不大于 5°,若取 $\mu=0.3$,$\delta\varphi=5°$,则得

$$e_{\varphi}=(1+0.3)\sin^2 5°=0.009\ 89<1\%$$

若应变计预定粘贴方位与主应力方向夹角为 $\varphi=45°$,并存在角偏差 $\delta\varphi$,则可得

$$\delta\varepsilon_{\varphi}=(1+\mu)\varepsilon_1\cos\delta\varphi\sin\delta\varphi=(1+\mu)\varepsilon_1\frac{\sin2\delta\varphi}{2}$$

在 $\varphi=45°$ 方向上的真实应变为

$$\varepsilon_{45°}=\frac{\varepsilon_1+\varepsilon_2}{2}=\frac{1}{2}(1-\mu)\varepsilon_1$$

相对误差为

$$e_{\varphi}=\frac{\delta\varepsilon_{\varphi}}{\varepsilon_{45°}}=\frac{1+\mu}{1-\mu}\sin2\delta\varphi$$

在角偏差 $\delta\varphi=5°$ 时,可得相对误差为 $e_{\varphi}=32.4\%$。即使因粘贴所产生的角偏差只有 1°,此时的相对误差也可达到 $e_{\varphi}=6.48\%$。可见当预定粘贴方位远离主应力方向时,应变测量的误差对粘贴角偏差相当敏感。这就是为什么 3 片 45° 应变花用于主应力方向大致知道的情况,而 3 片 60° 应变花用于主应力方向完全不知道的情况下的原因。后者的 3 个应变计等角排列,各应变计与主应力方向的最大可能的夹角为 30°,是各型应变花中最小者。

六、环境湿度和温度的影响

静态应变测量的特点是测量过程持续时间较长,对测量精度要求较高。然而待测构件处于一定的外界环境中,环境湿度和温度的变化对应变测量影响显著。由于环境变化是缓慢的,故其对应变读数的影响表现为随时间有缓慢的漂移,从而造成测量读数的不稳定。

环境湿度变化对测量读数的影响是通过影响胶层传递应变的性能和影响胶层的电学特性两方面来表现的。构件的应变是通过胶层传给应变计敏感栅的,但大部分黏结剂都属于黏弹性体,因而,其变形不仅与力的大小有关,而且还随时间的推移而变,形成蠕变现象。当胶层受潮,因水分渗入而体积膨胀时,此现象更为明显。当应变保持不变时,由于胶层的蠕变,使敏感栅感受的应变变得更小。当应变迅速变化时,胶层不能瞬时地将应变的变化传给敏感栅,还会

产生滞后效应。因此在应变计受潮的情况下，即使载荷不变，其应变读数也会随时间发生缓慢的变化，形成读数的漂移。湿度对胶层的电学特性的影响表现为：当胶层受潮时，其绝缘电阻下降，这等于在敏感栅各丝段之间并联了有影响的电阻，其总的效应是使应变计的阻值下降，产生虚假的应变读数。绝缘电阻的大小是衡量应变计胶层固化和干燥程度的标志，但危险不在绝缘电阻本身的高低，而在于它的不稳定变化。当绝缘电阻降低达兆欧级时，对于短时间的测量仍可进行，但由于湿度变化引入的误差也将越大。在静态测量中，一般要求绝缘电阻在100MΩ 以上。

环境温度变化对应变读数的影响较湿度变化影响更为严重。当环境温度产生不均匀的剧烈变化时，应变计和测量导线的电阻都会发生变化，会引起测量读数的较大变化。除此之外，电阻应变计中的电流发热也可造成温度升高。采用温度补偿的办法来处理温度变化对敏感栅电阻的影响已在前面讨论过了。下面，主要讨论导线受温度变化影响的问题。

用于应变测量的导线多为铜导线，其电阻温度系数（约 $4\times10^{-3}\,\Omega/℃$）较大。当工作片和温度补偿片的测量导线的温度变化不同时，会产生较大的虚假应变读数。假设测量导线的阻值是应变计阻值的 1%，应变计灵敏系数为 2，工作片与温度补偿片的测量导线温度变化相差1℃。此时因温度变化所形成的虚假应变可达 $20\mu\varepsilon$。因此，工作片与温度补偿片的测量导线也必须考虑温度补偿问题。通常的做法是，两组导线选择相同的型号、规格和长度，并将它们排紧在一起走相同的路径，以保证两组导线所处的环境温度场相同。

遇到测点较多的情况，常常是多个工作片共用一个温度补偿片，遇此情况，在将新的测点接入电桥时，应该先接通电路预热一段时间，待工作片和补偿片温度一致后，再读取应变读数。对于导热性能差、散热条件不好的构件，必须对每一工作片都单独设置补偿片。

七、测量导线电阻的影响及其修正

应变测量时，当将应变计与应变仪相连接的导线长 10 m 以上时，导线自身就具有一定不可忽略的电阻值，这个电阻将与应变计的电阻串联接入桥臂，但它并不随应变而变化，故桥臂阻值的相对变化率将减小，使应变仪显示的应变读数变小，其影响相当于减小了应变计的灵敏系数。

设阻值为 R 的应变计感受应变后阻值变化为 ΔR，应变计的灵敏系数为 K，当无导线电阻影响时，应变仪测得真实应变为

$$\varepsilon=\frac{1}{K}\frac{\Delta R}{R}$$

设导线的电阻为 R_L，应变仪仍调整在灵敏系数为 K 来进行测量，则测得的应变读数将为

$$\varepsilon_d=\frac{1}{K}\frac{\Delta R}{R+R_L}$$

ε 与 ε_d 之比为

$$\frac{\varepsilon}{\varepsilon_d}=\frac{\dfrac{1}{K}\dfrac{\Delta R}{R}}{\dfrac{1}{K}\dfrac{\Delta R}{R+R_L}}=1+\frac{R_L}{R}$$

因此，当考虑导线电阻的影响时，如仍用应变计的真实灵敏系数 K 进行测量，则测得的应变读数应加以修正

$$\varepsilon=\varepsilon_d\left(1+\frac{R_L}{R}\right) \tag{4-87}$$

或者，应变仪按照修正后的灵敏系数 $K_{仪}$ 来进行测量，因为

$$\varepsilon=\frac{1}{K_{仪}}\frac{\Delta R}{R+R_L}$$

所以

$$K_{仪}=\frac{1}{\varepsilon}\frac{\Delta R}{R+R_L}=K\frac{R}{\Delta R}\frac{\Delta R}{R+R_L}=K\frac{R}{R+R_L} \tag{4-88}$$

实际应变测量中常常采用图 4-59 所示的公共地线接桥法，即工作片和温度补偿片各用一根长导线与电桥相接，两片之间先连接一短导线（不计其电阻），再用一公共地线与电桥相接。此时在每一桥臂中只有一根导线电阻的影响，而公共地线的电阻并不串接在桥臂之内，这样就减轻了导线电阻对测量的影响。

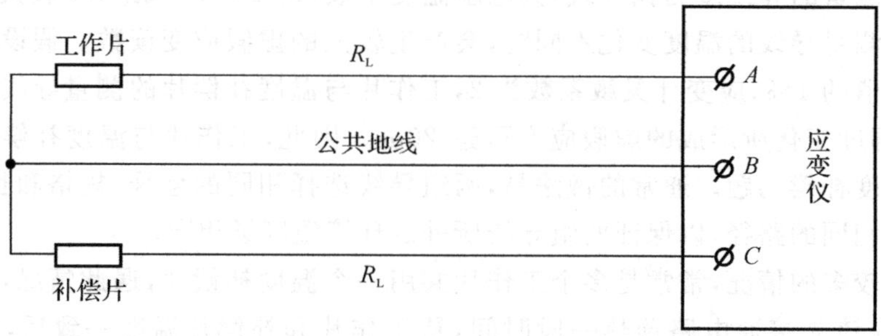

图 4-59　公共地线接桥法

第六节　动态应变测量

动态应变是指随时间而发生变化的应变。构件处于运动状态或者载荷随时间发生变化，均会引起应变的动态变化。进行动态应变测量就是将应变随时间变化的过程记录下来，再选择适当的方法分析研究。

一、动态应变及其频谱

按照随时间变化的性质，动态应变可分为确定性和非确定性动态应变两类。确定性动态应变是指应变随时间变化的规律能够用明确的数学关系式描述的动态应变，否则属于非确定性动态应变。根据能否用周期性的时变函数来表示，确定性的动态应变又可分为周期性和非周期性动态应变。非确定性的动态应变亦称为随机性应变。下面对周期性、非周期性和随机性三类应变进行讨论。

1. *周期性动态应变*

周期性动态应变包括简单周期性动应变和复杂周期性动应变。简单周期性动应变的波形为正弦波，如图 4-60(a) 所示，其表达式为

$$\varepsilon(t)=\varepsilon_m\sin(\omega t+\varphi)=\varepsilon_m\sin(2\pi ft+\theta)$$

式中，ε_m 为动态应变的幅度，即振幅；ω 为角频率；θ 为初相位角；f 为频率。

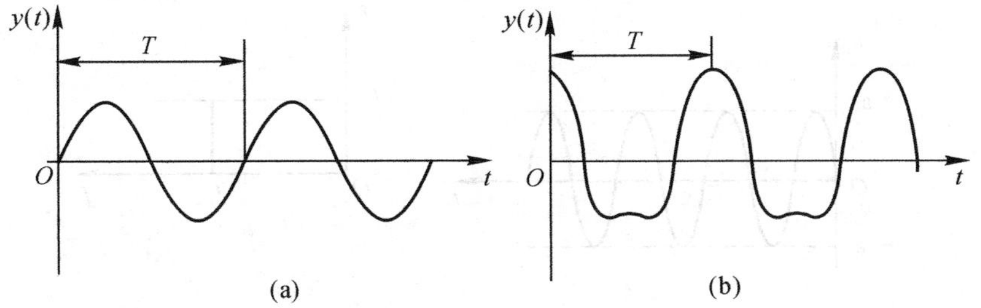

图 4-60　周期性动态应变的波形

复杂周期性应变的波形如图 4-60(b) 所示，其表达式可用傅立叶级数表示如下：

$$\varepsilon(t)=\varepsilon_0+\sum_{n=1}^{\infty}\varepsilon_n\cos(2\pi n f_1 t-\theta_n)\quad (n=1,2,3,\cdots)\tag{4-89}$$

亦即一个复杂周期性应变可看做是由一个静态应变分量 ε_0 和无限个称为谐波的余弦分量(振幅为 ε_n，相位为 θ_n) 所组成，而各谐波分量的频率都是基频 f_1 的整数倍(nf_1)。$n=1$ 的谐波称为基波或一次谐波，$n=2$ 的称为二次谐波，其余依此类推。

一般测量得到的复杂周期性应变的谐波分量可能是很丰富的，但随着谐波次数的增高，其幅值总是愈来愈小，故在实际分析中常把高次谐波略去，只计最低的几次。在实际分析中，相位角 θ_n 通常不予考虑，而且谐波分量常常只有有限的几个。此时，可用图 4-61 来表示振幅-频率图。图上以垂直线段表示频率为 f_i、振幅为 ε_i 的第 i 次谐波分量，在振幅坐标轴上的线段则表示频率为零、幅值为 ε_0 的静态分量。振幅-频率图又称为频谱图，它清楚地表示了复杂周期性应变中各分量的振幅和频率。由于谐波分量只是在分散的特定频率上才出现，所以这样的频谱图又称为离散谱。图 4-62 和图 4-63 分别给出了静态应变和简单周期性动态应变的频谱图。

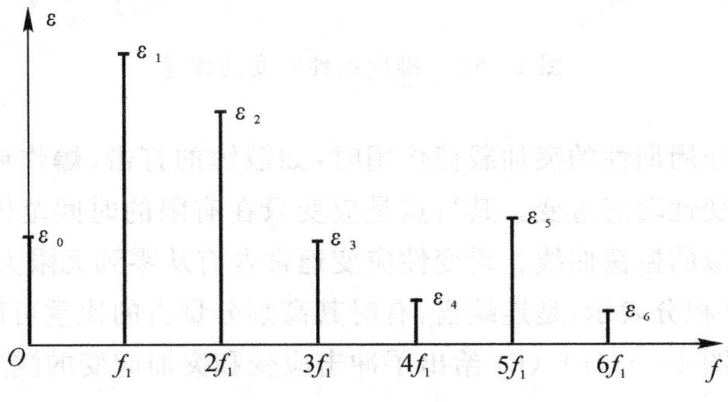

图 4-61　复杂周期性应变的频谱

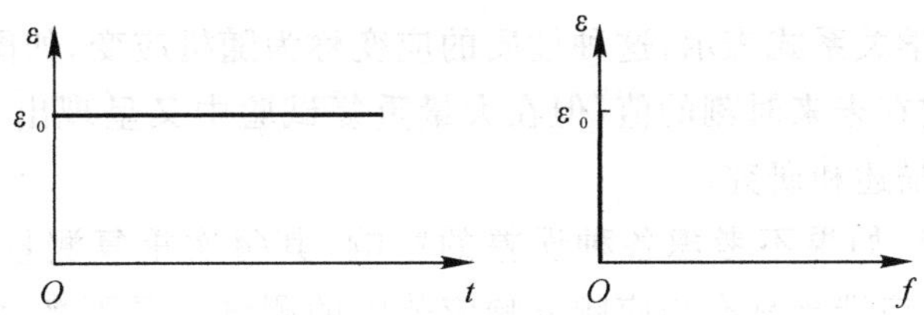

图 4-62　静态应变的频谱

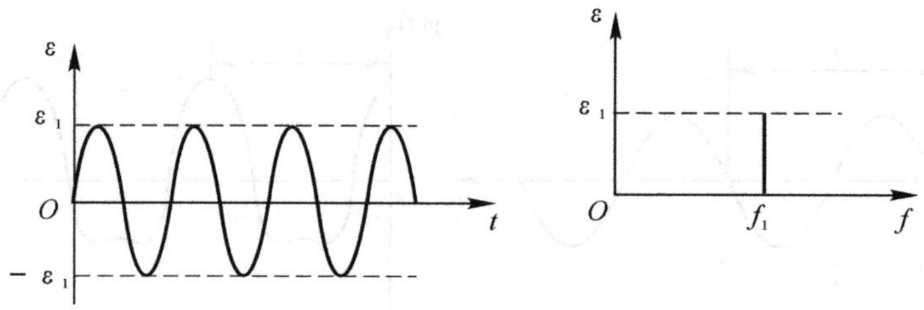

图 4-63　简单周期性动态应变的频谱

2. 非周期性动态应变

非周期性动态应变包括准周期性动态应变和瞬变性动态应变两种。

当一台机组有几个转速不成比例(转速比不是有理数)的发动机同时工作时,引起的合成振动或振动应力就不是周期性的。因为各谐波频率之间不存在最小公倍数,虽然各谐波分量是周期性的,但合成后的变量却没有周期可言。这种非周期性应变称为准周期性动态应变,它的频谱如图 4-64 所示,亦是离散谱,但各谐波的频率分布是无规律的。准周期性动态应变虽然是非周期性的,但它在某些性质上及在分析处理方法上与复杂周期性动应变相同。

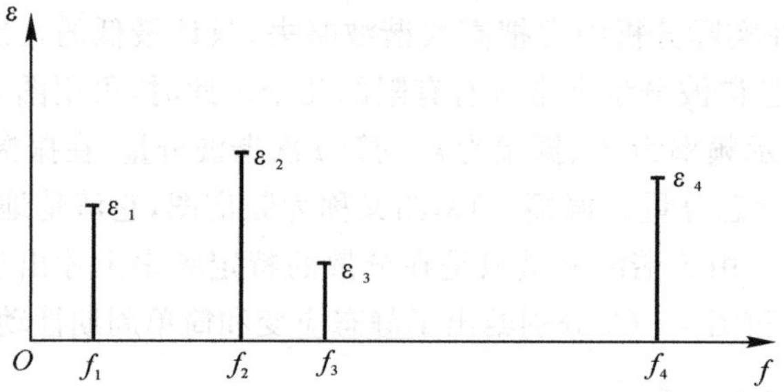

图 4-64　准周期性应变的频谱

当机械构件受到非周期性的突加载荷作用时,如锻锤的打击、爆炸或者产生突然断裂等,均会在构件中产生瞬变性动态应变。其特点是应变只在有限的时间范围存在,其波形为单个的脉冲或者是迅速衰减的振荡曲线。瞬变性应变通常含有从零到无限大的连续分布的所有频率成分,可以用傅立叶积分表示,是连续谱,有时其高频分量占的比重可以相当大,在测试分析中要给以足够重视。图 4-65(a)、(b) 给出了冲击应变和突加应变的波形和频谱。

3. 随机应变

有许多机械,尤其是运输机械和采矿机械,受到的载荷是杂乱无章的,由这种载荷引起的应变不能用明确的数学关系式表示,这种性质的应变称为随机应变,如图 4-66 所示。对随机应变,虽然无法预测它在未来时刻的值,但在大量重复试验中又呈现出一种统计规律性,可以用概率统计的方法来描述和研究。

对确定性的应变,如果不考虑各种误差的影响,其每次重复测量的结果都应该是相同的。对其进行分析时,应选择具有相应频率响应范围的测试记录下来,然后进行频谱分析,研究各谐波分量的频率和幅值。对于非确定性的随机性应变,则要选用频率响应范围足够宽的测量记录系统,进行必要的大量重复试验,并根据其统计特性来进行研究。

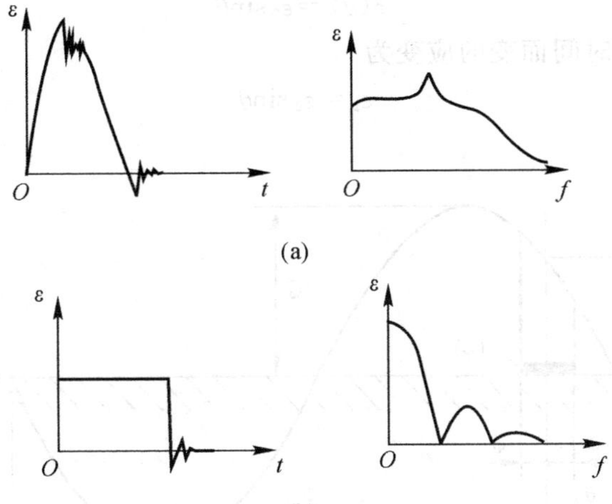

图 4-65　瞬变性应变的频谱

(a) 冲击应变；(b) 突加应变

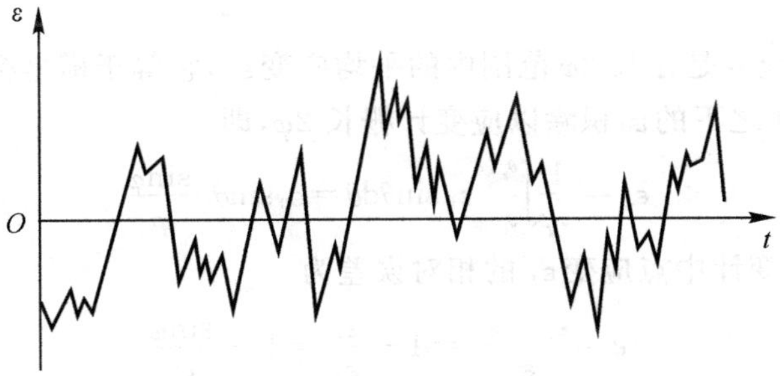

图 4-66　随机性应变

二、电阻应变计的动态响应

在测量动态应变时，要考虑电阻应变计的动态响应，由于应变计的基底和胶层很薄，应变从构件传到敏感栅的时间估计约为 0.2μs，可以认为是立即响应的，因此影响应变计动态响应的主要因素是应变计的栅长。

设应变波是频率为 f 的正弦波，并以速度 V 在构件中沿应变计栅长方向传播。图 4-67 所示为某一时刻应变沿构件表面的分布情况。为计算方便，图中横坐标用弧度角代换了长度 x，代换关系为

$$\theta=\frac{2\pi}{\lambda}x \tag{4-90}$$

式中 $\lambda=\dfrac{V}{f}$，为应变波的波长。令应变计栅长 L 相当于弧度角 2φ，代入式(4-90)得

$$2\varphi=\frac{2\pi}{\lambda}L \tag{4-91}$$

在图 4-67 设定的瞬时 t，应变波沿构件表面的分布为

$$\varepsilon(\theta)=\varepsilon_0\sin\theta$$

而应变计栅长中点处随时间而变的应变为

$$\varepsilon_t=\varepsilon_0\sin\theta_t$$

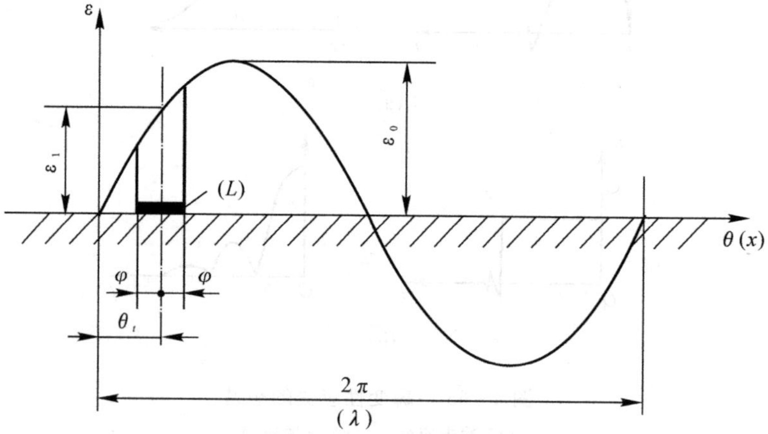

图 4－67　应变计对应变波的响应

由应变计测得的应变是栅长 2φ 范围内的平均应变 ε_a，它等于横坐标从 $(\theta_t-\varphi)$ 到 $(\theta_t+\varphi)$ 之间，应变波曲线 $\varepsilon(\theta)$ 之下的面积除以应变计栅长 2φ，即

$$\varepsilon_a=\frac{1}{2\varphi}\int_{\theta_t-\varphi}^{\theta_t+\varphi}\varepsilon_0\sin\theta\mathrm{d}\theta=\varepsilon_0\sin\theta_t\frac{\sin\varphi}{\varphi}\tag{4-92}$$

平均应变 ε_a 与应变计中点应变 ε_t 的相对误差为

$$e=\frac{\varepsilon_t-\varepsilon_a}{\varepsilon_t}=1-\frac{\varepsilon_a}{\varepsilon_t}=1-\frac{\sin\varphi}{\varphi}\tag{4-93}$$

当 φ 值较小时(亦即应变计栅长 L 相对应变波波长为较小)，函数 $\frac{\sin\varphi}{\varphi}$ 可用其级数展开式的前两项近似代替，即

$$\frac{\sin\varphi}{\varphi}\approx1-\frac{\varphi^2}{6}$$

代入式(4－93)得

$$e\approx\frac{\varphi^2}{6}\tag{4-94}$$

将式(4－91)代入式(4－94)，并注意到 $\lambda=\frac{V}{f}$ 和 $f=\frac{\omega}{2\pi}$，可得

$$e\approx\frac{1}{6}\left(\frac{\pi L}{\lambda}\right)^2=\frac{1}{6}\left(\frac{\pi Lf}{V}\right)^2\tag{4-95}$$

应变波在某种材料中的传播速度 V 是常数，所以式(4－95)决定了 e、L 和 f 三者之间的关系。当给定容许相对误差 e_0 和欲测应变的最高频率 $f_{\max}$ 后，可据式(4－95)算出应变计的最大允许栅长 $L_{\max}$。或者在给定容许相对误差 e_0 和应变计栅长 L 时，可用式(4－95)确定该应变计允许的极限工作频率$[f]$。

例如，在钢材中应变波的传播速度 $V\approx5\,000$ m/s，当给定允许的相对误差 $e_0=\pm0.5\%$，应变计的栅长 $L=5$ mm 时，应变计的允许极限工作频率为

$$[f]=\frac{V}{\pi L}(6e_0)^2=\frac{5\times10^6}{\pi\times5}\sqrt{6\times0.005}\approx55\ 000\ \text{Hz}$$

动态测量时，一般动态应变变化的频率远比此值小，此时由于应变计栅长引入的响应误差可以不考虑。

三、动态应变测量的仪器系统

动态应变测量仪器系统框图如图 4－68 所示。应根据被测应变的频率范围选择应变仪和相应的记录系统，并注意仪器之间的阻抗匹配问题。

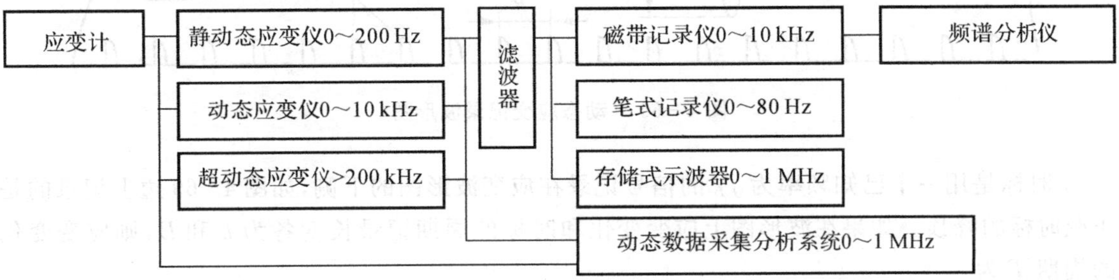

图 4－68　动态应变测量仪器系统

滤波器的选用要根据测量目的而定。当仅需测量动态应变仪在某一频带中的谐波分量时，就要选用相应通频带的带通滤波器；当只需测量低于某一频率的谐波分量时，就选用有相应截止频率的低通滤波器；在对记录应变波形的频率结构没有特定要求时，滤波器可以不用。

磁带记录器有独特的优点，它可以在现场记录，回到实验室再现，并且易于输出给频谱分析仪进行频谱分析，或输出给数据处理计算机进行分析处理。

数字储存式示波器，一方面具有传统示波器的实时显示功能，又有将测量数据保存起来的功能，既能做实时在线分析，又能对历史数据进行分析。如果选配接口卡，还可将存储的数据输入到计算机，进行进一步的分析处理。

由计算机控制的动态数据采集系统，是目前发展最快的一种动态测量手段，越来越得到广泛的应用，而且正向着网络化、远程化和智能化的方向发展。

四、动态应变记录波形图

动态应变测量的直接目的是获得图 4-69 所示的动态应变记录波形图，它记录了应变随时间的变化过程。图中确定应变幅值和频率的作图比例的标记，称为幅标和时标。

幅标是在应变试验记录之前和记录完毕之后，在对测试仪器系统不做任何变动的条件下，给定一个已知的应变值 ε_H 并记录下来，如图 4－69 中的 H。应变记录曲线上幅高为 h 的应变值为

$$\varepsilon_h=\frac{h}{H}\varepsilon_H \tag{4-96}$$

如果前后的两个正（或负）的幅标等高，则 H 取 H_1 和 H_3（或 H_2 和 H_4）的平均值；如正负幅标不等高，则表明仪器系统对正负信号的放大量不等，此时，正应变应取正幅标计算，负应变应取负幅标计算。当仪器系统的线性很差时，则对幅标应做较密的步级标定。当应变记录曲线的

前后零线不能保持在同一水平线时，可用连接前后零点的斜线作量测 h 的基准线。

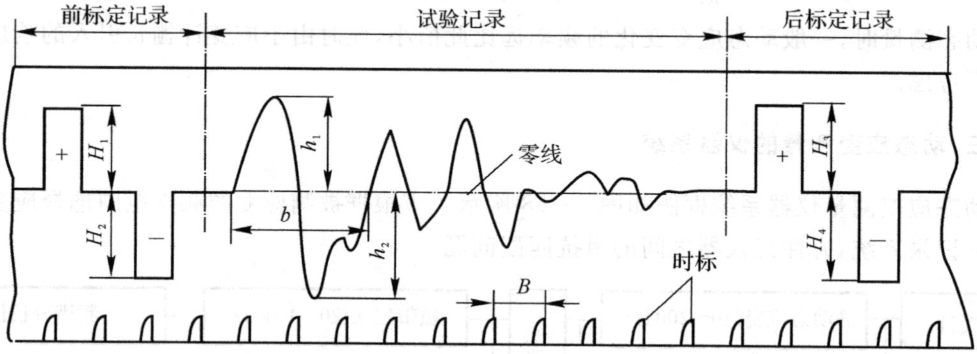

图 4-69　动态应变记录波形图

时标是用一个已知频率为 f_B 的信号记录在应变波形图的下侧，如图 4-69 边上记录的是正弦时标的峰顶。如果在波形图上应变变化和时标的周期记录长度各为 b 和 B，则应变变化的周期 T 为

$$T=\frac{b}{B}\ \frac{1}{f_B} \tag{4-97}$$

五、动态应变测量的标定

应变仪和记录器都有自己的振幅特性和频率特性。振幅特性是指输入和输出的幅值关系，频率特性是指仪器的频率响应，是在输入一个振幅恒定而频率可变的信号时，仪器输出幅值随频率的变化。我们要求由应变仪和记录器等组配而成的仪器系统有线性的振幅特性和平坦的频率响应(即输出不随频率而变)，但实际上只能在一定的振幅和频率范围内近似满足，总是有误差存在。在动态应变测量中，为了使测量记录能精确地反映实际应变变化过程，须对应变仪的振幅特性和频率特性进行正确的标定。

1. 振幅特性的标定

振幅标定是确定应变与记录器偏转距离之间的关系。一般动态应变仪上都设有标定装置，在测量过程中可随时进行标定。通过标定装置输入不同的标定信号，在记录器上获得相应的标准方波，建立应变与标准方波振幅之间的关系，即校正曲线。测量时，从测出的应变波形图上查出应变振幅值，代入校正曲线，即可获得相应的应变值。

标准应变量也可以用给应变计并联适当电阻的方法形成。但用电阻标定的办法所获得的振幅特性仅反应除应变计之外的仪器系统的品质。为使振幅特性能反应包括应变计在内的整个系统的性能，常采用标准应变梁的办法，直接以标准的机械应变输入。图 4-70 所示的等截面等弯矩梁是标准应变发生的常用装置，梁中点的挠度直接由百分表测得，梁表面应变为

$$\varepsilon=\frac{12h}{3L^2-4a^2}y_0 \tag{4-98}$$

式中，h 为梁的厚度；L 为两支点的跨度；a 为支点与载荷点之间的距离。

当用三点挠度计(见图 4-71)测量梁的变形时，只要挠度计两支点间的跨度 l 不超过梁的等弯矩区，表面应变的计算式为

$$\varepsilon = \frac{4h}{l^2} y_0 \tag{4-99}$$

式中，y_0 为挠度计中点的挠度值。

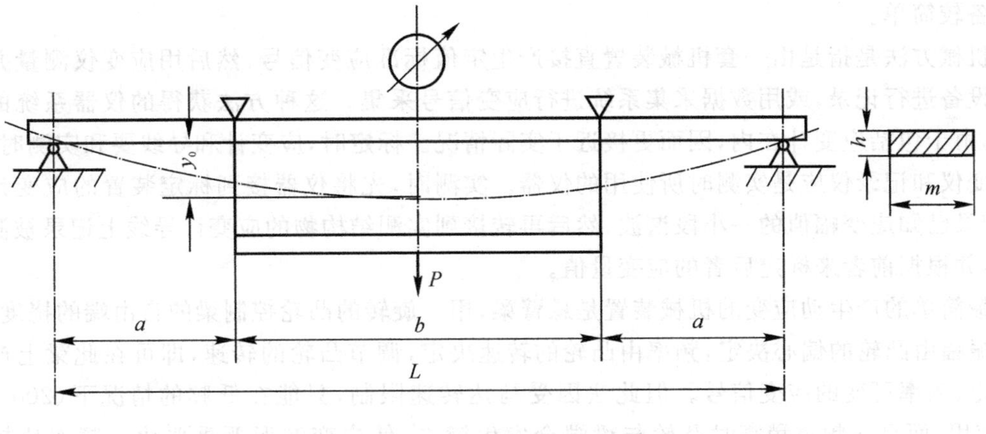

图 4-70　等截面等弯矩标准应变梁

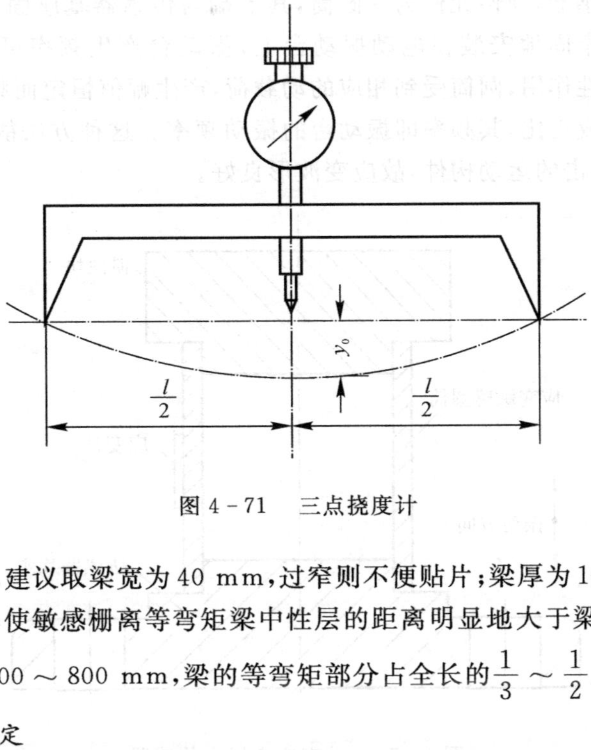

图 4-71　三点挠度计

等弯矩梁的尺寸，建议取梁宽为 40 mm，过窄则不便贴片；梁厚为 10 mm，过薄时，由于应变计基底厚度的影响，使敏感栅离等弯矩梁中性层的距离明显地大于梁表面离中性层的距离而引入误差；梁长取 500 ～ 800 mm，梁的等弯矩部分占全长的 $\frac{1}{3} \sim \frac{1}{2}$。

2. 频率特性的标定

当被测应变中的谐波频率可以与应变计、动态应变仪和记录器的极限工作频率相比拟时，需要对仪器系统的频率特性进行标定。频率标定是把时标信号输入记录器，在记录图上获得一系列的周期脉冲信号。测量时把测出的动态应变信号与时标信号相比较，从而得出应变信号的频率和周期。其标准动态应变可以采用电学方法和机械方法两种方法产生。

电学方法是指由标准电阻应变仪或动态电阻应变仪上的标定装置产生标准电信号，并用这种电信号来模拟标准应变信号,然后传输给记录设备进行记录。测定静态振幅特性,可给应变计并联适当电阻,以产生所需的标准应变信号。测定频率特性,则需要在应变计上并联一个大小按正弦规律变化的动态电阻。此法测得的频率响应特性不包括应变计的性能在内,但测试设备较简单。

机械方法是指是由一套机械装置直接产生定值标准应变信号,然后用应变仪测量并通过记录设备进行记录,或用数据采集系统进行应变信号采集。这种方法获得的仪器系统的频率特性,由于包括应变计在内,因而更接近于实际情况。标定时,应变计和导线要和实测时一样,动应变仪和记录仪应是实测时所使用的仪器。实测时,先将仪器接到标定装置的应变计导线上,记录已知应变幅值的一小段谐波,然后再转接到实测结构物的应变计导线上记录被测的动应变,并根据前者来标定后者的应变量值。

最简单的产生动应变的机械装置是悬臂梁,用一旋转的凸轮控制梁的自由端的挠度,梁上应变振幅由凸轮的偏心决定,频率由凸轮的转速决定,调节凸轮的转速,即可在此梁上产生振幅恒定、频率可变的应变信号。但此法因受马达转速限制,只能在低频的情况下(200 Hz 以下)使用,而且在频率稍高时凸轮与梁端会发生撞击,使应变波形严重恶化。频率比较高(1 000 ~ 3 000 Hz)的动态应变信号可以用电动振动台激振的方法产生。制作一个如图 9 - 72 所示的动态应变标定传感器,弹性元件为一圆筒,其下端与传感器基座固接,上端与自由的惯性块固接。标定传感器牢固地安装在电动振动台上,振动台产生频率可变而加速度恒定的振动。由于惯性块的惯性作用,圆筒受到相应的动载荷,产生幅值恒定而频率可变的动应变。应变幅值与振动加速度成正比,其频率即振动台的振动频率。这种方法能产生高频正弦变化的动态应变,因不存在撞击的运动构件,故应变波形良好。

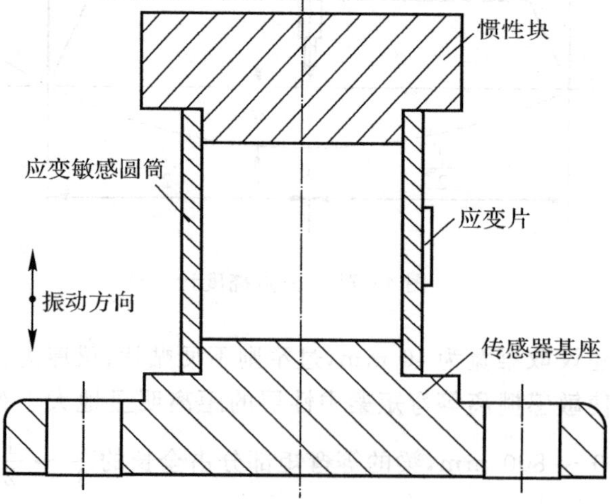

图 9 - 72　动态应变标定传感器

六、动态应变测量中的防干扰措施

干扰是指动态应变信号在变换、传输、放大及记录过程中,从内部或外部混入其他信号,从而造成误差的现象。当干扰频率在所测动应变信号频率范围内时,其混入应变信号内造成假象，将严重地影响测量结果。在应变测量时，干扰的来源很多，有机械的（振动、冲击、音响）、热的、电的、磁的各种干扰，也有测试仪器内部引起的干扰。

进行动态应变测量前，应预先进行干扰源的检查。首先排除仪器内部因素造成的干扰，如应变仪本身的漂移、多台仪器之间的干扰等；然后在未加载时接上测量导线检查仪器是否有输出信号，如果有输出信号，就表明干扰信号通过应变计及测量导线进入；如果用标准无感电阻代替应变计后，干扰信号消除，表明干扰就是在应变计处进入的，可能是应变计受潮，绝缘电阻下降等原因而引起的地电压、地电流的干扰等，如果干扰仍然存在，那就可能是外界对测量导线造成的电磁干扰和静电干扰，移动测量导线的位置或改变走向，寻找干扰来源。如果加载后再卸载，发现记录结果中有零点漂移，表明有直流干扰。检查发现干扰因素后，应根据干扰源的不同选择不同的防干扰措施，以下针对动态应变测量中常见的电磁干扰、静电干扰、地压或地电流干扰、测量仪器之间的干扰等干扰因素介绍抑制预防的措施。

1. 抑制电磁干扰和静电干扰的措施

为抑制电磁干扰和静电干扰，在动态应变测量中应尽可能地缩短测量导线的长度并尽量增大测量导线与干扰源的距离，或者改变测量导线的方向，将它与电力线垂直，就可以减小电磁干扰和静电干扰。在测量中通常将测量导线绞扭在一起，这样做的目的是为了减少干扰磁通的耦合面积，并使每一绞的感应电流与下一绞的感应电流相反，互相抵消。此外将电源线绞扭能减弱磁场干扰。在绞扭线的外面采用金属屏蔽套，可以防止静电干扰，还能抑制静磁和电磁干扰，分别称为静电屏蔽和静磁屏蔽和电磁屏蔽。静磁屏蔽是利用磁阻很小的强磁屏蔽材料（如钢等），它将干扰磁场限制在屏蔽体内，不影响信号回路。电磁屏蔽主要是防止高频电磁场的影响，它是采取低电阻金属材料，如铜、铝等作为屏蔽材料，使高频干扰信号在其上产生涡流损失来达到电磁屏蔽作用。屏蔽体愈厚，对电流干扰就有愈好的抑制作用。

在较强的磁场情况下进行试验时，仅靠电缆本身的屏蔽作用是不够的，还需要另外增加屏蔽体进行屏蔽。

2. 抑制地电压、地电流干扰的措施

通常应变仪的电源为市电电源，仪器的外壳接地，这时应变计处不允许接地，并且应变计与被测构件绝缘电阻要足够大，分布电容要小，否则地电压、地电流将干扰信号回路。如应变仪采用外壳接地，屏蔽套在该处也接地，这样称为一点接地。如果应变仪使用电池供电，可以将屏蔽套接仪器外壳，但都不接地，称为“浮空”。

3. 抑制测量仪器之间的相互干扰

要抑制测量仪器之间的相互干扰，必须强迫各台应变仪载波频率同步，一般应变仪都有这样的接线端子和联结器。如果应变仪之间的载波频率相差太大时，将无法同步，这时应首先调整应变仪的振荡频率，使它们接近，然后接上同步线。但是同步的应变仪台数不宜过多，否则达不到同步目的，反而使应变仪无法工作。如果测量时使用的应变仪的台数很多时，应当将应变仪分组，每组内的几台同步，同步线要尽量短，且尽量避免与电源线平行布线。同时各组的测量导线要隔开，最好在每一组测量线外增加一层屏蔽层。

4. 其他抑制干扰的措施

如果采取措施后，应变信号中仍有较明显的干扰，且干扰频率范围在被测的动态应变信号频率范围之外，则还可以使用滤波器将干扰信号滤除。如果确定了干扰的来源，应当对干扰源采取屏蔽、接地等措施。

七、动态测量随机应变数据的基本特性

周期性应变信号的幅值、基频及频谱关系图容易根据其波形图结合傅立叶级数计算确定。下面主要针对随机性应变测量得到的随机数据介绍其基本特性。随机性应变的记录波形是一条应变随时间变化的随机曲线。表示随机现象的单个时间历程，称为样本函数。随机现象可能产生的全部样本函数的集合，称为随机过程。大多数机械构件的随机性应变是属于平稳随机过程，可以用在某时间区间内记录下来的样本函数的片段，即样本记录的统计特性来描述此过程的总体。随机性应变数据可用均方值、概率密度函数、自相关函数和功率谱密度函数等四种主要的统计函数来描述。

1. *均方值、均值和方差*

动态应变测试获得的随机应变数据，其样本函数 $\varepsilon(t)$ 的均方值为

$$\psi^2 = \lim_{T\to\infty} \frac{1}{T}\int_0^T \varepsilon^2(t)\,\mathrm{d}t \tag{4-100}$$

在强度问题中，常把随机性应变看做静态应变分量和动态应变分量之和。静态应变分量可用全部应变值的简单平均来表示，称为随机性应变的均值 ε_a，即

$$\varepsilon_a = \lim_{T\to\infty} \frac{1}{T}\int_0^T \varepsilon(t)\,\mathrm{d}t \tag{4-101}$$

动态分量可用方差 s^2 来描述，即

$$s^2 = \lim_{T\to\infty} \frac{1}{T}\int_0^T (\varepsilon(t)-\varepsilon_a)^2\,\mathrm{d}t \tag{4-102}$$

方差的正平方根 s 称为标准差，它表示随机性应变在均值附近摆动幅度的大小。将式(4-102)展开，可得

$$\psi^2 = \varepsilon_a^2 + s^2$$

即随机数据的均方值等于均值(静态分量)的平方与方差(动态分量)之和。

2. *概率密度函数*

随机应变的概率密度函数 $p(\varepsilon)$ 表示了瞬时值落在某指定范围内的概率，它定义如下：

$$p(\varepsilon) = \lim_{\Delta\varepsilon\to 0} \frac{\mathrm{Prob}[\varepsilon < \varepsilon(t) \leqslant \varepsilon + \Delta\varepsilon]}{\Delta\varepsilon} \tag{4-103}$$

式中，Prob 为概率 Probability 之缩写。

瞬时应变 $\varepsilon(t)$ 小于或等于某值 ε 的概率定义为累积概率分布函数 $P(\varepsilon)$，它等于概率密度函数从 $-\infty \to \varepsilon$ 的积分，即

$$P(\varepsilon) = \mathrm{Prob}[\varepsilon(t) \leqslant \varepsilon] = \int_{-\infty}^{\varepsilon} p(\xi)\,\mathrm{d}\xi \tag{4-104}$$

瞬时应变 $\varepsilon(t)$ 落在区域 $(\varepsilon_1, \varepsilon_2)$ 内的概率为

$$P(\varepsilon_2) - P(\varepsilon_1) = \mathrm{Prob}[\varepsilon_1 < \varepsilon(t) \leqslant \varepsilon_2] = \int_{\varepsilon_1}^{\varepsilon_2} p(\varepsilon)\,\mathrm{d}\varepsilon \tag{4-105}$$

$\varepsilon(t)$ 的均方值和均值用概率密度函数表示为

$$\left.\begin{aligned} \psi^2 &= \int_{-\infty}^{\infty} \varepsilon^2 p(\varepsilon)\,\mathrm{d}\varepsilon \\ \varepsilon_a &= \int_{-\infty}^{\infty} \varepsilon p(\varepsilon)\,\mathrm{d}\varepsilon \end{aligned}\right\} \tag{4-106}$$

大量实验表明，随机性应变值 ε 出现的概率服从或近似于高斯（正态）分布规律，即 $\varepsilon(t)$ 的正态概率密度函数为

$$P(\varepsilon)=\frac{1}{s\sqrt{2\pi}}e^{-\frac{(\varepsilon-\varepsilon_a)^2}{2s^2}} \tag{4-107}$$

它的正态累积概率分布函数为

$$P(\varepsilon)=\int_{-\infty}^{\varepsilon}p(\xi)d\xi=\frac{1}{s\sqrt{2\pi}}\int_{-\infty}^{\infty}e^{-\frac{(\xi-\varepsilon_a)^2}{2s^2}}d\xi \tag{4-108}$$

3. 自相关函数

随机应变的自相关函数是描述随机过程的一个数据值与另一个时刻的数据值之间的依赖关系，其定义为

$$R(\tau)=\lim_{T\to\infty}\frac{1}{T}\int_0^T\varepsilon(t)\varepsilon(t+\tau)dt \tag{4-109}$$

自相关函数是时间位移 τ 的函数，在 $\tau=0$ 时有最大值，且等于均方值，即

$$\psi^2=R(0) \tag{4-110}$$

当 $\tau\to\infty$ 时，自相关函数的正平方根等于 $\varepsilon(t)$ 的均值，即

$$\varepsilon_a^2=R(\infty) \tag{4-111}$$

可见，对于均值 ε_a 为零的随机应变数据，当 τ 足够大时，自相关函数值趋近于零。即使某随机应变数据的均值不等于零，但当考虑 $\varepsilon(t)-\varepsilon_a$ 时，上述结论对这一新的随机应变数据仍然适用。

4. 功率谱密度函数

随机应变数据的一般强度可用它的均方值来描述，这个均方值是对全部谐波成分而言的。当我们对在 f 到 $f+\Delta f$ 频率范围内的谐波成分的强度感兴趣时，就要计算随机应变数据在这一频率范围内的均方值。这可用具有精确截断特性的带通滤波器对样本记录进行滤波，将 f 到 $f+\Delta f$ 频率范围之外的谐波全部滤掉，然后计算滤波器输出量平方的平均值，即

$$\psi^2(f,\Delta f)=\lim_{T\to\infty}\frac{1}{T}\int_0^T\varepsilon^2(t,f,\Delta f)dt \tag{4-112}$$

式中，$\varepsilon(t,f,\Delta f)$ 为 $\varepsilon(t)$ 在 f 到 $f+\Delta f$ 频率范围内的部分。当 $\Delta f\to 0$ 时，均方值 $\psi^2(f,\Delta f)$ 的极限即定义为随机数据 $\varepsilon(t)$ 的功率谱密度函数，以 $G(f)$ 表示，即

$$G(f)=\lim_{\Delta f\to 0}\frac{\psi^2(f,\Delta f)}{\Delta f}=\lim_{\Delta f\to 0}\frac{1}{\Delta f}\left[\lim_{T\to\infty}\frac{1}{T}\int_0^T\varepsilon^2(t,f,\Delta f)dt\right] \tag{4-113}$$

在机械系统中，功或能量一般与位移（应变）幅值的平方或均方值成正比，而 $G(f)$ 是均方值在频率域上的密度函数，它表示了随机数据在单位频带内的谐波分量的能量在频率域上的分布，这就是称它为功率谱密度函数的由来。在结构强度问题中，功率谱密度相等时，对零部件有等效的损伤能力。功率谱密度函数确定了随机数据的频率结构，在随机疲劳试验、疲劳强度校核、机械系统的动态特性研究和数据检验等方面都有应用，是随机数据的重要特性。

功率谱密度函数 $G(f)$ 的图形称为功率谱图，它表示随机数据的能量在频率域上的分配。图 4－73 给出了一随机应变数据的概率密度函数、自相关函数和功率谱密度的图形，它们相应地描述了应变样本记录 $\varepsilon(t)$ 在振幅域、时间域和频率域上的统计特性。

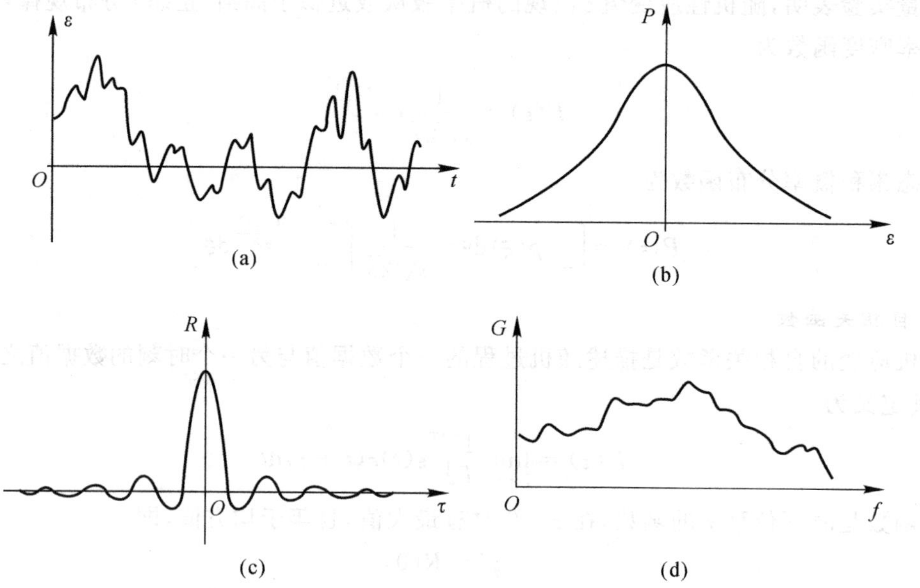

图 4-73　随机应变数据的基本性质

(a) 时间历程；(b) 概率密度函数；(c) 自相关函数；(d) 功率谱密度函数

第七节　电阻应变测量在工程中的应用

在工程结构的强度分析中，应力、力、力矩、位移、速度、加速度以及流体压力等物理量的大小及其变化规律需要通过工程测量获取。虽然对它们的测量可以用机械、光学等方法，但是随着微电子技术和计算机技术的飞速发展，电阻应变测量技术在这些物理量的测量中具有明显的优点和突出的优势，因此在工程中得到了广泛的应用。

一、残余应力的测量

残余应力是指消除外力或不均匀的温度场等作用后仍留在物体内的自相平衡的内应力。机械加工和强化工艺都能引起残余应力。如冷拉、弯曲、切削加工、滚压、喷丸、铸造、锻压、焊接和金属热处理等，不均匀塑性变形或相变都可能引起残余应力。残余应力的测量通常有全释放法和部分释放法两种方法。

1. *全释放法*

构件的残余应力一般都是非均匀分布，但在一个很小的区域内，可近似地认为是均匀分布。采用全释放法测量时，选用标距足够小的电阻应变计粘贴在构件测试点，采用机械方法，全部切割掉构件测试点应变计周围的材料，消除测试点材料周围的约束条件，随着测点约束条件的消除，该点的残余应力消失。当残余应力释放后，应变计所测得的应变增量值，就是当初产生残余应力的应变值，通过换算就可以获得构件测试点的残余应力。工程中常用的残余应力全释放有以下 3 种：

(1)分割法。分割法适用于较大构件残余应力的测定。它是利用铣床和刨床等设备，将构件测点周围的材料逐步切割掉，使应力得以释放。

(2)环孔法。环孔法是利用专用的钻头和钻床，在构件测点周围切割出一个环形槽进行应力释放，如图 4－74 所示。测量时，只需要达到应力释放的目的，而不必将测试点周围的材料全部切除。

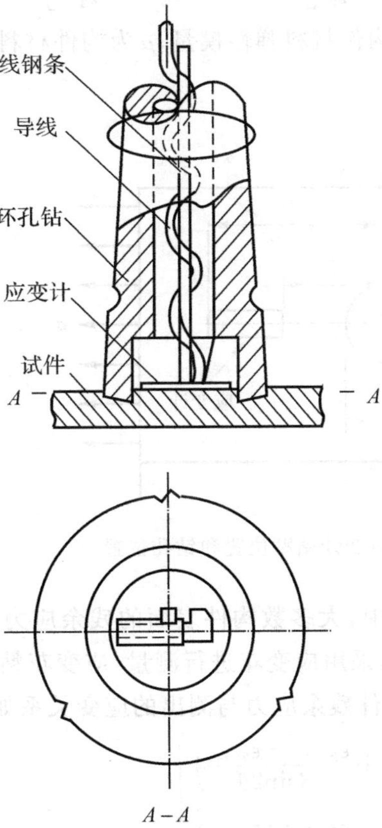

图 4－74　环孔应力释放

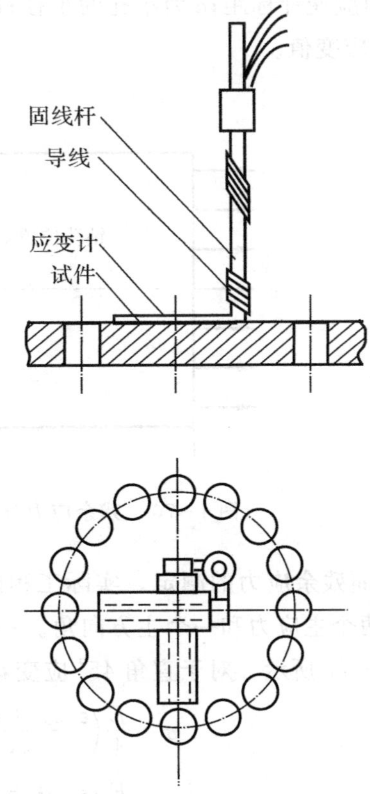

图 4－75　环小孔应力释放

(3)环小孔法。环小孔法是用普通电钻，在测点周围沿圆周方向，紧密地钻一圈直径为 4～6 mm的小孔进行应力释放，如图 4－75 所示。由于测点周围的材料没有完全被切除，约束条件没有被全部解除，因此残余应力没有得到彻底的释放，测量误差较大，但却简单易行。

2. *部分释放法*

在残余应力的实际测量过程中，当遇到不允许严重损坏构件，或者构件本身不便于机械加工的情况，可采用对构件破坏程度较小的部分释放法，最常用的是小孔测试法。其基本原理是在构件测试点贴上应变计，然后在应变计的附近用电钻钻一个直径为 3～8 mm 的小孔，小孔距应变计越近，则应变计感受到的应变越大。根据应变计测出的应力释放前后的应变之差，利用弹性力学理论即可推算出构件表面的残余应力。

(1) 单向残余应力的测试。对于图 4－76 所示的受单向残余应力作用的构件，在预定钻孔附近粘贴好应变计，确定出应变计敏感栅始端和末端距孔心的距离 l_1 和 l_2。由于构件处于单向应力状态，应变计轴向与应力方向重合，先用应变仪测试出应变计的初始应变，然后在预定孔心位置钻一小孔，测出构件钻孔后的应变值，则残余应力为

$$\sigma=\frac{2EL\varepsilon}{ka^2} \tag{4-114}$$

式中 $$k=\frac{1}{l_1}\left[4+(1+\mu)(1-\frac{a^2}{l_1^2})\right]-\frac{1}{l_2}\left[4+(1+\mu)(1-\frac{a^2}{l_2^2})\right]$$

$L=l_2-l_1$ 为应变计标距；a 为小孔的半径；E 为构件材料弹性模量；μ 为构件材料泊松比；ε 为应变计的读出应变值。

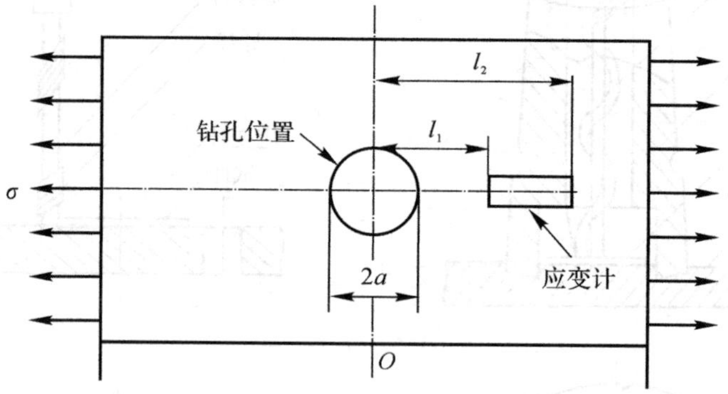

图 4-76 残余应力分布及应变计粘贴位置和钻孔位置

（2）平面残余应力的测定。实际工程问题中，大多数构件表面的残余应力都是表面应力状态，需测两个主应力和一个主方向角。一般均采用应变花进行测量，应变花粘贴位置和钻孔位置如图 4-77 所示。对于直角 45° 应变花，构件残余应力与测出的应变关系如下：

$$\left.\begin{aligned}\sigma&=\frac{E}{4}\left(\frac{\varepsilon_{\theta-45^\circ}+\varepsilon_{\theta+45^\circ}}{A}+\frac{\varepsilon_{\theta-45^\circ}-\varepsilon_{\theta+45^\circ}}{B\sin2\theta}\right)\\ \sigma&=\frac{E}{4}\left(\frac{\varepsilon_{\theta-45^\circ}+\varepsilon_{\theta+45^\circ}}{A}-\frac{\varepsilon_{\theta-45^\circ}-\varepsilon_{\theta+45^\circ}}{B\sin2\theta}\right)\\ \theta&=\frac{1}{2}\tan^{-1}\frac{\varepsilon_{\theta-45^\circ}+\varepsilon_{\theta+45^\circ}}{2\varepsilon_\theta-\varepsilon_{\theta-45^\circ}-\varepsilon_{\theta+45^\circ}}\end{aligned}\right\} \tag{4-115}$$

式中 $$A=\frac{1}{2}(1+\mu)\frac{a^2}{l_1l_2}$$

$$B=\frac{2a^2}{l_1l_2}\left[1-\frac{a^2}{4}(1+\mu)\frac{l_1^2+l_1l_2+l_2^2}{l_1^2l_2^2}\right]$$

ε_θ、$\varepsilon_{\theta-45^\circ}$、$\varepsilon_{\theta+45^\circ}$ 分别为 θ、$\theta-45^\circ$、$\theta+45^\circ$ 方向的应变值。一般取 $a\geqslant L/3.5$，$l_1=(1.5\sim2)a$。

（3）钻孔深度与应力释放的关系。实际测量过程中，不一定要把构件钻通进行应力释放。一般采用盲孔的形式，但构件残余应力释放过程与盲孔的深度有关，如图 4-78 所示。在测量点应力均匀的情况下，从图中可以看出，当盲孔深度接近孔直径的 1/2 倍时，在钻孔附近的应变计可以近似地测量出构件的残余应变的 1/2。当孔深度等于孔直径的 1.2 倍时，即可测出构件的全部残余应变。

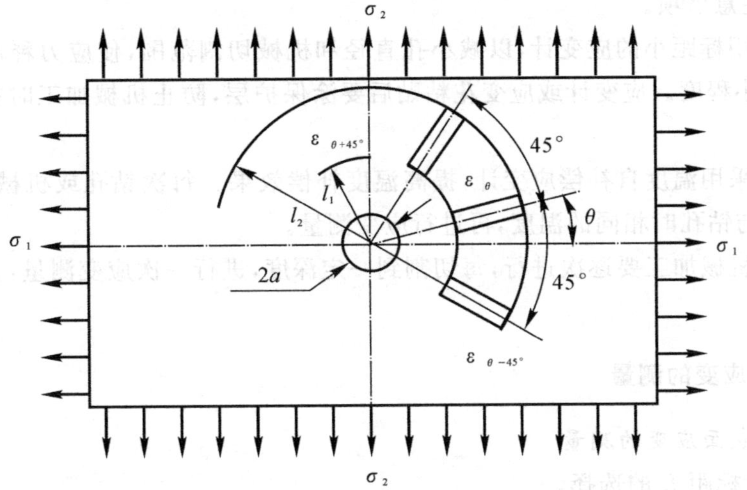

图 4-77 平面应力状态时应变花的粘贴位置与钻孔位置

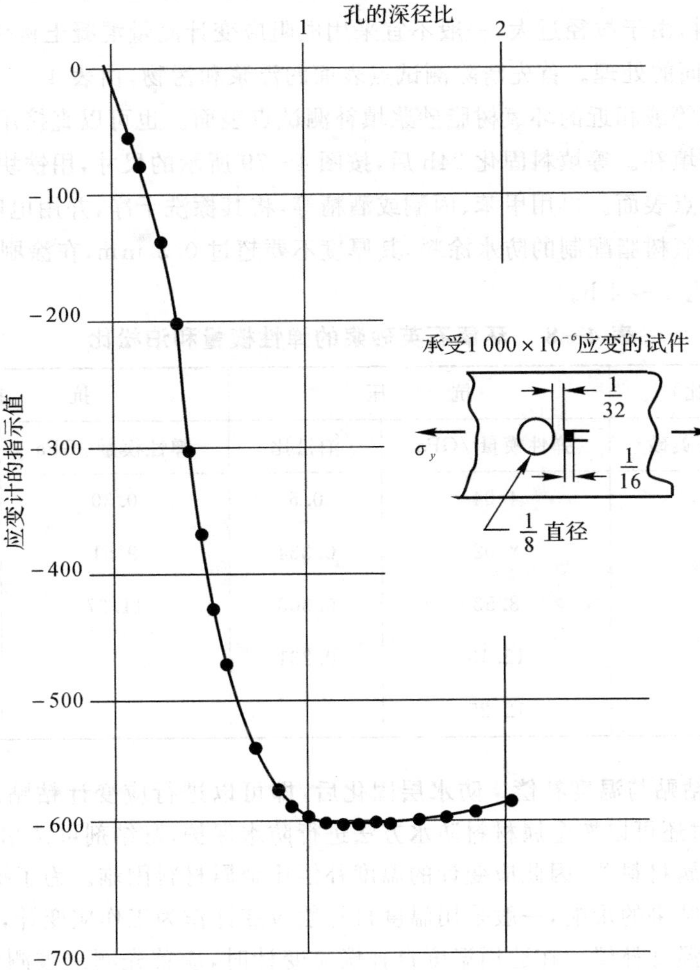

图 4-78 盲孔深度与应力释放程度的关系

(4) 测量注意事项。

1) 尽量选用标距小的应变计，以减小孔直径和机械切割范围，使应力释放给构件造成的破坏减小到最小程度。应变计或应变花粘贴后要涂保护层，防止机械加工时损坏应变计或应变花。

2) 应尽量采用温度自补偿应变计，提高温度补偿效果。每次钻孔或机械加工后，要等构件温度降低到与钻孔时相同的温度，再进行应变测量。

3) 钻孔或机械加工要逐次进行，每切割到一定深度，进行一次应变测量，直到应力释放结束为止。

二、混凝土应变的测量

1. 混凝土表面应变的测量

(1) 应变计标距 L 的选择。

1) 对于粒径 $d_{max} < 2$ cm 的细骨料混凝土，应变计标距 $L \geqslant 4d_{max}$。

2) 对于粒径 $d_{max} = 2 \sim 4$ cm 的中等骨料混凝土，应变计标距 $L \geqslant 2d_{max}$。

3) 对于粗骨料，由于粒径过大，一般不宜采用电阻应变计测量混凝土构件的应变。

(2) 测试点表面的处理。首先清除测试点表面的浮浆和污物，由表 4-8 中选择与被测量混凝土弹性模量相等或相近的环氧树脂砂浆填补测试点表面。也可以直接用相同标号或高标号的水泥砂浆进行填补。等填料固化 24h 后，按图 4-79 所示的尺寸，用铁块和金刚砂加水或者用砂布研磨测试点表面。再用甲苯、丙酮或酒精等，将其擦洗干净，并用电吹风 或红外线灯烘干。最后涂上环氧树脂配制的防水涂料，其厚度不要超过 0.3 mm，在涂刷过程中要不断烘烤，然后再自然固化 2 ～ 4 h。

表 4-8　环氧石英砂浆的弹性模量和泊松比

配比(质量比)	抗　压		抗　拉	
环氧树脂：石英砂	弹性模量 /GPa	泊松比	弹性模量 /GPa	泊松比
1：0.0	4.04	0.5	0.30	0.429
1：1.5	8.02	0.334	9.51	0.289
1：2.0	8.53	0.303	11.37	0.280
1：4.0	12.15	0.231		
1：5.0	12.25			

(3) 应变计的粘贴与温度补偿。防水层固化后，即可以进行应变计粘贴。黏结方法与金属材料相同，必要时还可以按金属材料防水方法进行防水保护，黏结剂可选用 502 胶。由于混凝土的热传导比金属材料差，因此应变计的温度补偿比金属材料困难。为了提高测量精度，减小温度变化对测量结果的影响，一般采用温度自补偿应变计作为工作应变计，同时采用常规的温度补偿方法进行温度补偿。在选用温度自补偿应变计时，应首先测定被测混凝土构件的线膨胀系数，以避免因混凝土水泥标号不同导致线膨胀系数出现离散。

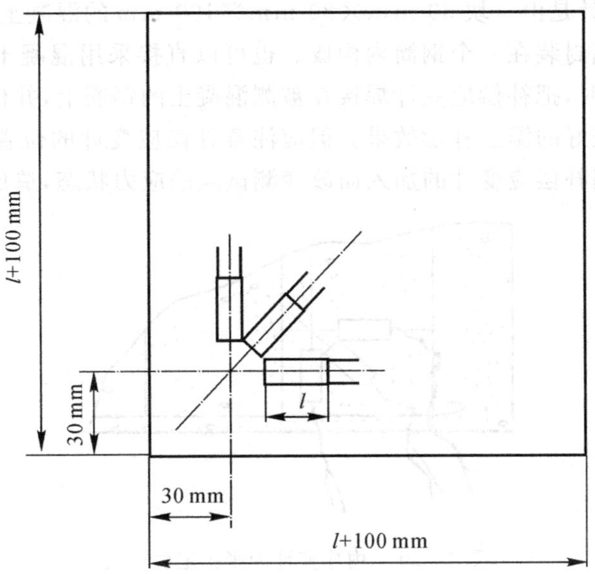

图 4－79　混凝土打磨面尺寸

2. 混凝土内应变的测试

(1) 内应变计。

1) 环氧砂浆内应变计。这是一种把电阻应变计包裹在条形环氧砂浆块体内，引出线端部引出的内应变计。为了增加内应变计和混凝土之间的黏结力，可在内应变计表面粘贴一层英砂。这种内应变计制作方便，防水性好，对低标号的混凝土具有足够的测量精度。但它的强度低，测量高标号混凝土时误差较大。

2) 混凝土内应变计。混凝土内变计是一种以混凝土预制块为衬基的内应变计。它是在事先预制好的混凝土块衬基上，涂上环氧树脂防水层，粘上电阻应变，再涂上防水保护层制成。这种内应变计的优点是强度高，防水性好，与混凝土结合性好，易安装，实验重复性好，误差一般均在 4% 以下；缺点是内应变计的衬基预先制作，与被测试混凝土的龄期和干缩程度不一致，两者弹性模量有差异。

3) 自补偿内应变计。自补偿内应变计主要用于被测试构件在可变载荷长期作用下的应变测量。它是用在混凝土中具有温度自补偿性的大标距电阻应变计，将其用银箔包裹起来形成一长形薄片，在端部用双股橡胶电缆作为引出线，并用环氧树脂把出口密封。使用时，预先填入表面如蜂窝的混凝土中，做成应变砖使用。

(2) 内应变计的埋设。

1) 张拉定位法。张拉定位法是用细钢丝穿过内应变计四角的预留孔并绑紧，另一端拉紧固定在内应变计四周的混凝土钢筋骨架上，使内应变计固定在预设的测量位置上，如图 4－80 所示。

2) 支撑定位法。支撑定位法多用于设有安装螺杆的内应变计，在埋设安装时，把安装螺杆拧入内应变计的预留螺母内，再把安装螺杆直接焊接在内应变计预埋位置四周的钢筋骨架上。

3) 内应变计的温度补偿。在混凝土内应变的测量过程中，由于温度影响因素较大，除了采用温度自补偿电阻应变计外，同时还需要采用常规的温度补偿方法进行温度补偿。常用的混凝土温度补偿应变计是由一块 30 mm×30 mm×100 mm 的混凝土预制块，上面贴有电阻应变计，并用环氧树脂封装在一个钢筒内构成。也可以直接采用混凝土内应变计作为温度补偿应变计使用。使用时，把补偿应变计焊接在被测混凝土的钢筋上，并位于被补偿应变计的中心位置，这样可获得较好的温度补偿效果。但应注意补偿应变计的位置不能过于靠近被测点的工作应变计，以免因补偿应变计的加入而改变测试点的应力状态，造成测量结果的误差。

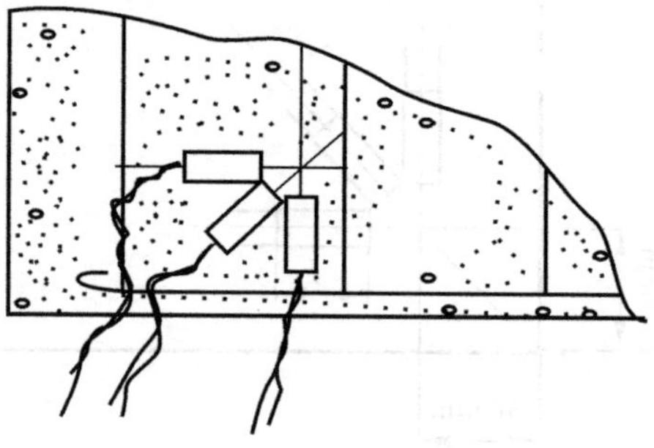

图 4-80　内应变计的张拉定位埋设

三、钢筋应变的测量

在钢筋混凝土构件中，通过测量钢筋的应变，即可得知钢筋的受力状况。一般可直接在钢筋上贴电阻应变计进行应变测量。由于钢筋是均质材料，选用标距为 5～10 mm 的胶基电阻应变计即可满足测量要求。在钢筋上贴好电阻应变计后，应涂上防水层，并加保护罩，最后用环氧树脂密封两端出口。在测量时，应尽量利用钢筋的受力条件，在钢筋的纵向和横向粘贴电阻应变计，形成半桥或全桥互补接法，以便进行温度补偿。如果受条件限制，无法在钢筋上贴温度补偿应变计，可采用钢筋温度补偿应变计进行温度补偿。在浇注混凝土前，应将补偿应变计焊接在工作应变计附近的钢筋上。钢筋的应变还可采用钢筋应变计进行测量，由于钢筋应变计可以事先在室温下制作好，并可进行力和应变的标定，因而性能可靠。

四、电阻应变计式传感器

1. 应变计式传感器的基本原理

电阻应变计式传感器以电阻应变计为转换元件，主要由弹性元件和粘贴于其上的电阻应变计构成。通过贴有电阻应变计的弹性元件的变形，被测的力、位移、转矩等各种物理量被转换成电信号的变化。传感器关键部分是感受被测物理量的弹性元件，其结构形式有多种，目的在于提高感受被测物理量的灵敏性和稳定性。常用的弹性元件的结构形式有：受拉压的直杆、受弯曲的梁、受扭转的圆轴、受均布压力的薄圆板、受内压的圆筒、受径向载荷的圆环以及受轴向载荷的剪切轮辐式结构等。

为了进行高精度的测量，要求传感器的输出灵敏度高、非线性误差小、有良好的重复性（即工作稳定性）、湿度对传感器的零点及输出灵敏度的影响小、在动态测量时有足够的频率响应范围等。因此，对弹性元件的结构和尺寸设计、弹性元件材料的选择及热处理、应变计与黏结剂的选择、应变计的粘贴与防护工艺等方面均有严格的要求。

(1) 传感器弹性元件材料与结构的选择。传感器弹性元件的材料应具有较高的强度和弹性极限，较低的弹性模量，滞后、蠕变小，以及良好的机械加工和热处理性能。常用的弹性元件材料及性能如表 4-9 所示。

表 4-9　常用弹性元件的材料和性能

名称	弹性模量 /Pa		β 线膨胀系数	σ_s	σ_b	y 重度	备　注
	E	G	10^{-6}/℃	10^2 Pa	10^3 Pa	10^4 Pa	
45 号钢	2.0×10^{11}	—	—	3.6	6.1	7.8	如淬火 830～850℃，回火 500℃，$\sigma_b=9.5\times10^6\sim10.5\times10^6$ Pa
40Cr	2.18×10^{11}	—	11	8.0	10	—	用于一般传感器
25CrMnSiA	2.0×10^{11}	—	11	13	16.5	—	用于高精度传感器
60Si2MnA	2.0×10^{11}	8.7×10^9	11.5	14	16	—	用于小厚度半面弹性元件，疲劳极限高
50CrVA	2.1×10^{11}	8.3×10^9	11.3	11	13	—	用于重要弹性元件，温度 ≤ 400℃
40CrNiMoA	2.1×10^{11}	—	11.7	10～11.3	11.2～12.5		
30CrMnSiA	2.1×10^{11}	—	11	9.0	11	—	
65Si2MnWA	2.0×10^{11}	—	11	17	19	—	
1Cr18Ni9	2.0×10^{11}	8.0×10^9	16.6	2.0	5.5	7.85	弹性稳定好，适于 380～480℃ 工作
QBe2 铁钢	1.31×10^{11}	5.0×10^9	16.6	—	12.5	8.23	
Yy12 硬铅	7.2×10^{10}	2.7×10^9	23	3.4	5.2	2.8	

传感器弹性元件的结构形式多种多样，除根据被测物理量的种类、大小及传感器输出灵敏度等因素确定外，还要求弹性元件在贴应变计部位的应变与被测物理量呈线性关系，其额定应变值一般在 600～2 000 $\mu\varepsilon$。弹性元件在任何部位的工作应力都不能超过材料的弹性极限，并应该有一定的安全系数。在考虑约束的情况下，由弹性元件组成的弹性系统，其固有频率应远大于被测物理量的频率。

(2) 应变计的选择与粘贴。对一次性使用或短期使用的传感器，其应变计的选择及粘贴可以和通常的应变测量相同。对反复使用或长期连续使用的传感器，一般应选择高质量、高稳定性的箔式应变计，采用热固化的黏结剂进行粘贴，同时，对粘贴工艺的质量应严格控制，并且应覆盖良好的防护层。

(3) 传感器的电路和补偿。传感器的电路如图 4-81 所示。图中 R_D 是与工作应变计敏感栅材料相同的电阻，粘贴在弹性元件不变形的部位，通过调整 R_D 可补偿测量电路的初始不平衡。R_T 是一个阻值很小，但温度系数很大的电阻，粘贴在弹性元件不变形的部位，用以补偿因温度变化引起的传感器零点漂移。R_K 也是一个温度系数很大的电阻，用以补偿弹性元件因温度变化使其弹性模量改变，导致传感器输出灵敏系数漂移的现象。

(4) 传感器的性能及技术指标。

1) 额定载荷：传感器测量范围的上限。

2) 极限过载率：超过某载荷后，传感器结构被破坏时，相对应的载荷与额定载荷的百分比。

3) 允许过载率：当载荷超过额定载荷达到某值时，传感器不能按规定的性能工作，但卸载后在额定载荷范围内仍能正常工作的极限值。

4) 额定输出电压：额定载荷时，传感器电路的开路输出电压。

5) 非线性：加载曲线与连接零点和额定载荷之间直线的最大偏离值。它的大小用最大偏离值与额定载荷百分比表示。

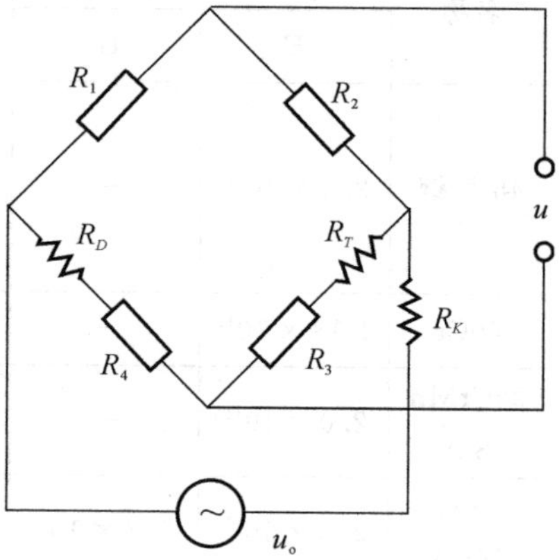

图 4-81　传感器电路图

6) 频率响应：极限频率值，当传感器工作频率超过该值时，输出电压振幅增减的误差超过规定值。

7) 工作温度范围：传感器能正常工作的范围。

8) 滞后：加载和卸载曲线的最大差值与额定输出值的百分比。

9) 蠕变：额定载荷下保持一定时间，输出电压的变化与额定输出电压的百分比。

10) 零点漂移：无载荷作用时，温度每变化 1℃ 所引起的输出变化值与额定输出值的百分比。

11) 灵敏度漂移：在额定载荷下，温度每变化 1℃ 所引起的输出变化值与额定输出值的百分比。

12) 额定输出点与灵敏度：额定载荷时，单位供桥电压的输出值。

13) 重复性：在同一环境条件下，多次加载至额定值，输出的最大差值与平均输出值的百分比。

2. 测力传感器

测力传感器根据测量的对象不同，习惯上又称为力传感器、载荷传感器、荷重传感器等。测力传感器的弹性元件有多种形式，根据结构形式可分为杆式、梁式、环式和轮辐式等。根据弹性元件的特点分述如下：

(1) 杆式弹性元件。杆式弹性元件结构简单，可以承受较大的载荷。它的截面多为实心或空心圆形，小量程传感器则为方形，其结构与接桥方法相同，如图 4-82 所示。图 4-82(b) 所示的接桥方法，能消除载荷偏心的影响，并可进行温度补偿。应变仪的读出应变值与弹性元件的真实应变值有如下关系：

$$\varepsilon_d = 2(1+\mu)\varepsilon$$

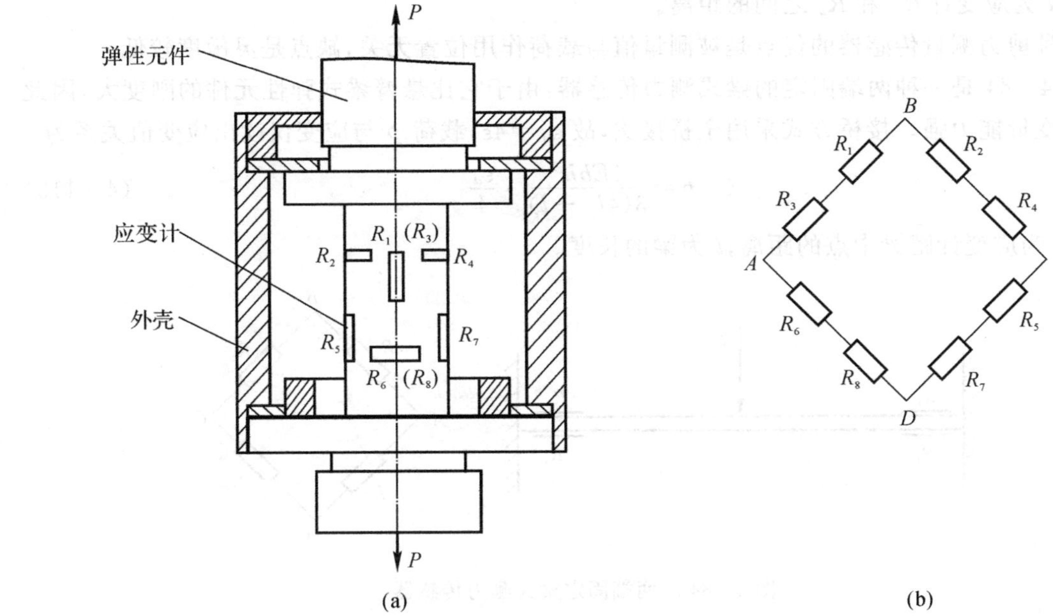

图 4-82　杆式拉、压力传感器的结构及接桥方法

显然，载荷 P 与应变仪读出应变值的关系为

$$p=\frac{EA\varepsilon_d}{2(1+\mu)} \tag{4-116}$$

式中，E 为弹性元件材料的弹性模量；μ 为弹性元件材料的泊松比；A 为弹性元件材料的横截面积。

(2) 梁式弹性元件。这类弹性元件适合于载荷较小，精度较高的传感器。它的结构简单，加工方便，灵敏度较高。图 4-83 是一种悬臂梁式测力传感器的原理图。其中图 4-83(a) 是悬臂梁式测力传感器，当采用半桥接法时，有 $\varepsilon_d=2\varepsilon$，故

$$p=\frac{Ebh^2}{6l}\cdot\frac{\varepsilon_d}{2} \tag{4-117}$$

式中，b 为梁截面宽度；h 为梁截面的高度；l 为应变计距载荷作用点的距离。

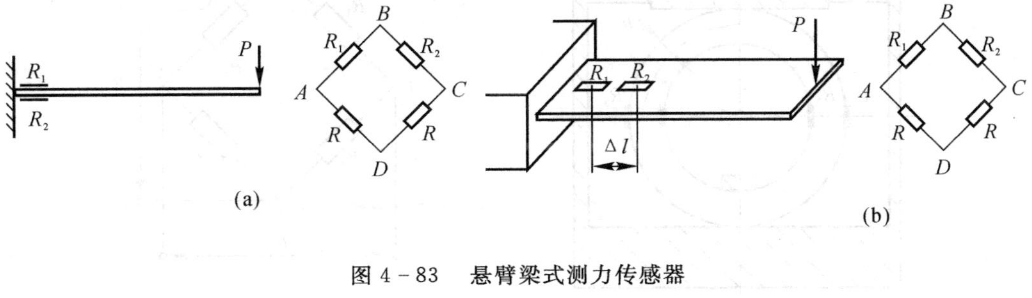

图 4-83　悬臂梁式测力传感器

图 4-83(b) 是一个悬臂梁式剪力测量传感器，采用半桥接法时，有 $\varepsilon_d=\varepsilon_1-\varepsilon_2$，故

$$Q=\frac{Ebh^2\varepsilon_d}{6\Delta l} \tag{4-118}$$

式中，Δl 为应变计 R_1 和 R_2 之间的距离。

这种剪力测量传感器的优点是被测量值与载荷作用位置无关，缺点是灵敏度较低。

图 4-84 是一种两端固定的梁式测力传感器，由于它比悬臂梁式弹性元件的刚度大，因此抗侧向变形能力强。接桥方式采用全桥接法，故 $\varepsilon_d=4\varepsilon$，载荷 p 与应变仪读出应变值关系为

$$p=\frac{4Ebh^2}{3(4l_0-l)}\cdot\frac{\varepsilon_d}{4} \tag{4-119}$$

式中，l_0 为应变计距梁中点的距离；l 为梁的长度。

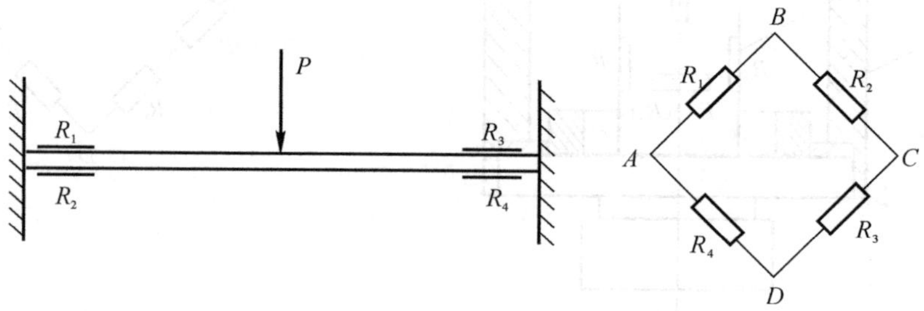

图 4-84　两端固定梁式测力传感器

(3) 环式弹性元件。环式弹性元件的优点是刚度大，固有频率高，沿圆环的应力分布变化大，应力有正有负，便于利用电桥的接法提高传感器输出灵敏度，根据环的平均半径 R 和截面高度 h 比值的大小，可分为 $R/h<5$ 的大曲率环和 $R/r>5$ 的小曲率环。大曲率环用于测量载荷大于 5 kN 的传感器，小曲率环用于测量载荷在 0.5～5 kN 之间传感器，两种环的应变与载荷关系的计算方法不同。采用全桥接法的环式测力传感器，如图 4-77 所示。应变仪读出应变值与弹性元件真实应变值的关系为 $\varepsilon_d=4\varepsilon$。对于 $R/h>5$ 的小曲率环，若应变计粘贴位置如图 4-77 所示，则载荷 p 与应变仪读出应变值关系为

$$p=\frac{Ebh^2}{1.09R}\cdot\frac{\varepsilon_d}{4} \tag{4-120}$$

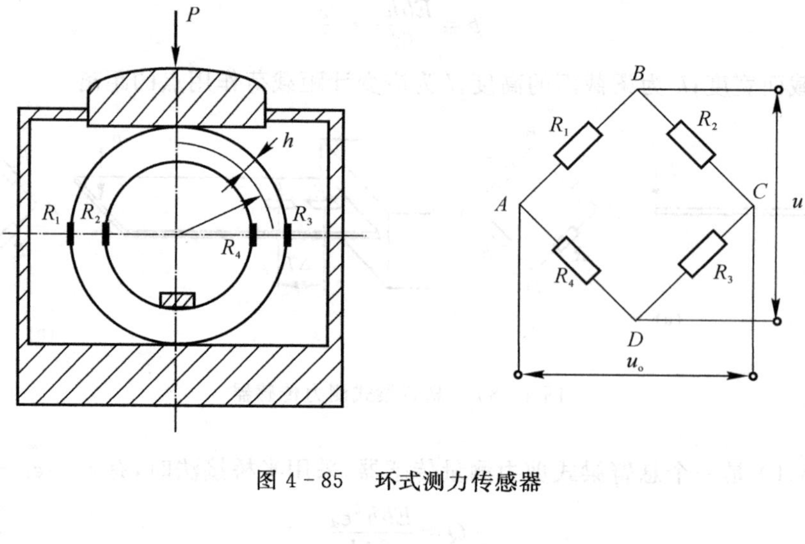

图 4-85　环式测力传感器

(4) 剪切轮幅式弹性元件。剪切轮幅式弹性元件的形状如图 4-86 所示，应变计粘贴在辐条中点的正反两面，并与辐条轴线成 45°。当采用图 4-86(b) 所示的全桥接法时，$\varepsilon_d=4\varepsilon$。应变仪读出应变值与载荷 p 关系为

$$p=\frac{8Ebh}{3(1+\mu)}\cdot\frac{\varepsilon_d}{4} \tag{4-121}$$

剪切轮幅式测力传感器的特点是：外形尺寸小，质量轻，精度高，线性好，输出灵敏高，抗侧向应变能力强，可排除载荷偏心对测量的影响，并能实现过载保护。

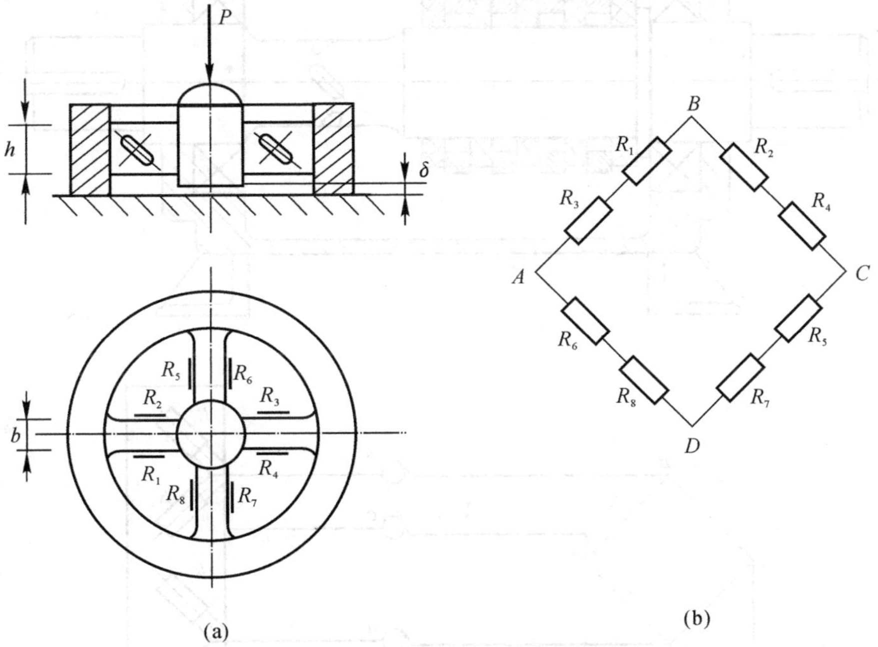

图 4-86　剪切轮幅式测力传感器

3. 转矩传感器

在转矩测量中，电阻应变式转矩传感器是最常用的一种。圆轴式转矩传感器的弹性元件是一圆轴，应变计沿与轴线 45° 角方向粘贴，如图 4-87 所示。采用全桥接法有 $\varepsilon_d=4\varepsilon$，则应变仪读出应变值与转矩的关系为

$$T=\frac{\pi D^3E}{16(1+\mu)}\cdot\frac{\varepsilon_d}{4} \tag{4-122}$$

式中，T 为被测转矩；D 为弹性元件的直径。

4. 压力强度传感器

工程测试中的压力强度测量，主要是指测量液体或气体在单位面积上作用的压力，即液体或气体的压强。所以习惯上说的压力传感器，实际上是压强传感器。它不仅可以测量气体和流体的压力，还可以用来制造测量高度、密度、速度等的仪表。

压力传感器按其结构形式可以分为膜片式、筒式和组合式等几种。

(1) 膜片式压力传感器。膜片式压力传感器是采用周边固定的圆形金属膜片作为弹性元件。膜片的一面承受被测压力，另一面贴有应变计，如图 4-88 所示。膜片的径向应变和周向应变分别为

$$\left.\begin{aligned}\varepsilon_r &= \frac{3p}{8h^2E}(1-\mu^2)(r^2-3x^2)\\ \varepsilon_\theta &= \frac{3p}{8h^2E}(1-\mu^2)(r^2-x^2)\end{aligned}\right\} \tag{4-123}$$

式中，p 为载荷压力；h 为膜片厚度；r 为膜片半径。

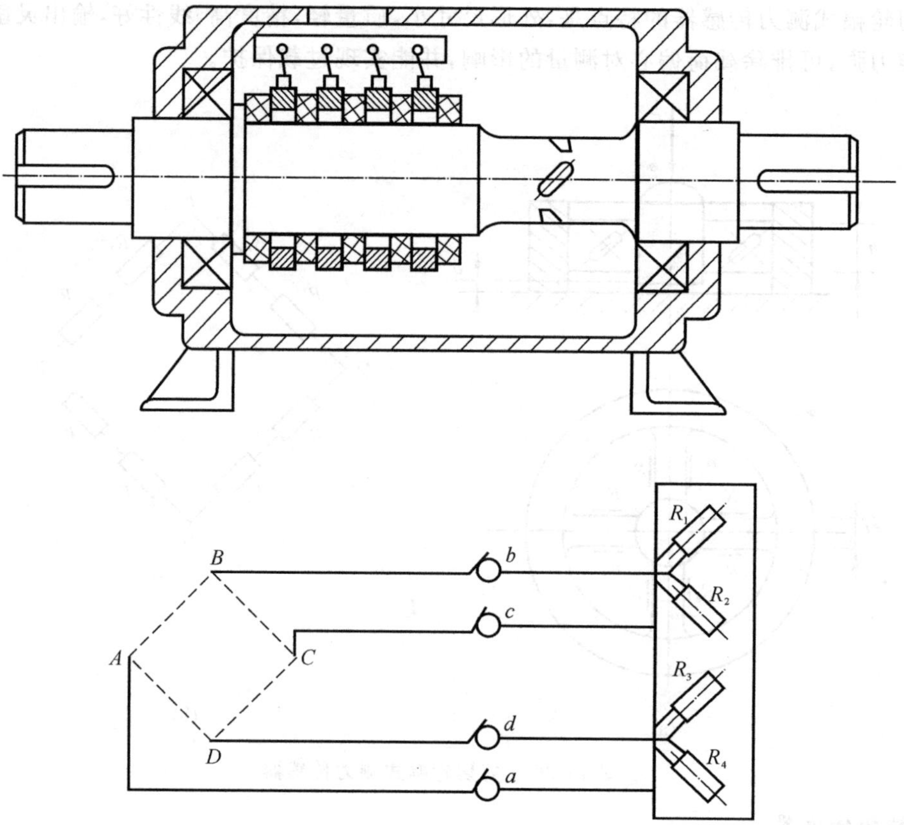

图 4-87　转矩传感器

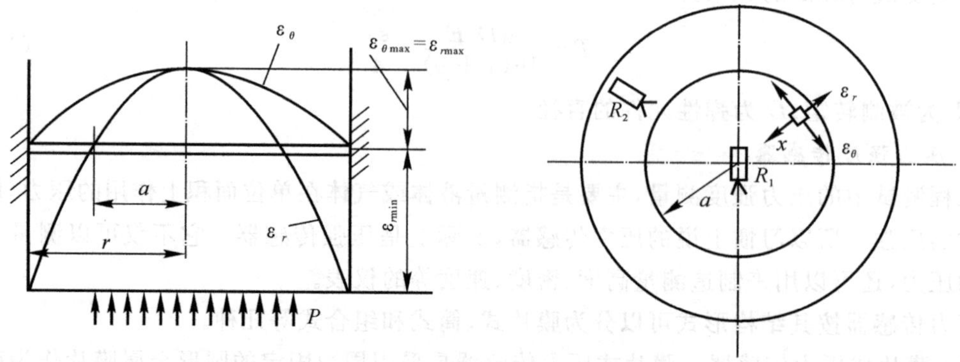

图 4-88　膜片式压力传感器

在应变计标距与膜片半径之比很小的情况下，若将应变计 R_1 和 R_2 分别贴在膜片的中心处和边缘处，并采用半桥接法时，载荷压力与应变仪的读出应变值关系为

$$p=\frac{8Eh^2\varepsilon_d}{9(1-\mu^2)r^2} \tag{4-124}$$

为了减少传感器的非线性误差，要求满足下式：

$$\frac{r}{h}\leqslant\sqrt{3.5\frac{E}{p}} \tag{4-125}$$

(2) 筒式压力传感器。筒式压力传感器弹性元件的结构如图 4－89 所示。工作应变计沿筒圆周方向对称地粘贴在中部外表面，温度补偿应变计粘贴在圆筒的底部。对于壁厚与壁的中面曲率半径之比小于 1/20 的薄壁筒，工作应变计所在位置的周向应力为

$$\varepsilon_\theta=\frac{(2-\mu)p}{2(D/d-1)E} \tag{4-126}$$

式中，D 为筒的外径；d 为筒的内径；p 为被测压力。

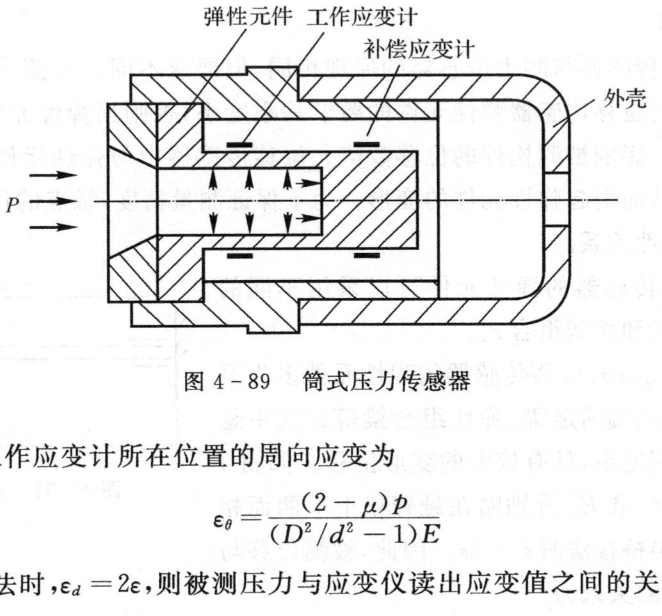

图 4－89 筒式压力传感器

对于厚壁筒，工作应变计所在位置的周向应变为

$$\varepsilon_\theta=\frac{(2-\mu)p}{(D^2/d^2-1)E} \tag{4-127}$$

当采用全桥接法时，$\varepsilon_d=2\varepsilon$，则被测压力与应变仪读出应变值之间的关系为

薄壁筒

$$p=\frac{2(D/d-1)E}{2-\mu}\cdot\frac{\varepsilon_d}{2} \tag{4-128}$$

厚壁筒

$$p=\frac{2(D^2/d^2-1)E}{2-\mu}\cdot\frac{\varepsilon_d}{2} \tag{4-129}$$

(3) 组合式压力传感器。组合式压力传感器如图 4－90 所示。它的压力感受元件和测压弹性元件是分开的，应变计并不直接贴在压力感受元件上，而是贴在测压弹性元件上。常用的感受元件多为膜片、波纹管等，测压弹性元件多为悬臂梁、两端固定梁、空心圆杆等。

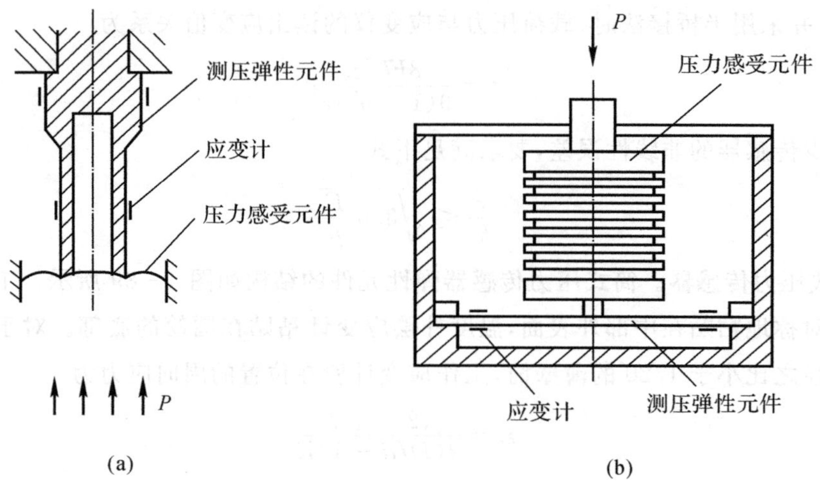

图 4-90　组合式压力传感器

5. 位移传感器

应变计式位移传感器与测力传感器的原理相同，但要求不同。对测力传感器弹性元件的要求是刚度大，而对位移传感器弹性元件的要求是刚度小，否则当弹性元件变形时，将对被测构件形成一个反力，影响被测构件的位移数值。位移传感器中与弹性元件相连接的触点直接感受被测的位移，从而引起弹性元件的变形。为了保证测量精度，触点的位移与应变计感受的应变之间应保持线性关系。

应变计式位移传感器的弹性元件可以采用不同的形式，常用的是梁式和弹簧组合式。

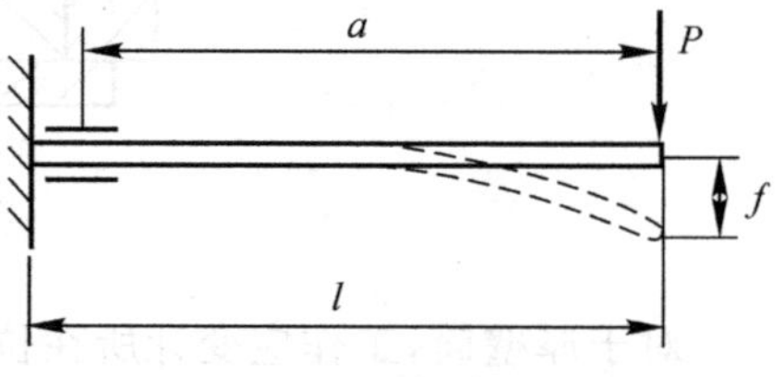

图 4-91　悬臂梁式位移传感器原理

(1) 梁式。应变计式位移传感器的弹性元件多为梁式，可分为悬臂梁、两端固定梁、弹性组合梁等。其中悬臂梁的结构简单，刚度小，具有较大的变形位移。如图 4-91 所示，应变计 R_1 和 R_2 分别贴在悬臂梁上下两面相对应的位置，采用半桥接法时 $\varepsilon_d=2\varepsilon$。因此，被测位移与应变仪读出应变值的关系为

$$f=\frac{2l^3}{3ah}\cdot\frac{\varepsilon_d}{2} \tag{4-130}$$

式中，h 为梁截面的高度；l 为梁的长度；a 为应变计距载荷作用点的距离；f 为被测位移量。

图 4-92(a) 所示为矩形截面悬臂梁式弹性元件的另一种形式。图 4-92(b) 为其计算简图。在固定端附近截面的上下表面各粘贴两个应变计，组成全桥线路，则读数应变 ε_d 与位移 f 之间的关系为

$$f=\frac{l^3}{3(l-2l_0)h}\cdot\frac{\varepsilon_d}{4} \tag{4-131}$$

式中，l_0 为应变计距载荷作用点的距离。

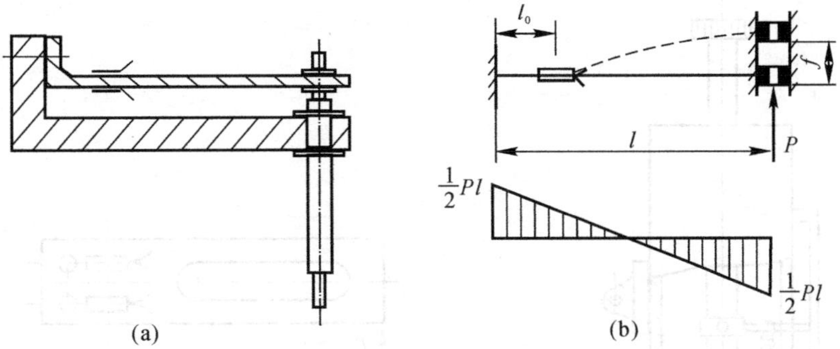

图 4-92　悬臂梁式位移传感器

图 4-93 所示为固支矩形截面梁式弹性元件的原理图，在两固定端附近截面的上、下表面各粘贴一个应变计，组成全桥线路，则读数应变 ε_d 与梁的中点位移 f 之间的关系为

$$f=\frac{l^3}{12(l-4l_0)h}\cdot\frac{\varepsilon_d}{4} \tag{4-132}$$

图 4-94 所示为由两个悬臂薄钢片组成的位移传感器，通常称为双悬臂夹式引伸计。

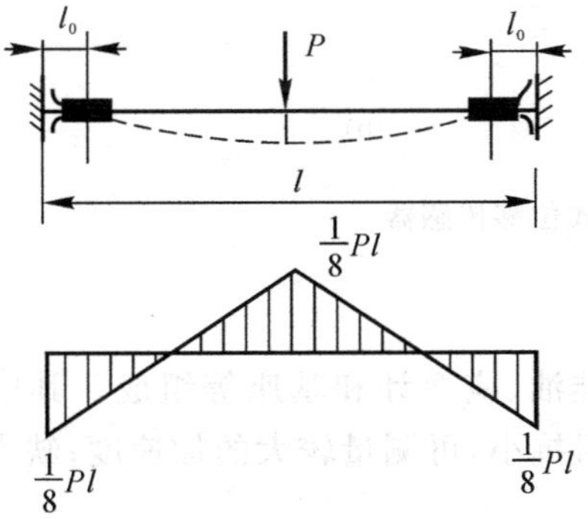

图 4-93　两端固定的弹性元件

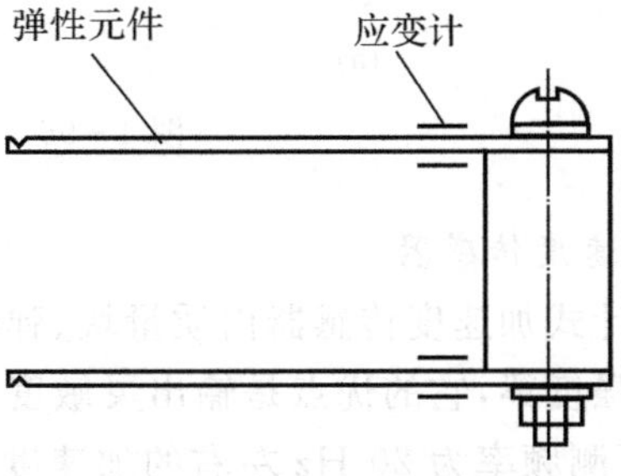

图 4-94　双悬臂夹式引伸计

这 3 种传感器均具有失真小、灵敏度高的特点。前两种位移传感器的刚度较大，一般只作为小位移传感器。双悬臂夹式引伸计，根据弹性元件的刚度和尺寸不同，可设计出不同位移量程的传感器。

(2) 弹簧组合式。采用梁式位移传感器测量大位移时，会出现不同程度的失真，因此在测量大位移时常使用弹簧组合式位移传感器，如图 4-95(a)、(b) 所示。这种传感器的测量导杆不直接固定在悬臂梁上，而是通过一个线性弹簧把二者连接起来，从而进一步降低了传感器的刚性。在悬臂梁根部附近粘贴应变计，当测点位移传递给导杆后，导杆带动弹簧，使其伸长，并使悬臂梁产生弯曲变形。因此，测点的位移为弹簧伸长量和悬臂梁自由端位移之和。设悬臂梁的刚度为 k_1，弹簧的刚度为 k_2，悬臂梁的位移为 f_1，弹簧的伸长量为 f_2。如果在悬臂梁的固定端附近上、下表面各粘贴两个应变计，并接成全桥线路，则读数应变 ε_d 与位移 f 之间的关系为

$$f=\frac{2(k_1+k_2)l^3}{3k_2(l-l_0)h}\cdot\frac{\varepsilon_d}{4} \tag{4-133}$$

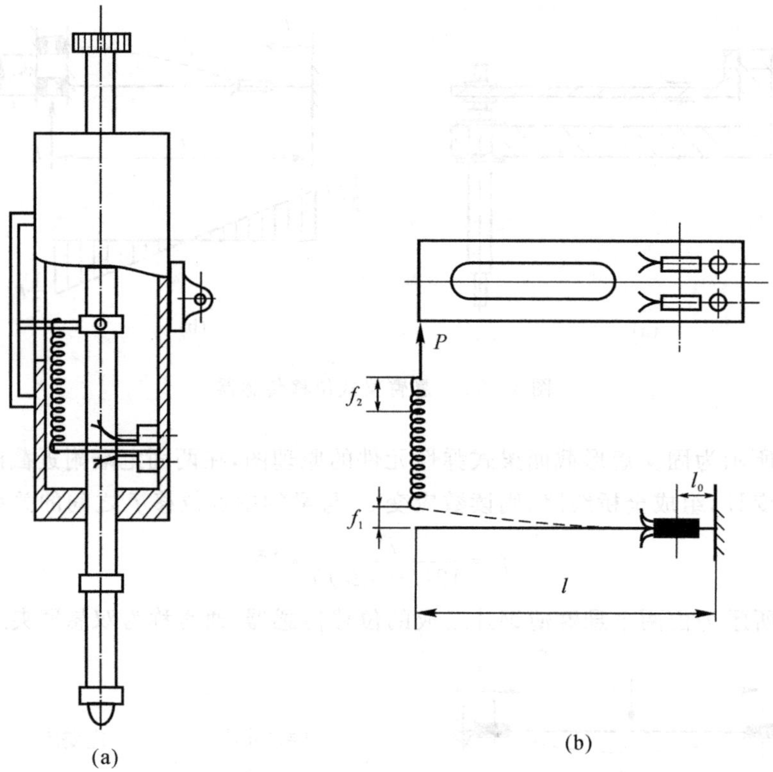

图 4-95　弹簧组合式位移传感器

6. 加速度传感器

应变计式加速度传感器由质量块、弹性元件、硅油、应变计和基座等组成。其中弹性元件多采用等强度梁，它的优点是输出灵敏度高，输出阻抗小，可测量较大的加速度；缺点是固有频率低，仅可测频率为 20 Hz 左右的加速度。

图 4-96 是加速度传感器的原理图。测量时，将基座固定在被测对象上，当被测物体以加速度 α 运动时，质量块受到一个与加速度方向相反的惯性力，该惯性力使弹性元件产生变形。此时，安装在弹性元件上的应变计将感受粘贴处的应变，如果把应变计组成电桥则有电压输出。

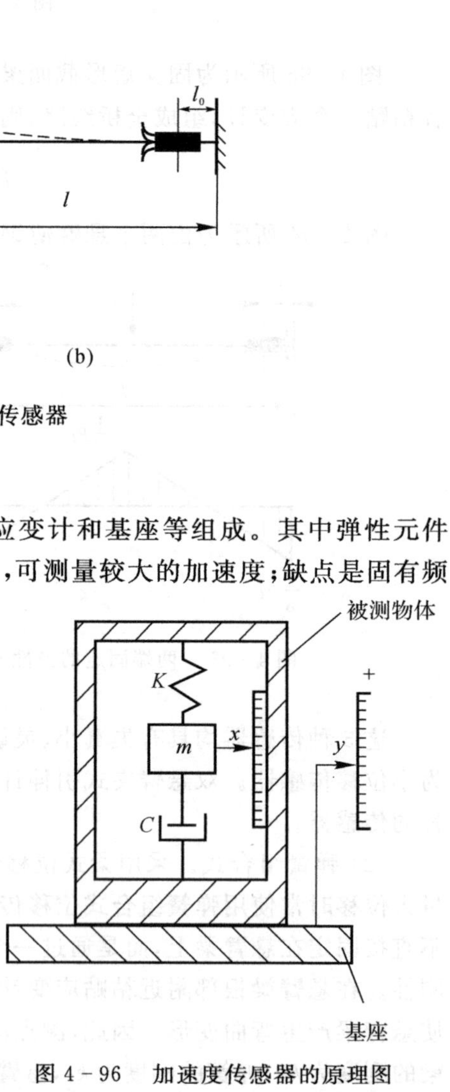

图 4-96　加速度传感器的原理图

常见的电阻应变式加速度传感器的弹性元件是悬臂梁式，一般包括等强度梁和等截面梁两种形式。

(1) 等强度梁加速度传感器。图 4-97 为等强度梁弹性元件。应变计 R_1、R_2、R_3 和 R_4 分别贴在等强度悬臂梁根部上、下两面相对应的位置。当被测构件的振动圆频率 ω 远小于传感器的固有频率，阻尼系数 $\xi=0.6\sim0.7$，并采用全桥接法时，$\varepsilon_d=4\varepsilon$，被测物体的加速度 a 与应变 ε 之间的关系为

$$a=\frac{2Eb_0h^2}{3lm}\cdot\frac{\varepsilon_d}{4} \tag{4-134}$$

式中，a 为被测加速度；m 为质量块质量；b_0 为等强度梁根部截面的宽度；h 为梁根部截面的厚度；l 为梁的长度。

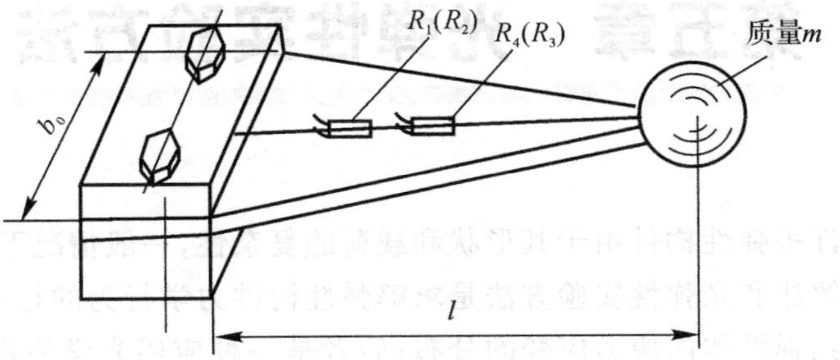

图 4－97　等强度梁弹性元件

图 4－98 是应变式加速度传感器的结构图。为了调节振动系统的阻尼系数 $\xi \approx 0.7$，在壳体内充满硅油。

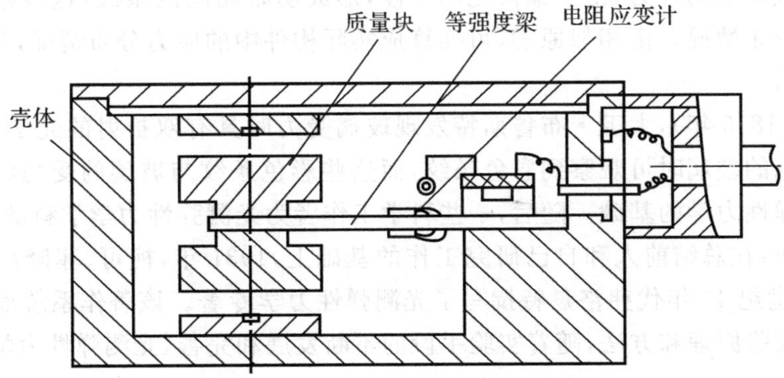

图 4－98　应变式加速度传感器的结构图

(2) 等截面梁加速度传感器。图 4－99 是等截面梁弹性元件。应变计 R_1、R_2、R_3 和 R_4 分别贴在等截面悬臂梁根部上、下两面相对应的位置。采用全桥接法时，被测物体的加速度 a 与应变 ε 之间的关系为

$$a=\frac{2Ebh^2}{3l_1m}\cdot\frac{\varepsilon_d}{4} \tag{4-135}$$

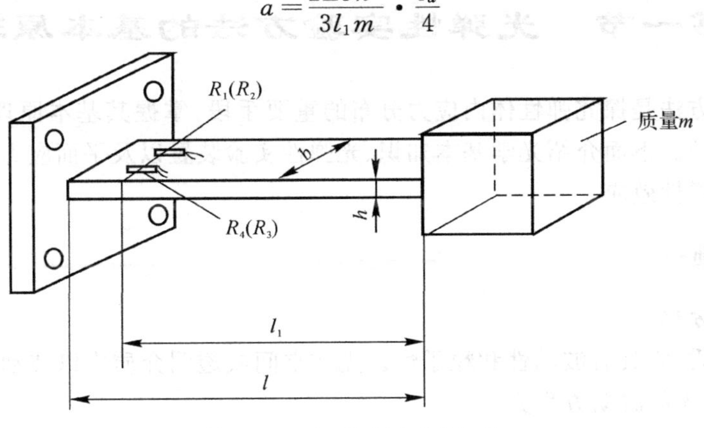

图 4－99　等截面梁弹性元件

第五章　光弹性实验方法

实际工程中的许多弹性构件由于其形状和载荷的复杂性，一般情况下，要想求得其解析解是不可能的。数值解法和光弹性实验方法是求解弹性构件力学行为的行之有效的方法。前者通过有限元分析得到弹性体内应力应变的分布；后者是一种应用光学原理和相关的弹性力学知识对弹性体进行应力测试分析的方法。由弹性理论可知，几何形状和加载情况相同的常体力(或无体力)平面边值问题，物体内面内应力分量的大小和分布情况相同，据此，根据几何相似、荷载相似原理，采用具有双折射性能的透明材料(如环氧树脂)模型置于偏振光场中，施加与实际构件荷载相似的外力，由于偏振光的干涉，形成明暗相间的条纹，这些条纹反映了模型上各点的应力分布情况。由相似原理，可换算成实际构件中的应力分布情况，其精度一般能满足工程设计要求。

19 世纪初(1816 年)，大卫·布鲁斯特发现玻璃受力时具有双折射的光学性质，当用偏振光照射受力状态的玻璃时可观察到彩色条纹，而这些彩色条纹与玻璃的受力状态有关。这一发现奠定了光弹性力学的基础。随后，一些科学工作者为光测弹性力学学科的发展、完善做了许多重要的工作，在总结前人和自己研究工作的基础上，1931 年，柯可、菲隆出版了光测弹性力学一书。20 世纪 40 年代弗洛赫特撰写了光测弹性力学专著。该著作系统而全面地介绍了光测弹性力学实验原理和方法，随着实验手段的不断发展和完善，光测弹性力学已成为一种成熟的科学方法。

根据弹性理论和物理光学中的双折射现象建立起来的光弹性方法，可以解决材料力学与弹性力学理论无法求解的一些生产上较为复杂的难题，还可验证断裂力学、岩石力学、生物力学、黏弹性力学、复合材料力学等所提出的新理论、新假设的合理性和有效性，为发展新理论提供科学依据。光弹性方法由于其直观、有效和可靠，因而在工程实际中得到了广泛的应用。

第一节　光弹性实验方法的基本原理

光弹性实验方法是探究弹性体内应力分布的重要手段，掌握其基本原理对于从事光弹性实验是十分重要的。下面介绍光学基本知识、光弹性实验装置以及平面应力-光学定律和平面偏振布置中的光弹性效应。

一、光学基础

1. *光的波动方程*

光是一种物质，它具有波动性和粒子性。光在空间或透明介质中以波动的形式向前传播，如图 5-1 所示。光的波动方程为

$$u = a\sin(\omega t + \alpha) \qquad (5-1)$$

式中，a 表示振幅；ω 表示圆频率；t 表示时间；α 表示初相位。

光的波动方程也可写成：

$$u = a\sin\frac{2\pi}{\lambda}(vt+\delta) \tag{5-2}$$

式中，λ 为光波在介质中的波长，波长的单位为埃(Å)，1Å $=10^{-8}$ cm；v 表示光在介质中的传播速度，光在不同的介质中传播的速度不一样；δ 表示 $t=0$ 时的光程。

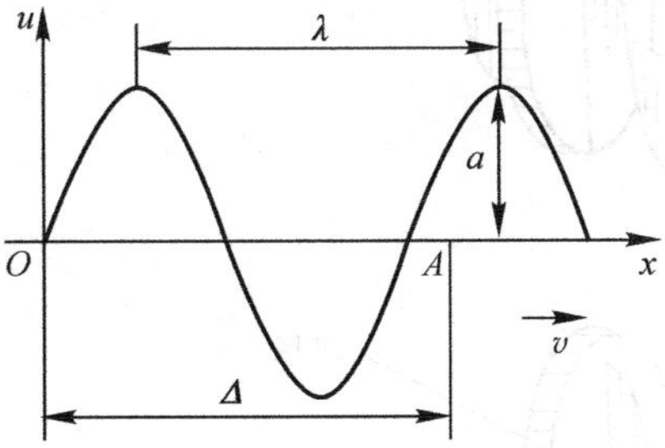

图 5-1　光波

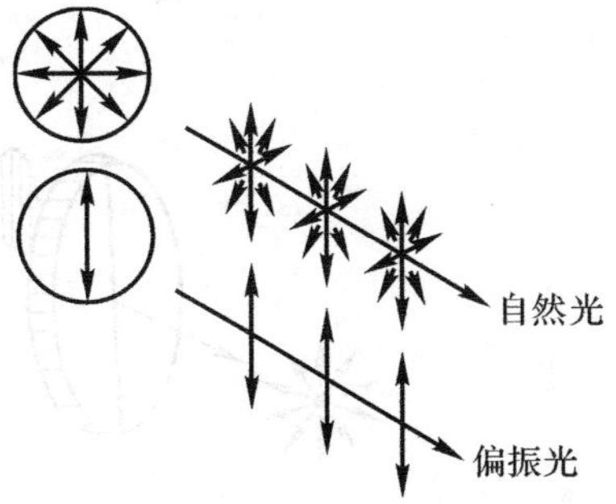

图 5-2　自然光和偏振光的光振动

2. 自然光和平面偏振光

自然光具有这样的特点：由无数个互不相干的波组成；在垂直于光波传播方向的平面内，光波振动的方向在各方位上是相同的，且振幅都是相等的。

平面偏振光是自然光经过起偏镜（偏振片）后在垂直于传播方向的平面内的某一个方向振动的光，并且该偏振光沿传播方向所有点的振动均在同一平面内。

图 5-2 所示为自然光和一平面偏振光的光振动。图 5-3 所示为平面偏振光的产生。

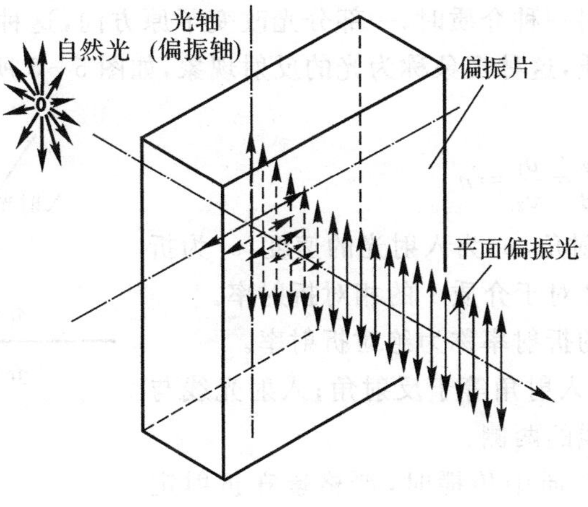

图 5-3　平面偏振光的产生

使自然光形成平面偏振光的器件称为偏振片。偏振片有人造的（如聚乙烯醇）和天然材质的（如电气石）。

光振动所在的平面称为振动平面，与之垂直的平面称为偏振面，振动平面与偏振片的交线称为偏振轴。

3. 明场和暗场

光线通过两块偏振轴相互平行的偏振片时，所产生的光场为明场；光线通过两块偏振轴相互垂直的偏振片时，所产生的光场为暗场。图 5-4 所示的光场分别为明场和暗场。

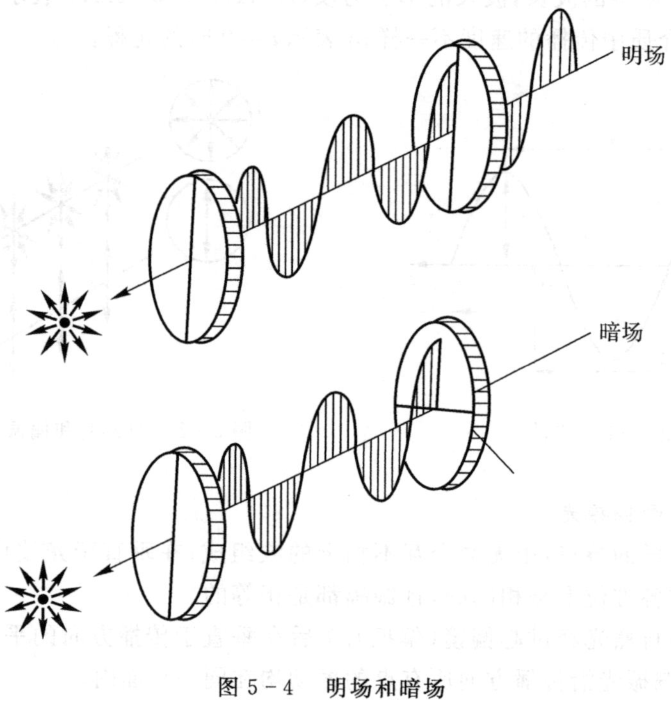

图 5-4　明场和暗场

4. 光的反射、折射和双折射

光由一种介质进入另一种介质时，一部分光改变了原方向，这种现象称为光的折射现象；而另一部分光返回原介质，这种现象称为光的反射现象，如图 5-5 所示。

光的折射定理：

$$\frac{\sin\alpha}{\sin\beta}=\frac{v_1}{v_2}=n_{21}$$

式中，α 为入射角；β 为折射角，v_1 为入射光的速度，v_2 为折射光的速度，n_{21} 为介质 2 对于介质 1 的相对折射率。

光由真空射入介质的折射率称为绝对折射率。

光的反射的特点是：入射角等于反射角；入射光线与反射光线在介质界面法线的两侧。

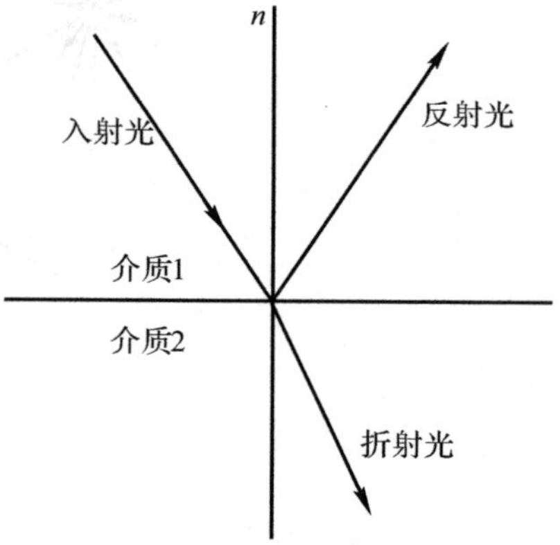

图 5-5　光在介质中传播时的反射与折射

光在光学各向同性介质中传播时，严格遵守折射定律。但光在光学各向异性介质（如方解石、云母等）中传播时与在各向同性介质中传播不同，如图 5-6 所示，当一束光线射入一光学各向异性介质时，会有两束折射光线射出，即产生双折射现象。通过实验可知，这两束折射光都是平面偏振光，具有以下的性质：

（1）两束折射光以不同的速度通过介质，且其振动的方向相互垂直。

（2）两束折射光中，一束在晶体内传播时遵守折射定律，称为寻常光或 o 光；另一束不遵守折射定律，称为非常光或 e 光。

(3)o光的传播速度在各个方向上都相同，e光的传播速度随传播方向的不同而不同。

(4) 对各向异性的介质(晶体)，当光沿某一特定的方向入射时，不发生双折射现象，即射出的仍是一束光，该方向称为晶体的光轴。只有一个光轴的称为单晶体(如方解石、石英)，两个光轴的称为双晶体(如云母)。当晶体界面与光轴方向平行，光线垂直入射时，由于 o、e 光振动方向相互垂直，则 o 光的振动方向与光轴垂直，而 e 光的振动方向沿着光轴。

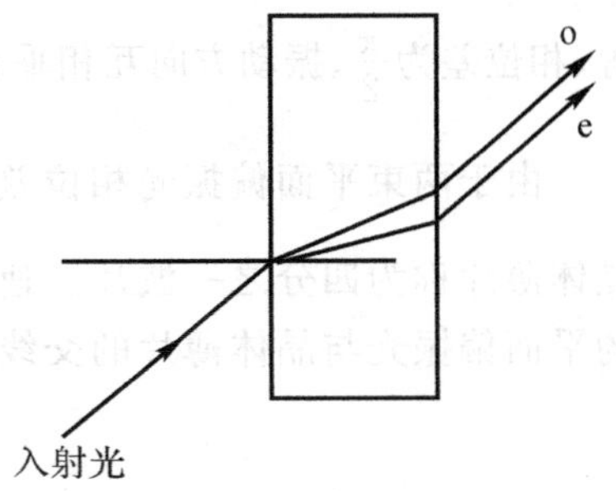

图 5-6　光在光学各向异性介质中的双折射

天然各向异性晶体的双折射现象是其固有的特性，称为永久双折射。有些各向同性的透明非晶体材料，在自然状态时，不产生双折射现象，但受到荷载作用时，就变为各向异性晶体材料而产生双折射现象，载荷卸去时，双折射现象也随之消失，这种现象称为暂时(人工) 双折射，如环氧树脂、有机玻璃、聚碳酸脂等材料可产生暂时双折射。

5. 圆偏振光与四分之一波片

在与双折射晶体光轴垂直的方向将一束平面偏振光射入，光波经该晶体被分解为两束振动方向互相垂直、光速不同的平面偏振光：

$$u_1 = a_1 \sin\omega t \tag{5-3}$$

$$u_2 = a_2 \sin(\omega t + \phi) \tag{5-4}$$

式中，a_1、a_2 为两束光波的振幅；ϕ 为两束光波的相位差。

由式(5-3)、(5-4) 消去时间 t，得到合成光矢量末端的运动轨迹方程：

$$\frac{u_1^2}{a_1^2} + \frac{u_2^2}{a_2^2} - \frac{2u_1u_2}{a_1a_2}\cos\phi = \sin^2\phi \tag{5-5}$$

一般情况下，式(5-5) 是一个椭圆方程，当 $a_1 = a_2 = a, \phi = \pm\frac{\pi}{2}$ 时，则式(5-5) 简化为

$$u_1^2 + u_2^2 = a^2 \tag{5-6}$$

式(5-6) 表明光路上任一点合成光矢量末端轨迹为圆，满足此方程式的偏振光称为圆偏振光，光路上各点合成光矢量末端的轨迹为一条螺旋线。图 5-7 所示为圆偏振光的运动轨迹。

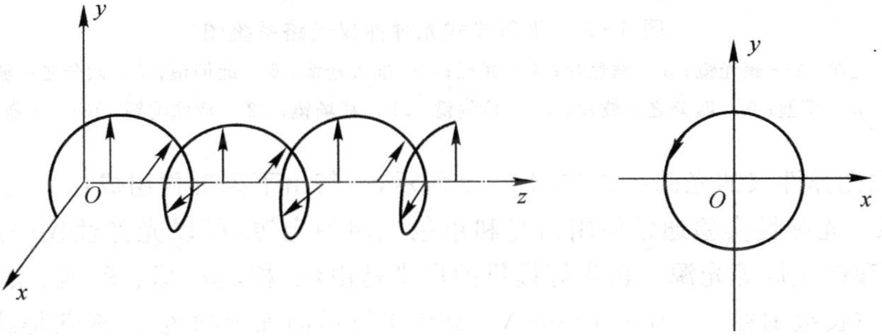

图 5-7　圆偏振光

由此可见，平面偏振光入射到具有双折射特性的晶体薄片上可分解为频率相同、振幅相

等、相位差为$\frac{\pi}{2}$、振动方向互相垂直的两束平面偏振光，由这两束平面偏振光可形成圆偏振光。

由于两束平面偏振光相位差$\frac{\pi}{2}$，相当于光程差$\frac{\lambda}{4}$（λ 为波长），所以形成两束平面偏振光的晶体薄片称为四分之一波片。速度快的平面偏振光与晶体薄片的交线称为快轴，与快轴垂直的平面偏振光与晶体薄片的交线称为慢轴，如图 5-8 所示。

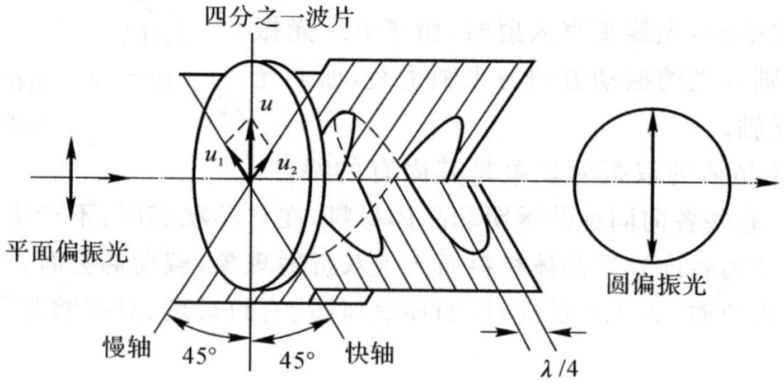

图 5-8　圆偏振光的产生

二、光弹性实验装置

1. 光弹性仪的基本构造

光测弹性仪又叫偏光弹性仪，简称光弹仪，是进行光弹性实验的基本设备，常用的光弹性仪有平行光式光弹性仪和漫射光式光弹性仪两种。

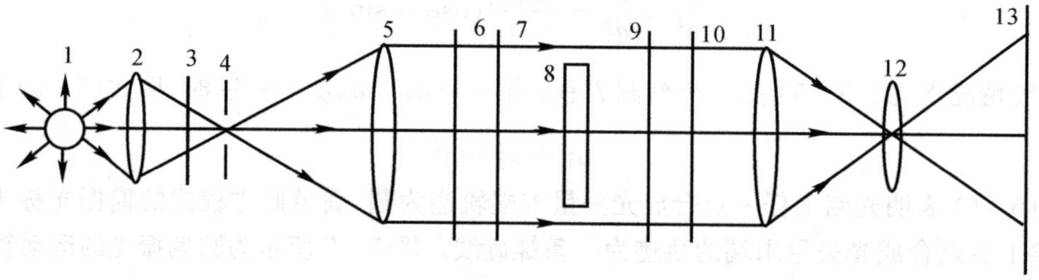

图 5-9　平行光式光弹性仪光路系统图

1— 光源；2— 聚光镜；3— 滤色片；4— 光栏；5— 准直透镜；6— 起偏镜；7— 四分之一波片；8— 模型；9— 四分之一波片；10— 检偏镜；11— 视场镜；12— 成像物镜；13— 屏幕

平行光式光弹性仪的光路系统如图 5-9 所示，一般由下列部件组成：

(1) 光源。光弹性实验通常使用白光和单色光两种光源，所以光弹性仪一般配备有白光灯、高压汞灯和钠光灯等光源。白光灯提供的白光是由红、橙、黄、绿、青、蓝、紫等各种可见光组成，它们的波长范围在 7 600 ～ 4 000 Å。高压汞灯后面加上滤色片，能获得波长为 5 461 Å 纯绿的单色光。钠光灯产生波长为 5 896 Å 的单色黄光。

(2) 聚光镜。聚光镜用来汇聚光源发出的散光，经聚光镜汇聚的散光投射到准直透镜上可减少光能的损失。

(3) 滤色片。滤色片的作用是使复色光波变为单色光波。

(4) 光栏。光栏用于遮挡杂散光。

(5) 准直透镜。使光变成平行光，保证光线垂直通过模型。

(6) 偏振镜。共有两块，分别为起偏镜和检偏镜，由偏振片制成。靠近光源的偏振镜为起偏镜，其作用是把来自光源的自然光变为平面偏振光；后面的一块偏振镜为检偏镜，用来检验光波通过的情况。起偏镜和检偏镜配有同步回转机构，能使其偏振轴同步旋转。起偏镜与检偏镜的偏振轴互相垂直放置称为正交平面偏振布置，而偏振轴互相平行放置则称为平行平面偏振布置。对于前者，如在两镜中间没有放置实验模型或模型应力为零，则产生的光场为暗场；对于后者，则产生的光场为亮场。上述两种布置是光弹性实验时经常用到的。

(7) 四分之一波片。四分之一波片是光弹性仪的核心器件，其作用是产生圆偏振光。有两块四分之一波片，靠近起偏镜的四分之一波片的快、慢轴与起偏镜偏振轴成45°，把来自起偏镜的平面偏振光变为圆偏振光。第二块四分之一波片的快、慢轴恰好与第一块四分之一波片的快、慢轴正交，正好可以抵消第一块四分之一波片所产生的相位差，将圆偏振光还原为平面偏振光。

(8) 模型和加载架。加载架用于放置模型并使模型受力。加载架能够整体上下、左右移动，调整模型在光场中的位置。

(9) 视场镜。视场镜使平行光聚焦，成像物镜能收到较强的光线。光线通过视场镜和成像物镜后成像在照相底片上。

(10) 成像物镜或照相机。照相机供摄影用，调整照相机位置可改变像的放大倍率。成像物镜将模型和条纹图案在后面的屏幕上成像。

漫射光式光弹性仪的光路系统如图 5-10 所示。其光源为漫射光，光线互不平行，这种光弹性仪以毛玻璃代替价格昂贵的大视场准直透镜，结构简单，光学元件少，价格便宜，光场直径不受透镜尺寸限制，往往用来作大尺寸模型的应力分析。

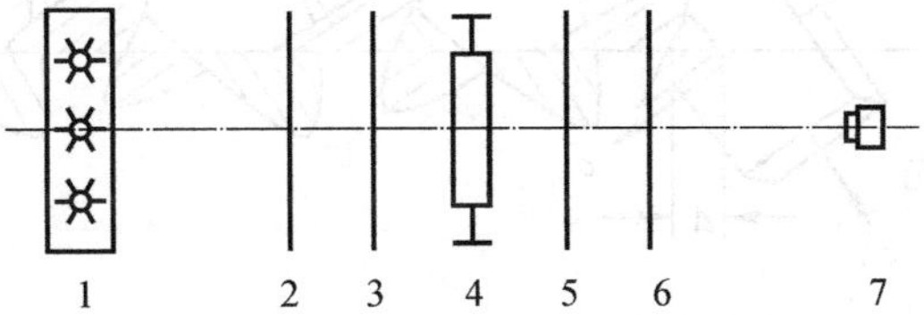

图 5-10　漫射光式光弹性仪的光路图

1— 漫射光源；2— 起偏镜；3— 四分之一波片；4— 模型；
5— 四分之一波片；6— 检偏镜；7— 照相机

2. 光弹性仪的调整

在光弹性实验开始之前，必须检查和调整光弹性仪各镜片的位置，以满足实验的要求。调整步骤如下：

(1) 调整各镜片及光源高度，使它们的中心线在同一条水平线上。

(2) 正交平面偏振布置的调整：首先使光场呈现暗场，即旋转起偏镜或检偏镜，使它们的偏振轴互成正交，然后开启白光光源，将一个标准圆盘模型放置在加载架上，并使其承受垂直方向的径向压力，最后同步旋转检偏镜与起偏镜，使它们的偏振轴一个在水平位置（镜片指示刻度为0°)，另一个在垂直位置(镜片指示刻度为90°)，这时圆盘模型上出现正交黑十字形。至此，正交平面偏振布置调整完成。

(3) 双正交圆偏振布置的调整：在正交平面偏振布置中，装入一块四分之一波片，使光场变黑。再将四分之一波片转动45°角后，装入第二块四分之一波片并旋转使光场再次变黑。这时，两块波片的轴互相正交，与起偏镜和检偏镜构成双正交圆偏振布置(暗场)。

3. 光弹性仪的维护

光弹性仪的维护应按使用说明进行，这里重点强调以下几点：

(1) 各透镜表面镀有增透膜，不得用手摩擦。如有灰尘，可用专用工具轻轻拂去。

(2) 四分之一波片、准直透镜、偏振片、滤色片和视场镜表面上的污物可用指定的溶剂滴在脱脂棉上轻轻擦去。镜片长期不用时，应放置在专用箱内。

(4) 光源开启后，应检查风扇是否正常工作。高压汞灯和钠灯开启后5～10 min后才能稳定到额定功率；关闭后须经15 min后方可重新开启。

(5) 实验室的温度应在5～30℃范围内，相对湿度不大于70%为宜，室内应注意防尘。

(6) 光弹仪的机械部分要保持润滑。

三、平面应力 —— 光学定律

当平面偏振光垂直射入到受力的平面应力模型时，就会产生暂时双折射现象，光波沿模型上射入点的应力主轴方向分解成两束振动方向互相垂直的、以不同的速度传播的平面偏振光，如图5-11所示。设 v_1 与 v_2 分别为两束平面偏振光在模型中的传播速度，若模型的厚度为 h，则两束平面偏振光在模型内传播的时间分别为 $t_1=\dfrac{h}{v_1}$ 和 $t_2=\dfrac{h}{v_2}$。

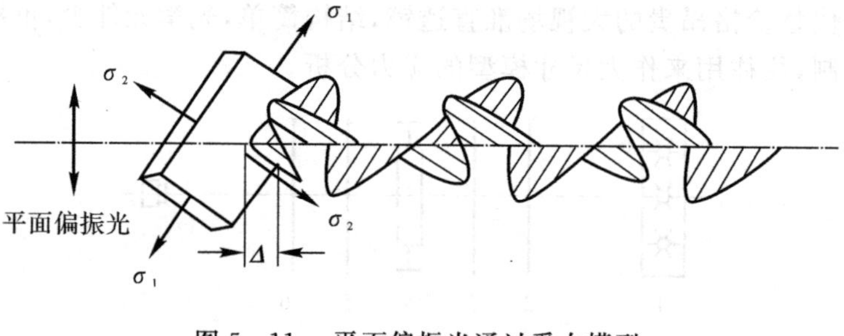

图5-11　平面偏振光通过受力模型

实验证明，模型上任一点的主应力与折射率有下列线性关系：

$$\left.\begin{aligned} n_1-n_0&=A\sigma_1+B\sigma_2\\ n_2-n_0&=A\sigma_2+B\sigma_1\end{aligned}\right\} \tag{5-7}$$

式中，n_0 为无应力时模型材料的折射率；n_1、n_2 分别为模型材料在 σ_1、σ_2 方向的折射率；A、B 为模型材料的绝对应力光学系数。

从式(5-7)中消去 n_0，可得

$$n_1-n_2=C(\sigma_1-\sigma_2) \tag{5-8}$$

式(5-8)中，$C=A-B$ 为模型材料的绝对应力光学系数。

两束平面偏振光通过模型后所产生的光程差为

$$\Delta = v(t_1 - t_2) = v\left(\frac{h}{v_1} - \frac{h}{v_2}\right) \tag{5-9}$$

式中，v 为光在空气中的传播速度。

将折射率 $n_1 = \frac{v}{v_1}$，$n_2 = \frac{v}{v_2}$ 代入式(5-9)得

$$\Delta = h(n_1 - n_2) \tag{5-10}$$

将式(5-8)代入式(5-10)，得

$$\Delta = Ch(\sigma_1 - \sigma_2) \tag{5-11a}$$

式(5-11a)为平面应力-光学定律，即纽曼-马克斯韦尔应力-光学定律。由式(5-11a)可见，当模型厚度 h 一定时，任一点的光程差与该点的主应力差成正比。

由式(5-11a)有

$$\sigma_1 - \sigma_2 = \frac{\Delta}{Ch} \tag{5-11b}$$

由式(5-11b)可知，当模型一定时，C 和 h 为定值，只要利用光弹仪测出光程差 Δ 的大小，即可确定出主应力差 $\sigma_1 - \sigma_2$ 的大小。

式(5-11b)描述了从受力模型射出的两束平面偏振光的光程差与主应力的关系，是光弹性方法的理论基础。

四、平面偏振布置中的光弹性效应

下面介绍正交平面偏振布置中确定受力模型上各点主应力方向和主应力差的方法。

在图5-12中，用符号 P 和 A 分别代表起偏镜和检偏镜的偏振轴。把受平面应力的模型放在两镜片之间，光源为单色光，光线垂直通过模型。单色光通过起偏镜成为平面偏振光，设为

$$u = a\sin\omega t \tag{5-12}$$

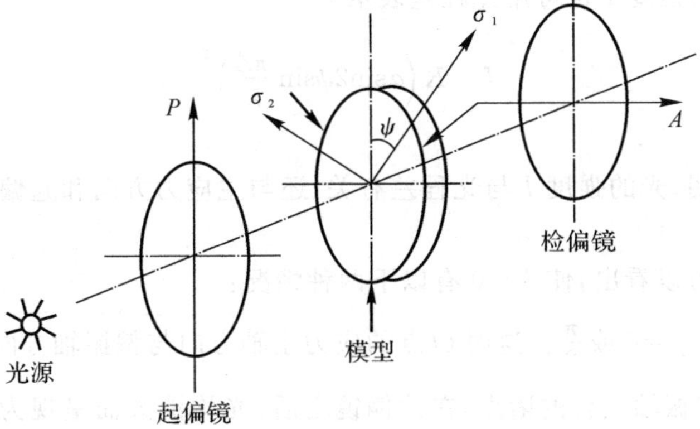

图5-12　正交平面偏振光场

该偏振光沿主应力方向分解成两束平面偏振光：

$$\left.\begin{aligned} &沿\ \sigma_1\ 方向：u_1 = a\sin\omega t\cos\psi \\ &沿\ \sigma_2\ 方向：u_2 = a\sin\omega t\sin\psi \end{aligned}\right\} \tag{5-13}$$

式中，ψ 为模型上 O 点的主应力 σ_1 与偏振轴 P 之间的夹角，如图5-13所示。

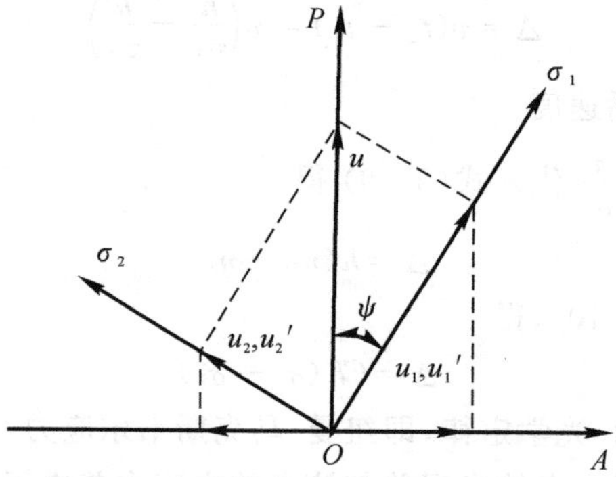

图 5-13　偏振轴与应力主轴的相对位置

这两束平面偏振光在模型中传播的速度不同,经过模型产生相对光程差 Δ,或相位差 δ。通过模型后的两束平面偏振光为

$$\left.\begin{aligned} u_1' &= a\sin(\omega t+\delta)\cos\psi \\ u_2' &= a\sin\omega t\sin\psi \end{aligned}\right\} \tag{5-14}$$

平行于检偏镜偏振轴的 u_1',u_2' 的分量才能通过检偏镜,经检偏镜合成的光波为

$$u_3 = u_1'\sin\psi - u_2'\cos\psi \tag{5-15}$$

将式(5-14)代入式(5-15)化简后得

$$u_3 = a\sin 2\psi\sin\frac{\delta}{2}\cos\left(\omega t+\frac{\delta}{2}\right) \tag{5-16}$$

光的强度 I 与振幅的平方成正比,即

$$I = K\left(a\sin 2\psi\sin\frac{\delta}{2}\right)^2 \tag{5-17a}$$

因为 $\delta=\dfrac{2\pi\Delta}{\lambda}$,故光的强度 I 也可用光程差表示为

$$I = K\left(a\sin 2\psi\sin\frac{\pi\Delta}{\lambda}\right)^2 \tag{5-17b}$$

式中,K 为常数。

式(5-17b)表明,光的强度 I 与光程差有关,还与主应力方向和起偏镜光轴之间的夹角 ψ 有关。

由式(5-17b)可以看出,使 $I=0$ 有以下两种情况:

(1)$\sin 2\psi=0$,即 $\psi=0$ 或 $\dfrac{\pi}{2}$。这时 O 点的应力主轴方向与偏振轴方向重合。也就是说,凡模型上应力主轴与偏振轴重合的诸点,在检偏镜之后,光均消失而呈现为黑点,这些点的迹线形成干涉条纹,称之为等倾线。所以,等倾线是具有相同主应力方向的点的轨迹,或者说等倾线上各点的主应力方向相同,且与偏振轴方向平行。一般来说,模型内各点的主应力方向是不同的,所以若将起偏镜和检偏镜一起转过某一相同的角度,则会得到另一组等倾线。通常取垂直或水平方向作为基准方向,反时针同步转动起偏镜和检偏镜,以测定主应力的方向。将转动 θ 角时得到的一组等倾线,称为 θ 角等倾线。

(2)$\sin\dfrac{\pi\Delta}{\lambda}=0$,显然只要 $\dfrac{\pi\Delta}{\lambda}=n\pi$,即 $\Delta=n\lambda(n=0,1,2,\cdots)$,则满足此条件。这表明,只要

光程差 Δ 等于单色光波长的整数倍，则光强为零的点形成一条条黑色干涉条纹，这些条纹称为等差线。将 $n=0$ 对应的等差线称为零级等差线，$n=1$ 对应的称为1级等差线，……n 称为等差线条纹级数。

根据应力-光学定律，当受力模型中的主应力差 $\sigma_1-\sigma_2$ 所造成的光程差为波长的整数倍时，

$$\Delta = Ch(\sigma_1-\sigma_2)=n\lambda\,(n=0,1,2,\cdots) \tag{5-18}$$

则 $\sin\frac{\pi\Delta}{\lambda}=0$，即出现一系列对应于不同 n 值的等差线干涉条纹。由式(5-18)可知，同一条纹上各点有相同的主应力差值。因此，等差线也表示模型内主应力差相等的点所形成的轨迹。

由式(5-18)有

$$\sigma_1-\sigma_2=\frac{\lambda}{C}\cdot\frac{n}{h} \tag{5-19a}$$

令

$$f=\frac{\lambda}{C} \tag{5-19b}$$

则有

$$\sigma_1-\sigma_2=\frac{nf}{h} \tag{5-20}$$

式(5-20)中，f 是与光源和材料相关的常数，称为材料条纹值，单位为N/m，其值可由实验测得。f 的物理意义是，当模型材料为单位厚度时，对应于某一定波长的光源，产生一级等差线所对应的主应力差值。

式(5-20)是光弹性实验中计算主应力差值的基本公式，该式表明，主应力差 $\sigma_1-\sigma_2$ 与条纹级数 n 成正比。条纹级数 n 越大，表明该点的主应力差越大，因此只要确定了各点的条纹级数值 n，就可由式(5-20)算出各点的主应力差值。

综上所述，在平面偏振光场中受力模型同时呈现出两组性质不同的条纹线，即等倾线和等差线，这些条纹线是光弹性实验所取的最基本的资料，依据这些资料可对模型进行应力分析，前者可确定模型上各点的主应力方向，后者可确定模型上各点的主应力差值。

五、圆偏振布置中的光弹性效应

在平面偏振光场中，如光源采用单色光，则受力模型中同时呈现出两种性质不同的黑色条纹线，即等倾线和等差线。这两种黑色条纹线同时产生，互相影响。可分别采用明、暗场圆偏振布置，消去等倾线而获得等差线图。

1. 在暗场中的光弹性效应

在图5-14所示的双正交圆偏振布置(暗场)中，各镜轴及应力主轴的相对位置如图5-15所示。消去等倾线的过程可通过以下几步来完成：

(1) 在图5-14中，单色光通过起偏镜后成为平面偏振光，该光波沿四分之一波片的快、慢轴分解成两束平面偏振光：

$$\left.\begin{aligned} u_1 &= a\sin\omega t\cos45^\circ \\ u_2 &= a\sin\omega t\sin45^\circ \end{aligned}\right\} \tag{5-21}$$

经四分之一波片后，沿快、慢轴产生相位差为$\frac{\pi}{2}$的两束光：

$$\begin{aligned} u'_1&=\frac{\sqrt{2}}{2}a\cos\omega t \\ u'_2&=\frac{\sqrt{2}}{2}a\sin\omega t \end{aligned} \tag{5-22}$$

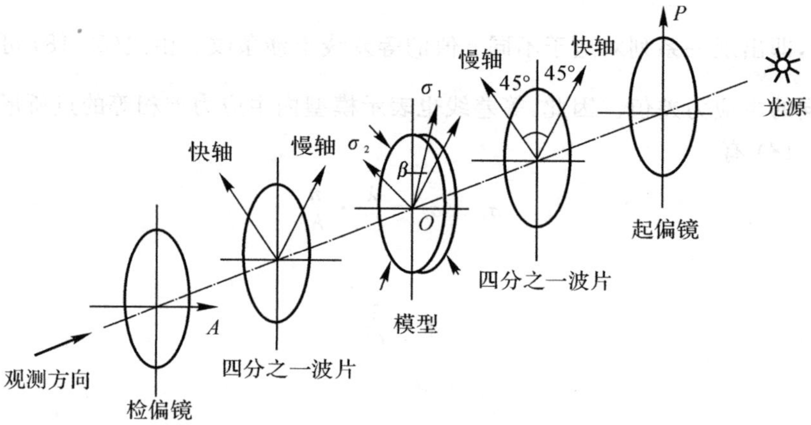

图 5-14 双正交圆偏振布置

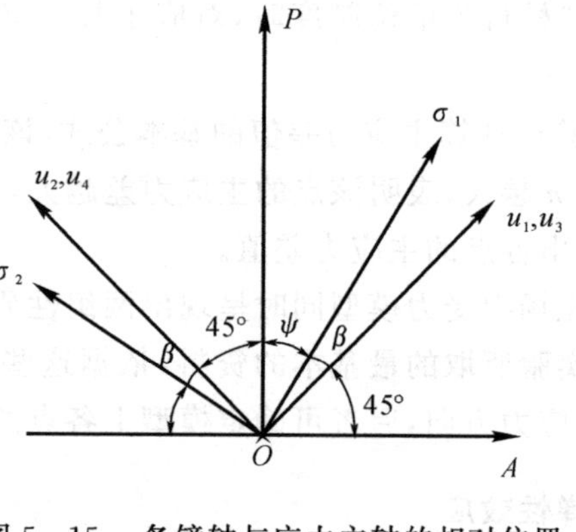

图 5-15 各镜轴与应力主轴的相对位置

(2) 这两束光合成圆偏振光，圆偏振光在到达模型上的 O 点时沿主应力 σ_1、σ_2 的方向分解且通过模型后，产生相位差 δ 的两束光，即

$$\left.\begin{aligned} u'_{\sigma1}&=\frac{\sqrt{2}}{2}a\cos(\omega t-\beta+\delta) \\ u'_{\sigma2}&=\frac{\sqrt{2}}{2}a\sin(\omega t-\beta) \end{aligned}\right\} \tag{5-23}$$

式中，β 为主应力 σ_1 与第一块四分之一波片的快轴的夹角。

(3) 到达第二块四分之一波片时，这两束光波又沿此波片的快、慢轴分解，且通过第二块四分之一波片后，产生相位差为$\frac{\pi}{2}$的两束光，即

$$\left.\begin{aligned}u'_3=\frac{\sqrt{2}}{2}a[\cos(\omega t-\beta+\delta)\cos\beta-\sin(\omega t-\beta)\sin\beta]\\u'_4=\frac{\sqrt{2}}{2}a[\cos(\omega t-\beta+\delta)\sin\beta-\sin(\omega t-\beta)\cos\beta]\end{aligned}\right\}\tag{5-24}$$

(4) 这两束光通过检偏镜后产生偏振光：

$$u_5=(u'_3-u'_4)\cos45°$$

由式(5-24)并考虑到 $\beta+\psi=45°$，上式化简后有

$$u_5=a\sin\frac{\delta}{2}\cos\left(\omega t+2\psi+\frac{\delta}{2}\right)\tag{5-25}$$

该偏振光强为

$$I=K\left(a\sin\frac{\delta}{2}\right)^2\tag{5-26}$$

将 $\delta=\frac{2\pi\Delta}{\lambda}$ 代入式(5-26)，有

$$I=K\left(a\sin\frac{\pi\Delta}{\lambda}\right)^2\tag{5-27}$$

式(5-27)表明，光强仅与光程差有关，只要 $\sin\frac{\pi\Delta}{\lambda}=0$，则光强 $I=0$，故有 $\frac{\pi\Delta}{\lambda}=n\pi$，即

$$\Delta=n\lambda\quad(n=0,1,2,\cdots)\tag{5-28}$$

式(5-28)表明，若在模型中产生的光程差 Δ 为单色光波长的整数倍，则在圆偏振布置中只产生等差线。

2. 在亮场中的光弹性效应

在图 5-14 的布置中，将检偏镜的偏振轴 A 旋转 90°，使其与起偏镜的偏振轴 P 平行，即得平行圆偏振布置(亮场)。将模型放入且使其受荷，从检偏镜射出的合成光为

$$u=a\cos\frac{\delta}{2}\cos\left(\omega t-\frac{\delta}{2}\right)$$

光的强度为

$$I=K\left(a\cos\frac{\delta}{2}\right)^2\tag{5-29}$$

将 $\delta=\frac{2\pi\Delta}{\lambda}$ 代入式(5-29)，令光强 $I=0$，得 $\cos\frac{\pi\Delta}{\lambda}=0$，有

$$\frac{\pi\Delta}{\lambda}=\frac{m}{2}\pi$$

故

$$\Delta=\frac{m}{2}\lambda\quad(m=0,1,3,\cdots)\tag{5-30}$$

即在平行圆偏振布置中，发生消光的条件为光程差 Δ 是半波长的奇数倍，产生的黑色等差线为半数级，即分别为 0.5 级、1.5 级、2.5 级…… 而在双正交圆偏振布置中，发生消光的条件为光程差 Δ 是波长的整数倍，产生的黑色等差线为整数级，即分别为 0 级、1 级、2 级……

图 5-16 所示为中间有圆孔的拉伸板的等差线图。其中图 5-16(a) 是双正交圆偏振布置(暗场)的等差线图。图 5-16(b) 是平行圆偏振布置(亮场)的等差线图。

(a)

(b)

图 5-16　中间有圆孔的拉伸板的等差线图

第二节　等差线和等倾线

等差线和等倾线是光弹性实验中确定模型内各点应力的依据，本节介绍等差线和等倾线的特征以及等差线条纹级数的确定和等倾线的绘制方法。

一、白光入射时的等差线

由于单色光的波长是唯一的，在偏振光场中如果光源是单色光，则等差线为明暗相间的条纹。若用由红、橙、黄、绿、青、蓝、紫七种主色组成的白光作光源，则等差线为一系列彩色条纹。

组成白光的单色光，每一种颜色都对应着确定的波长。图5-17中对顶角内的两色称为互补色，即红与绿、橙与青、黄与蓝、黄绿与紫均为互补色，各互补色光混合即成白光。

在光弹性实验中，白光入射时，当模型上某点的光程差恰好等于某一种色光波长的整数倍时，则该色光被消除，而从光路系统检偏镜后方看到的是与该色光对应的互补色光。模型上所有光程差数值相同的点，就形成了同一种颜色的等差线条纹，即等色线。

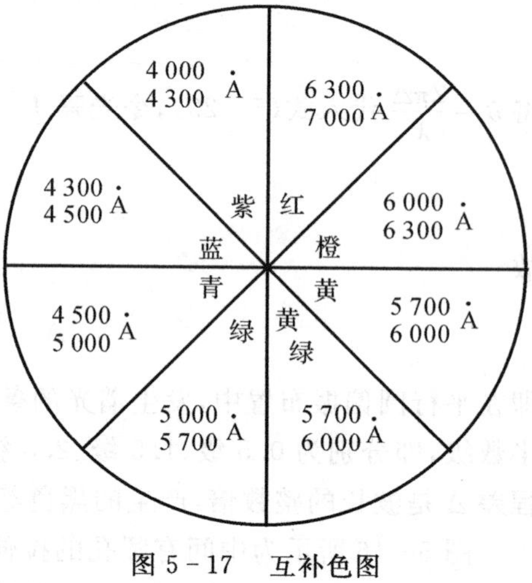

图 5-17　互补色图

在模型上光程差 $\Delta=0$ 的点，各种波长的色光均被消除，而呈现黑色条纹，即 0 级等差线。当光程差逐渐加大时，首先被消光的是波长最短的紫光，然后依蓝、青、绿 …… 的次序消光，与这些色光对应的互补色（黄、红、蓝、绿）就依次呈现出来。当光程差继续增大时，消光进入第二个循环，当光程差等于紫光波长的两倍时，紫光再次消失，呈现互补色黄光，接着是其他色光按色序排列进入二次消光，其他互补色又呈现出来。如光程差继续增加，则消光过程还会进入三次以上消光过程。随着循环次数的增大，所得到的条纹颜色逐渐变淡。也就是说，条纹级数越高，消光的颜色就越多，其对应的互补色光所组成的条纹的颜色就越淡。用白光时，一、二级等差线条纹主要由黄、红、蓝、绿四种颜色组成，四级以上条纹由很淡的红色和黄绿色组成，且已不易辨认。因此，等差线条纹数超过五级，常采用单色光光源，这样可以得到清晰的等差线条纹图。

已知等差线的条纹级次，即可确定主应力的差值。

二、整数等差线条纹级数的确定

在双正交圆偏振布置中，受力模型呈现以暗场为背景的等差线图，各条纹的级数为整数级，即 $n=0,1,2,\cdots$。$n=0$ 对应的条纹级数为零级，从零级开始可按顺序确定出任意点的条纹级数。

1. 零级条纹的确定

零级条纹是永久黑色的。

(1) 采用白光光源，在双正交圆偏振布置中通过变载和条纹的颜色来确定零级条纹。

(2) 模型自由方角上，即零应力点，因 $\sigma_1=0$，$\sigma_2=0$，所以对应的条纹级数 $n=0$。图 5-18 所示纯弯曲梁四个方角处的黑色条纹均为零级条纹。

(3) 应力方向的过渡处必有一个零级条纹。因应力分布的连续性，在拉应力过渡到压应力之处，必存在应力为零的点($\sigma_1=\sigma_2=0$)，则其条纹级数 $n=0$。图 5-18 所示纯弯曲梁的中性层，是拉应力和压应力的过渡处，故其条纹级数也为零。

图 5-18　纯弯曲梁的等差线图

2. 条纹增减方向的判断

条纹级数的递增方向(或递减方向)，可通过白光下等色线的颜色变化来确定，当颜色的变化为黄、红、蓝、绿，则为其级数增加的方向，反之为其级数减小的方向。也可以通过改变载荷来判断或用两种以上的波长的光源通过色序判断。

3. 条纹级数的确定

当等差线图上没有零级的黑点(或黑线)时，条纹级数的确定方法有两种：

(1) 连续加载法。将模型置于光弹仪的加载架上，边加载，边观察。最初出现的那条条纹级数为 $n=1$。继续加载，$n=1$ 的这级条纹将向应力低的区域移动，可用这条条纹来判别相继出现的其他条纹级数。

(2) 补偿法。取一已知条纹级数的受载试件(例如纯弯曲的光弹性试件)，将此试件放置为使其某一已知级数的条纹与待测点的主应力方向平行。在白光光源下，试件上该级条纹与待测点的条纹叠加后，如呈现为黑色条纹(零级条纹)，即被测点的光程差得到了补偿，这时被测点的条纹级数与试件上已知条纹的级数相同，由此可确定被测点的条纹级数。

三、非整数条纹级数的确定

最常用和最方便的确定非整数条纹级数的方法，是利用光弹仪本身的设备，用检偏镜进行补偿。根据光路布置的不同有双波片法和单波片法。

双波片法采用双正交圆偏振布置，两偏振片的偏振轴 P 和 A 分别与被测点的两个主应力方向重合，如图 5－19 所示。单波片法是只用模型后的一块四分之一波片，两偏振片的偏振轴正交，与主应力方向成 45° 角，波片的快、慢轴与 P 和 A 相平行，如图 5－20 所示。

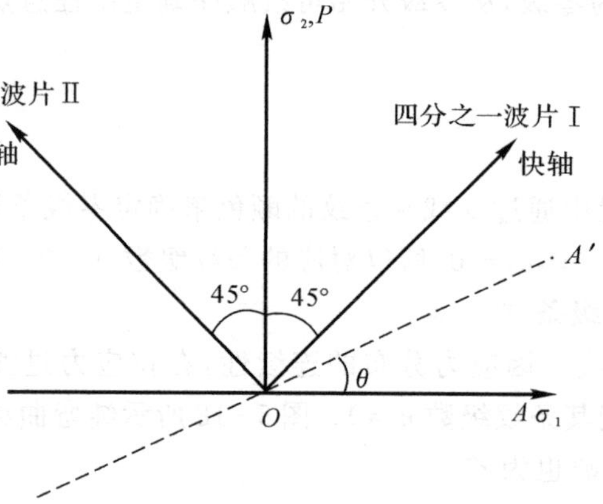

图 5－19　双波片法各主轴的相对位置

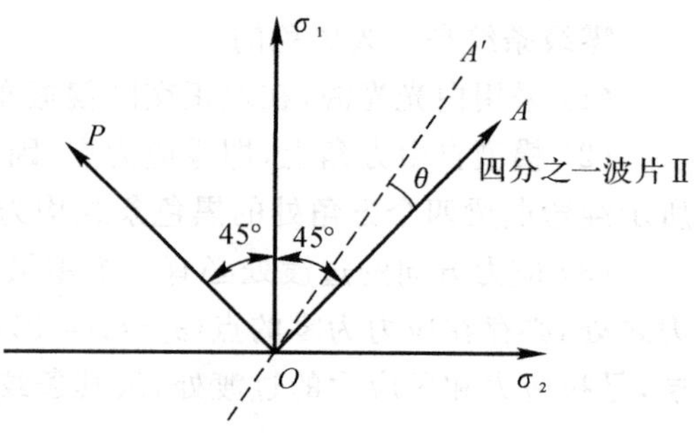

图 5－20　单波片法各主轴的相对位置

1. 双波片法

由于采用双正交圆偏振布置，检偏镜的偏振轴 A 转过了 θ 角而在 A' 位置，则通过检偏镜后的偏振光为

$$u = a\sin\left(\theta + \frac{\delta}{2}\right)\cos\left(\omega + \frac{\delta}{2}\right) \tag{5-31}$$

由光强计算公式可知，要使 O 点成为黑点，则 $\sin\left(\theta + \frac{\delta}{2}\right) = 0$，即

$$\theta + \frac{\delta}{2} = n\pi \quad (n = 1, 2, 3, \cdots)$$

将 $\delta = \frac{2\pi\Delta}{\lambda}$ 代入上式，得

$$\theta + \frac{\pi\Delta}{\lambda} = n\pi \quad 或 \quad \frac{\Delta}{\lambda} = n - \frac{\theta}{\pi}$$

令被测点的等差线条纹级数为 n_0，则有

$$n_0 = \frac{\Delta}{\lambda} = n - \frac{\theta}{\pi} \qquad (n\ 为整数级条纹数)$$

设测点条纹级数 n_0 在整数条纹级数 $(n-1)$ 和 n 之间(见图 5－21)。在操作过程中，如检偏镜向一方向偏转 θ_1 角，则高级次级 n 向该点靠近，测点的条纹级次为

$$n_0 = n - \frac{\theta_1}{\pi} \tag{5-32}$$

如反方向旋转 θ_2 角，则低级次级 $(n-1)$ 移至测点，测点的条纹级次为

$$n_0 = (n-1) + \frac{\theta_2}{\pi} \tag{5-33}$$

双波片法的补偿步骤如下：

(1) 求出被测点的主应力方向。以白光做光源，由测点等倾线角度确定被测点主应力方向。

(2) 将光路系统设置为双正交圆偏振光场。

(3) 单独旋转检偏镜，观察各条等差线的移动。与被测点相邻的整数级等差线 n 通过该点时，记下检偏镜旋转的角度 θ_1，按式(5-32) 计算被测点的条纹级数。与被测点相邻的 $n-1$ 级条纹移到被测点，相应检偏镜的转角为 θ_2，则按式(5-33) 计算被测点的条纹级数。

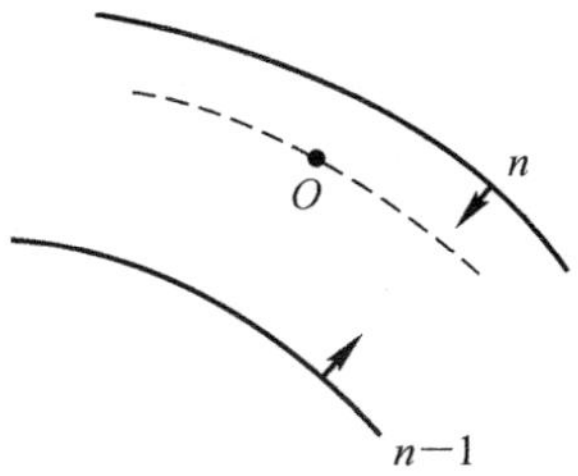

图 5-21　小数级条纹的测量

用双波片法可求得模型上任一点的等差线条纹级数不需要附加设备，且有足够的补偿精度，因此，是目前常用的一种方法。

2. 单波片法

与双波片法一样，单波片法也可导出式(5-32)、(5-33)。单波片法的补偿步骤与双波片法相同。

四、等倾线绘制和主应力判别

1. 等倾线绘制

绘制等倾线图时，采用光源为白光的正交平面偏振布置，在此光场中受力模型的等差线条纹是彩色的(零级条纹除外)，而等倾线是黑色条纹。

通常，起偏镜和检偏镜的偏振轴分别以垂直和水平位置为基准，这时模型上出现的是 0° 等倾线，该等倾线上各点的主应力方向之一与水平方向平行。其他不同角度的等倾线，只须逆时针同步旋转起偏镜及检偏镜即可获得。例如每隔一定角度，描绘出对应的等倾线，并标明其倾角度数。图 5-22 为对径受压圆环的不同倾角的等倾线图。

在实际工程问题中，有时不必描绘整张等倾线图，只要根据要求，逐点测量即可。

然而，在实际工作中，要获得一组满意的等倾线图是比较困难的，这是因为：

(1) 等差线与等倾线互相干扰。

(2) 在主应力方向改变不显著的区域，等倾线比较弥散，难以确定其正确位置。

(3) 模型内如存在初应力，将会扰乱图线的分布。

在实验技术上，为避免等倾线和等差线相互干扰，可用光学敏感性较低的材料(如有机玻璃)，制造一个同样尺寸的模型，单独绘制等倾线。也可变动载荷的大小，使等倾线图案较为清晰。

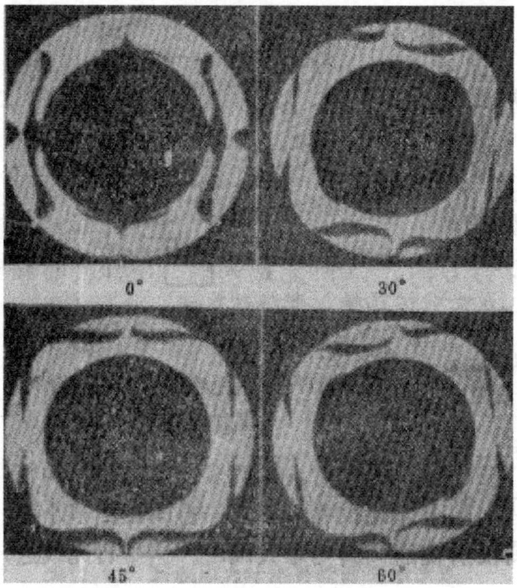

图 5-22　对径受压圆环的等倾线图

2. 主应力 σ_1 或 σ_2 的判别

从等倾线图上只能确定主应力方向，但不能具体判定是 σ_1、还是 σ_2 的方向。为了判别 σ_1 或 σ_2 的方向，常用如下方法：

(1) 分析法。根据模型形状和受载情况进行理论分析，确定模型上某点的主应力 σ_1 或 σ_2 的方向，然后再根据应力变化的连续性，推断出其他点的 σ_1 或 σ_2 的方向。

例如图 5-23 所示受弯矩 M 作用的纯弯曲梁，其上边缘为压应力，即 σ_2，下边缘为拉应力，即 σ_1。又如图 5-24 所示的对径受压圆盘，根据理论分析知，中心点的应力状态在 x 方向为拉应力 σ_1，在 y 方向为压应力 σ_2。由于应力变化的连续性，因此圆盘右上部的等倾线角度表示 σ_1 与水平线的夹角，圆盘左上部的等倾线角度表示 σ_2 与水平线的夹角。例如，右边上半部与中心点邻近的一条 10° 等倾线，是主应力 σ_1 与水平线的夹角，左边上半部与中心点邻近的一条 80° 等倾线，是主应力 σ_2 与水平线的夹角。

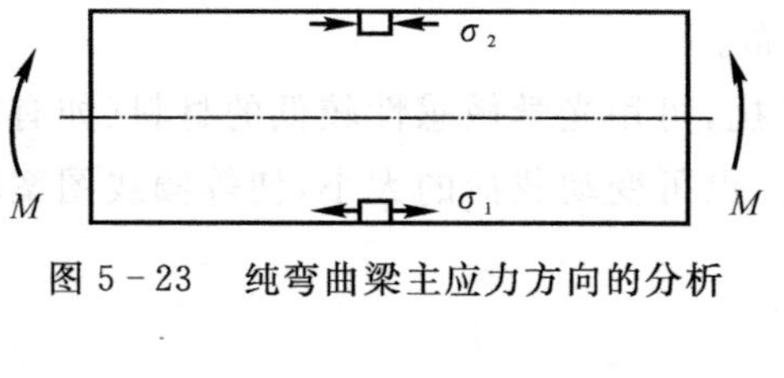

图 5-23　纯弯曲梁主应力方向的分析

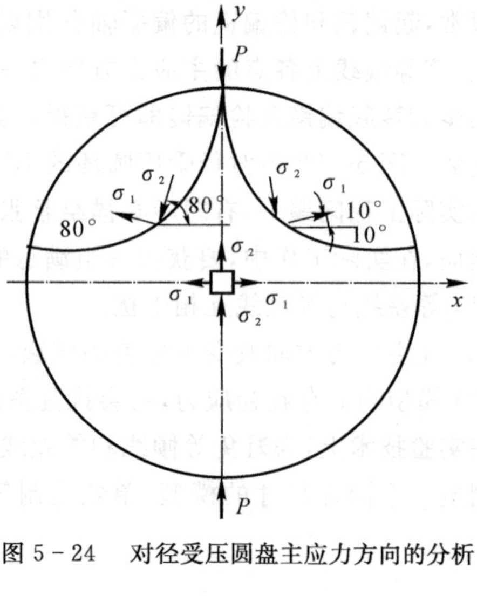

图 5-24　对径受压圆盘主应力方向的分析

(2) 柯克补偿器法。在白色光源的圆偏振布置光场中，将拉伸试件加载，使用柯克补偿器，使其拉伸方向与模型被测点的主应力方向之一重合，如该点等差线颜色的变化依次为黄、红、蓝、绿，则拉伸方向为 σ_1 的方向；反之为 σ_2 的方向。

(3) 四分之一波片判别法。在白色光源的正交平面偏振布置中，将一块四分之一波片置入，并使其快、慢轴方向分别与模型上已知点的 σ_1 和 σ_2 方向一致，根据条纹级数的变化来确定各点 σ_1 和 σ_2 的方向。

五、等倾线的特征

1. 自由曲线边界(不受外载荷的模型边界)上的等倾线

对于自由曲线边界上的某点，曲线的切线和法线方向就是此点的主应力方向。如等倾线与边界相交时，则交点处模型边界的切线和法线与水平轴的夹角即为该点等倾线的角度。例如图 5-25 所示曲线边界上的某点 M，其主应力方向(即法线方向)与水平轴夹角为 θ_M，则过 M 点的等倾线即为 θ_M 等倾线。

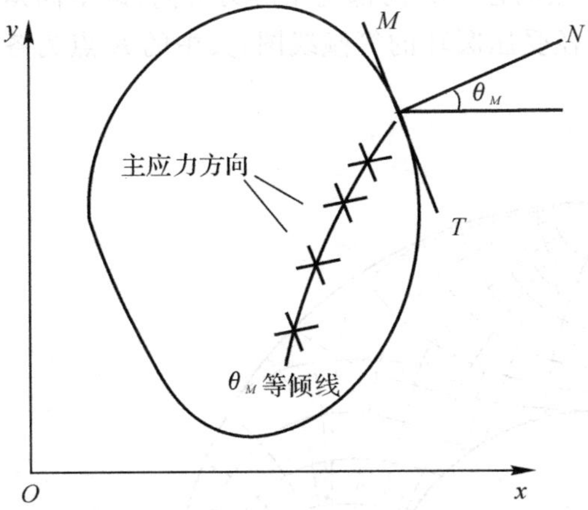

图 5-25　自由曲线边界上的等倾线

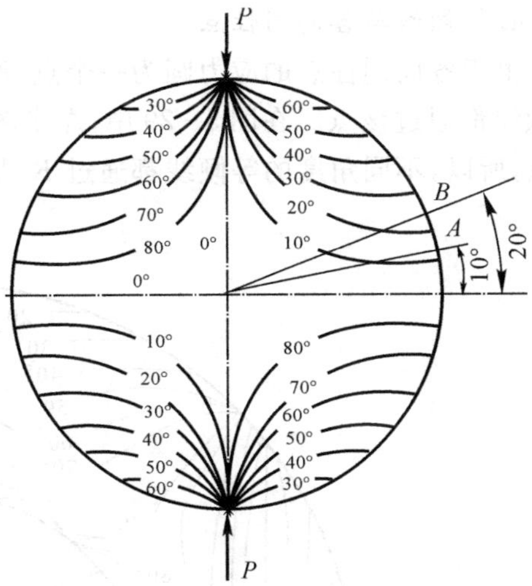

图 5-26　对径受压圆盘的等倾线图

例如在图 5-26 所示的对径受压圆盘的等倾线图中，观察其 10° 及 20° 的等倾线，这两条等倾线与边界上的 A、B 点相交，则 A、B 点上的法线与水平线的夹角分别为 10° 及 20°。

2. 直线边界上的等倾线

自由的或只受法向载荷的直线边界，由于边界上各点无切应力，边界线即为应力主轴，所以边界本身就是某一角度的等倾线。等倾线的度数 θ 为直线边界与水平线的夹角。例如图 5-27 所示的两顶角受压方块的四条边界即为 45° 等倾线。

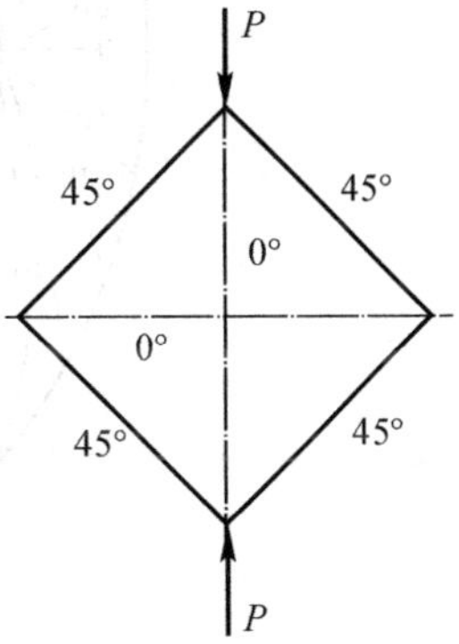

图 5-27　两顶角受压方块边界的等倾线

3. 对称轴上的等倾线

当几何形状和载荷都关于模型的某轴线对称时，则该对称轴为模型的应力主轴，即该轴是一条等倾线。例如，图 5-28 中所示模型的 x、y 轴就是 0°、90° 等倾线，其他对称轴的等倾线度数可由该对称轴与水平轴线的夹角来确定。

对称轴两侧的等倾线图案相同，对称点上的等倾线度数之和等于 90°。

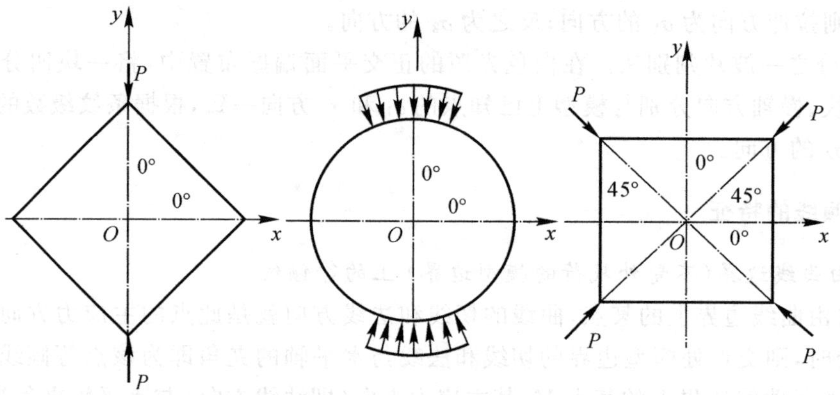

图 5－28　对称轴上的等倾线

4. 等倾线与各向同性点

由于各向同性点的应力圆为一个点，所以该点的任一方向都是主应力方向，即不同角度的等倾线都通过该点。在图 5－29 中，左半图为对径受压圆环的等倾线图，其中的 K 点为各向同性点，所以，不同角度的等倾线都通过 K 点。

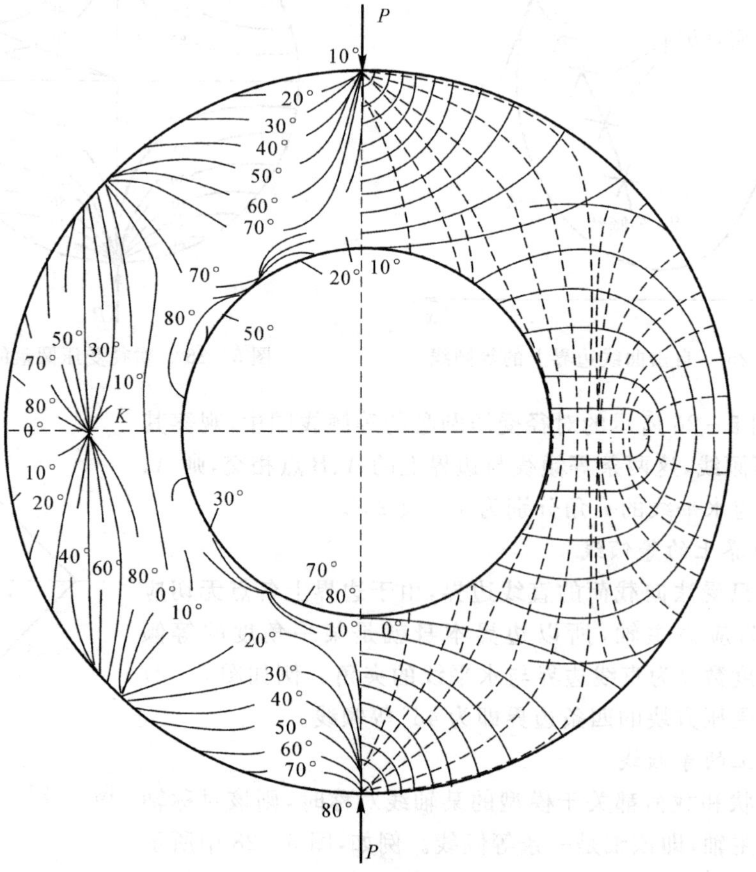

图 5－29　对径受压圆盘的等倾线和主应力迹线

等倾线表示着一点的主应力方向，除非在各向同性点上，一般不相交。因此，遇到等倾线相交的情况，必可断定此交点为各向同性点。

如果通过各向同性点的等倾线的角度是逆时针方向增加的，则该点称为正各向同性点，如图 5－30 中的 O_1 和 O_3 点；反之，则称为负各向同性点，如图 5－30 中的 O_2 点。等倾线上各向同性点是正、负间隔的。

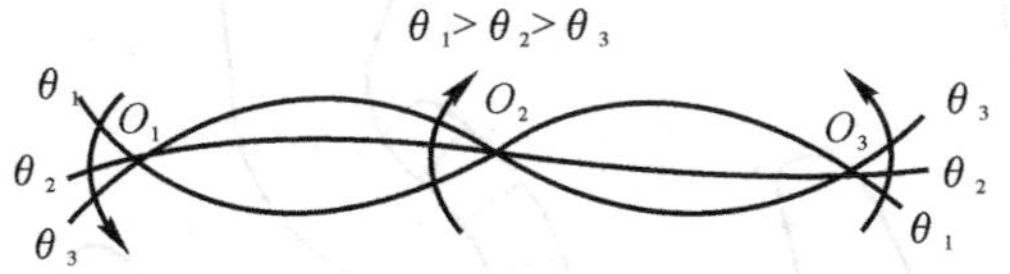

图 5－30　正负各向同性点

第三节　平面光弹性应力计算

平面问题(平面应力问题和平面应变问题) 的应力可用平板的光弹性模型分析，这种方法称为平面光弹性。由前述的光弹性实验方法可得到两组数据，一组为等倾线角度 θ，另一组为等差线条纹级数 n。由前者可确定模型中各点的主应力方向，由后者，依据式(5-20) 仅可确定模型中各点的主应力差值。本节主要介绍确定模型上各点主应力的剪应力差法以及材料条纹值的测定等。

一、边界应力

1. 边界应力

平面光弹性模型边界上的应力，可由等差线图求得。模型自由边界上任一点法向应力为零，只有一个与边界切线同向的主应力。若测得自由边界点的条纹级次 n，则其切向主应力可由式(5－34) 求得

$$\left.\begin{aligned}\sigma_1&=\frac{mf}{h}\\ \sigma_2&=-\frac{mf}{h}\end{aligned}\right\}\tag{5－34}$$

确定式(5－34) 中的应力正负号常用的方法有两种。

(1) 钉压法。在垂直于模型的边界上，用一钉状物体对被测点施加法向压力，同时观察该点条纹级数的变化。若条纹级数增加，则该点的边界应力为拉应力(正)，反之为压应力(负)。

(2) 补偿法。将柯克补偿器叠加在被测点上，使其拉伸方向与边界切线方向一致。施加拉力观察条纹级数的变化，如条纹级数增加，则边界应力为拉应力($+\sigma_1$)；如条纹级数减少，则边界应力为压应力($-\sigma_2$)。

以吊钩为例来说明其边界应力的确定。图 5－31 是由光弹性实验所确定的等差线图。对某些特殊点，如应力极值的点(其条纹级数比周围都高或都低)、等差线较疏的点，可用补偿法求出其分数条纹级数，进而求出边界应力值。用钉压法可确定吊钩外边界为压应力(负)，内边界为拉应力(正)。吊钩边界应力的分布曲线如图 5－32 所示。

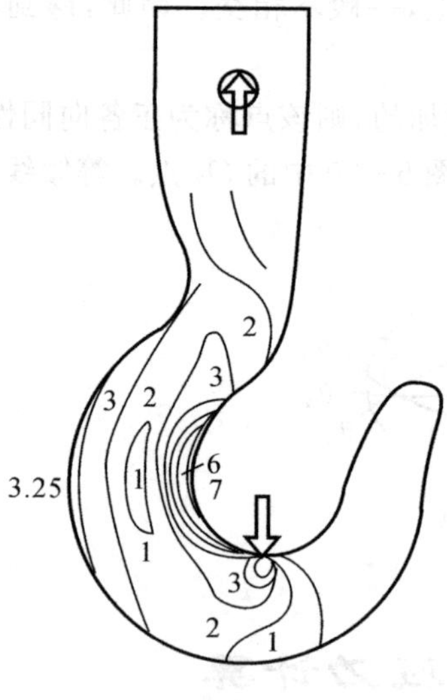

图 5－31　吊钩等差线图

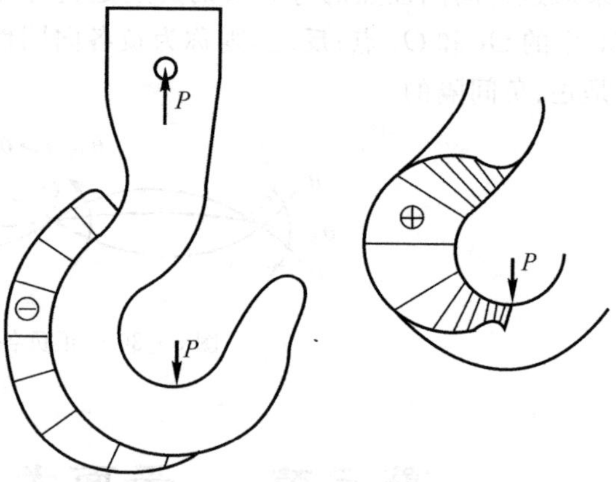

图 5－32　边界应力分布曲线

2. *应力集中系数*

用平面光弹性实验可以准确地测定有开孔或缺口的试件应力集中区的最大应力和应力集中系数。

自由边界上应力集中区的最大应力为

$$\sigma_{\max} = n_{\max}\frac{f}{h} \tag{5-35}$$

式中，$n_{\max}$ 为应力集中区的最大条纹级数。

应力集中系数为

$$\alpha_k = \frac{\sigma_{\max}}{\sigma_0} \tag{5-36}$$

式中，σ_0 为平均应力。

二、内部应力

利用平面光弹性实验，可得到模型的等差线和等倾线图，其中等差线给出了主应力差值，而等倾线给出了主应力方向。对于平面问题，完整地表示一点的应力状态需要 3 个分量 σ_1、σ_2 和主应力方向 θ 或者 σ_x、σ_y 和 τ_{xy}。要确定模型内各点的主应力，需要补充另外的方程，才能将主应力从 $\sigma_1-\sigma_2$ 中分离出来。建立补充方程的方法有 4 种。

1. *求主应力和法*

要将主应力从 $\sigma_1-\sigma_2$ 中分离出来，可通过计算或实验方法求得模型内部各点的主应力和 $(\sigma_1+\sigma_2)$，再与主应力差 $(\sigma_1-\sigma_2)$ 结合，方可确定各点应力。常用的确定主应力和的方法有全息光弹性法与求解拉氏方程法。前者可得到一族主应力和曲线。后者因模型内部各点主应力满足拉氏方程（不计体积力的影响），在边界条件已知的情况下，通过求解式(5－37)，可得出模型上各点的 $(\sigma_1+\sigma_2)$ 值。

$$\nabla^2(\sigma_1+\sigma_2)=0 \tag{5-37}$$

式中，∇^2 为拉普拉斯算子，即$\nabla=\left(\dfrac{\partial^2}{\partial x^2}+\dfrac{\partial^2}{\partial y^2}\right)$。

确定 $\sigma_1+\sigma_2$ 的方法还有横向伸长计法和电场比拟法等。横向伸长计法通过逐点量取模型厚度在受力前后的变化量来求主应力和。电场比拟法则利用电位分布来模拟主应力和的分布，因为电位 E 在电场中的分布满足 $\nabla^2 E=0$，而主应力和在模型中的分布也满足 $\nabla^2(\sigma_1+\sigma_2)=0$，在边界条件相似的条件下，则电位 E 与主应力和（$\sigma_1+\sigma_2$）的分布相似。

2. 斜射法

斜射法通过补充一个斜射方向的等差线条纹级数，与 $\sigma_1-\sigma_2$ 联立来求解主应力 σ_1、σ_2。

在图 5-33 中，当偏振光斜向射入模型时，应力与条纹级数间的关系为

$$\left.\begin{aligned}\sigma_1^2\cos\varphi_1-\sigma_2&=n_{\varphi_1}\frac{f}{h}\cos\varphi_1\\ \sigma_1-\sigma_2^2\cos\varphi_2&=n_{\varphi_2}\frac{f}{h}\cos\varphi_2\end{aligned}\right\}\tag{5-38}$$

式中，φ_1、φ_2 分别表示绕 σ_2 轴和 σ_1 轴旋转时的斜射角；n_{φ_1}、n_{φ_2} 分别为相应的条纹级数。

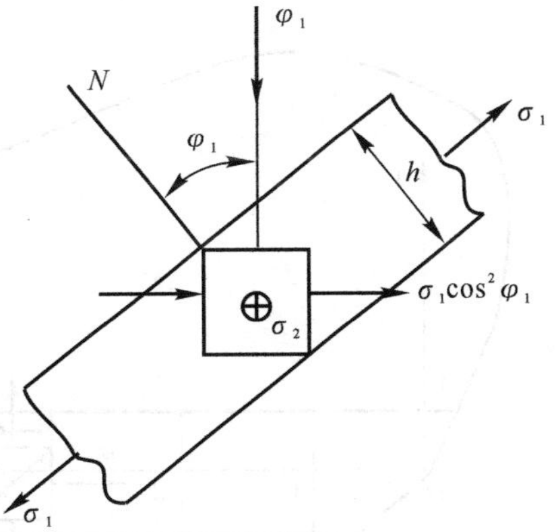

图 5-33 斜射法

由于可避免测量等倾线产生的误差，对称轴线上的应力分离用斜射法比较方便。特别是只需测定模型内个别点的应力分量时，用斜射法尤为方便。

3. 剪应力差法

剪应力差法利用光弹性试验得到的等差线和等倾线，与平面弹性力学问题中的平衡方程来确定出模型某一截面上的应力分布。

4. 图解积分法

用沿主应力迹线进行数值积分的方法来确定主应力 σ_1 和 σ_2。对于对称轴线上的应力分离，该方法是有效的。

三、用剪应力差法计算截面上的应力

1. 剪应力的计算

如图 5-34 所示，平面应力状态的单元体上任一斜截面上的剪应力 τ_{xy} 为

$$\tau_{xy}=\frac{\sigma_1-\sigma_2}{2}\sin 2\theta \tag{5-39}$$

式中，θ 为 σ_1 的方向线与 x 轴的夹角，即等倾线的角度，规定自 x 轴逆时针方向转到 σ_1 为正。将式(5-34)代入式(5-39)，得

$$\tau_{xy}=\frac{1}{2}\frac{nf}{h}\sin 2\theta \tag{5-40}$$

剪应力符号按弹性理论规定确定。

2. 正应力 σ_x、σ_y 的计算

不计体积力时弹性理论平面问题的平衡方程式为

$$\left.\begin{aligned}\frac{\partial\sigma_x}{\partial x}+\frac{\partial\tau_{xy}}{\partial y}=0\\ \frac{\partial\tau_{xy}}{\partial x}+\frac{\partial\sigma_y}{\partial y}=0\end{aligned}\right\} \tag{5-41}$$

将式(5 - 41) 中第一式沿 x 轴从原点 O 到计算点 i 积分，得

$$(\sigma_x)_i=(\sigma_x)_O-\int_0^i\frac{\partial\tau_{xy}}{\partial y}\mathrm{d}x \tag{5-42}$$

式中，$(\sigma_x)_i$ 表示计算点的 σ_x 值；$(\sigma_x)_O$ 表示原点 O 的 σ_x 值；$\frac{\partial\tau_{xy}}{\partial y}$ 表示剪应力沿 y 轴的变化率。

将式(5 - 42) 中的积分式用有限差分的代数和代替，得

$$(\sigma_x)_i=(\sigma_x)_O-\sum_0^i\frac{\Delta\tau_{xy}}{\Delta y}\Delta x \tag{5-43}$$

式中，$\Delta\tau_{xy}$ 是在分段区间 Δx 内剪应力 τ_{xy} 沿 y 轴的增量。

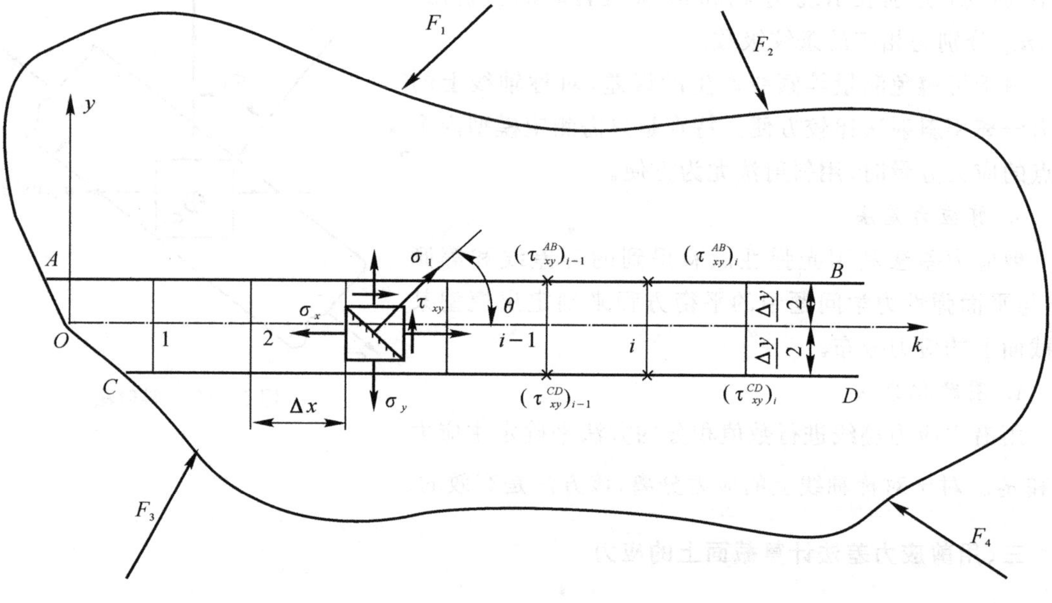

图 5 - 34　剪应力差法的计算

由式(5 - 43) 可知，如要计算某一截面 Ox 上的正应力 σ_x，必须先在该截面的上、下作相距为 Δy 的两辅助截面 AB 和 CD，并将 Ox 轴等分成若干份。然后就可从边界点 O(O 点的 σ_x 值已知) 开始，逐点取求各分点的 σ_x 值。若间距为 Δx 的相邻两点为 $i-1$ 和 i，则 i 点的 σ_x 值可写为

$$(\sigma_x)_i=(\sigma_x)_{i-1}-\Delta\tau_{xy}\Big|_{i-1}^{i}\frac{\Delta x}{\Delta y} \tag{5-44}$$

式(5 - 4) 为求正应力的基本公式。式中 $\Delta\tau_{xy}$ 为上、下两辅助截面的剪应力差值，即

$$\Delta\tau_{xy}=\tau_{xy}^{AB}-\tau_{xy}^{CD} \tag{5-45}$$

$\Delta\tau_{xy}\Big|_{i-1}^{i}$ 表示相邻两点 $i-1$ 和 i 的剪应力差的平均值，即

$$\Delta\tau_{xy}\Big|_{i-1}^{i}=\frac{(\Delta\tau_{xy})_{i-1}+(\Delta\tau_{xy})_{i}}{2} \tag{5-46}$$

算得 σ_x 后，由应力圆有

$$\sigma_y=\sigma_x\pm\sqrt{(\sigma_1-\sigma_2)^2-4\tau_{xy}^2} \tag{5-47}$$

或

$$\sigma_y=\sigma_x-(\sigma_1-\sigma_2)\cos2\theta \tag{5-48}$$

将式(5－20)代入式(5－48)，得

$$\sigma_y=\sigma_x\pm\sqrt{\left(\frac{nf}{h}\right)^2-4\tau_{xy}^2} \tag{5-49}$$

或

$$\sigma_y=\sigma_x-\frac{nf}{h}\cos2\theta \tag{5-50}$$

式(5－49)中，n 为 Ox 轴上各点的等差线条纹级数；τ_{xy} 为由式(5－40)算得的 Ox 轴上各点的剪应力；σ_x 为由式(5－44)算得的 Ox 轴上各点的正应力。

在式(5－49)中，当 $\sigma_x<\sigma_y$ 时，取正号；当 $\sigma_x>\sigma_y$ 时，取负号。

四、材料条纹值的测定

材料条纹值 f 是光弹性材料的一个主要性能参数，由式(5－19b)可知，它只与模型材料常数 C 和光波长 λ 有关，而与模型形状、尺寸和受力方式无关。因此，要测定某种材料的条纹值 f，只需用该种材料制作一个应力有解析解的标准试件，例如纯拉伸、纯弯曲试件或对径受压圆盘等。在一定的外力作用下，测出该试件某点的条纹级数，并利用相关的理论公式推算出相应点的 $\sigma_1-\sigma_2$ 值，由式(5－20)即可求出材料的条纹值 f。

1. 用纯拉伸试件确定 f

试件宽度为 b，厚度为 h，长度为 l，在轴向拉伸载荷 P 作用下，试件中任意点的应力为 $\sigma_1=\frac{P}{bh}$，$\sigma_2=0$。测得纯拉区的等差线条纹级数值 n，由式(5－20)知材料条纹值

$$f=\frac{P}{bn} \tag{5-51}$$

2. 用纯弯曲试件确定 f

图 5－35 所示纯弯曲试件高为 H，厚度为 h，作用弯矩为 M，则梁上、下边缘处的应力为 $\sigma_1=\pm\frac{6M}{hH^2}$，$\sigma_2=0$。根据等差线图测得梁边缘处的条纹级数 n，由式(5－20)算出材料的条纹值

$$f=\frac{6M}{nH^2} \tag{5-52}$$

若不找边缘处的条纹级数(一般为非整数)，而取某一点，该点的整数条纹级数为 n，该点距中性层的距离为 y 值，由纯弯曲正应力计算公式，该点的应力为

$$\sigma_1=\frac{My}{I},\quad \sigma_2=0$$

由式(5－20)求出 f 值。

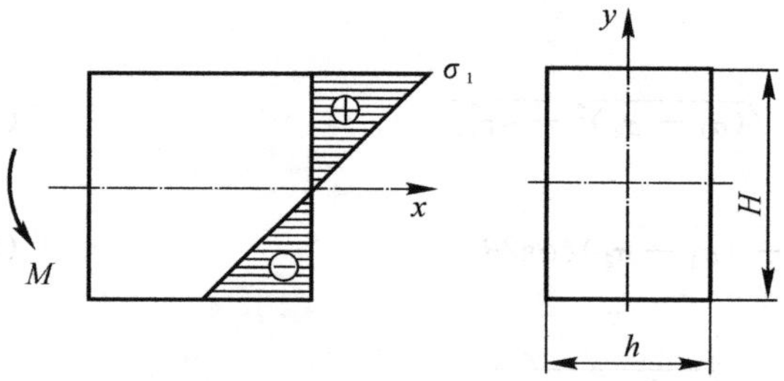

图 5-35　纯弯曲试件尺寸及应力分布

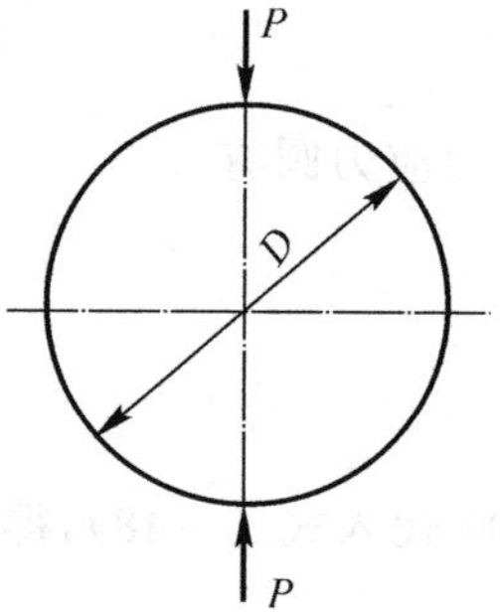

图 5-36　对径受压圆盘尺寸

3. 用对径受压圆盘确定

如图5-36所示，圆盘的直径为D，厚度为h，对径载荷为P。由弹性理论可知，圆盘中心处的应力为

$$\sigma_1=\frac{2P}{\pi Dh},\quad \sigma_2=-\frac{6P}{\pi Dh} \tag{5-53}$$

从等差线图上测得圆心处的条纹级数n，由式(5-20)算得材料条纹值为

$$f=\frac{8P}{\pi Dn} \tag{5-54}$$

确定材料条纹值f时，要求由加载起到测定条纹级数的时间间隔以及测定时的室温应该与模型实验室相同，这是因为材料受力后的蠕变和温度对f值的测定有影响。

第四节　三维光弹性的冻结切片法简介

实际工程中的很多结构都是空间问题，在广泛荷载作用下，这些结构处于三维应力状态，即空间应力状态。例如汽轮机转子，压缩机的叶轮，轧钢机的机架，高压容器等。三维问题比平面问题要复杂得多，对于空间应力状态需要使用立体模型来进行三维光弹性实验分析。

目前三维光弹性实验的方法主要有冻结切片法、组合模型法和散光法等，其中以冻结切片法应用较为普遍。

一、冻结切片法概述

在室温条件下，给光弹性材料制成的具有暂时双折射效应的模型加载，则在光弹性仪上即可见到模型应力条纹图案。若卸掉载荷，则应力条纹图案随即消失。如果使受力的光弹性模型的温度升高到材料的冻结温度(通常为 110 ～ 120℃)，经过一段时间的恒温(时间长短视模型大小而定)，再让模型温度缓慢降至室温(其温度与时间的曲线图如图5-37所示)，然后卸去载荷，此时观察模型，能见到应力条纹图案，即模型承受载荷时产生的双折射现象就永久地保存下来，这种现象称为应力冻结。

利用光弹性材料的可加工性质，对已冻结好的模型切成薄片进行分析。光弹性材料的冻结效应可用高分子聚合物的结构特性来说明。光弹性材料属于双相高分子聚合物，存在着可熔和不可熔的两族分子键网络。室温下，这两族固态的网络共同承担载荷，温度上升后，可熔的网络开始熔化呈液态，这时载荷主要由不可熔的网络承担，到达冻结温度时，载荷全部由不可熔的网络承担。逐渐降温至室温，则可熔网络逐渐固化变硬，将网络不可熔承受载荷时的变形状态保存下来。这就是冻结应力条纹图形成的原因。

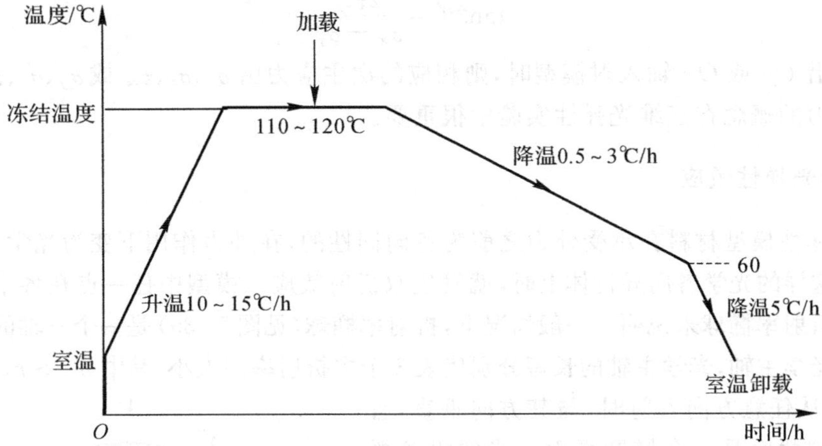

图 5－37　冻结温度曲线

二、次主应力

模型在任意载荷作用下，其上任一点的应力状态可用6个应力分量 σ_x、σ_y、σ_z、τ_{xy}、τ_{yz} 和 τ_{zx} 来表示。从冻结模型中任意切取一单元体，实验证明，在偏振光场中，当光线沿某方向（如 Oz 轴）照射单元体时，6个应力分量中的 σ_z、τ_{zx}、τ_{zy}、τ_{xz}、τ_{yz} 不产生光学效应。而与光线垂直的 xy 平面内的应力分量 σ_x、σ_y、τ_{xy} 产生光学效应。由应力分量 σ_x、σ_y、τ_{xy} 在 xOy 平面内所决定的主应力 σ_1'、σ_2' 称为次主应力，次主应力方向用 θ' 表示，如图 5－38 所示。显然，当光线沿 Oz 轴垂直照射模型时次主应力也随之产生光学效应。

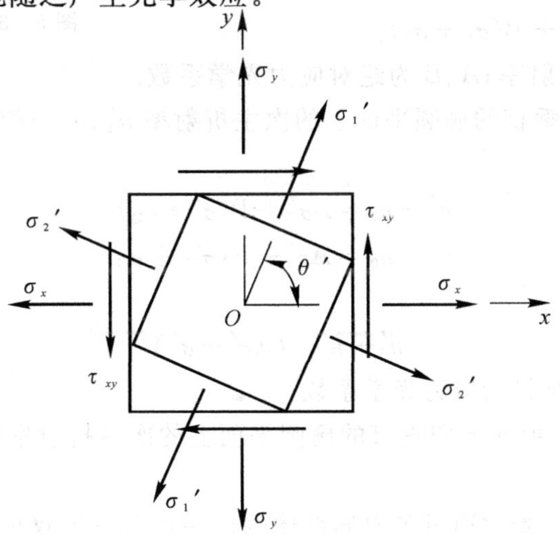

图 5－38　次主应力

由弹性理论，次主应力分量为

$$\left.\begin{array}{l}\sigma_1' \\ \sigma_2'\end{array}\right\} = \frac{\sigma_x + \sigma_y}{2} \pm \frac{1}{2}\sqrt{(\sigma_x - \sigma_y)^2 + 4\tau_{xy}^2} \tag{5-55}$$

次主应力方向为

$$\tan 2\theta' = \frac{2\tau_{xy}}{\sigma_x - \sigma_y} \tag{5-56}$$

若光线沿 Oy 或 Ox 轴入射模型时，则相应的次主应力由 σ_x、σ_z、τ_{xz} 或 σ_y、σ_z、τ_{yz} 来确定。次主应力的概念在三维光弹性实验中很重要。

三、三维光弹性效应

三维光弹性模型材料在承受外力之前为各向同性的，在外力作用下变为光学各向异性的，当光入射到这样的光学各向异性体上时，就发生双折射效应。模型中任一点在各个方向的双折射现象可用折射率椭球来说明。一般情况下，折射率椭球（见图 5-39）是一个三轴的椭球体，其 3 个主轴称为光学主轴，光学主轴的长短分别代表 3 个主折射率的大小，其中 $n_1 > n_2 > n_3$。

当光线从任意方向入射时，与其方向垂直，且过椭球中心的截面是一个椭圆平面。光线沿该椭圆平面的主轴方向分解成折射率为 n_1' 和 n_2' 的两束平面偏振光。显然，n_1' 和 n_2' 随入射光线方向的改变而变化。当光线方向与任一光学主轴重合时，与之垂直、过椭球中心的椭圆平面为光学主平面，其折射率为主折射率 n_1 和 n_2，而 n_1' 和 n_2' 称为次主折射率。

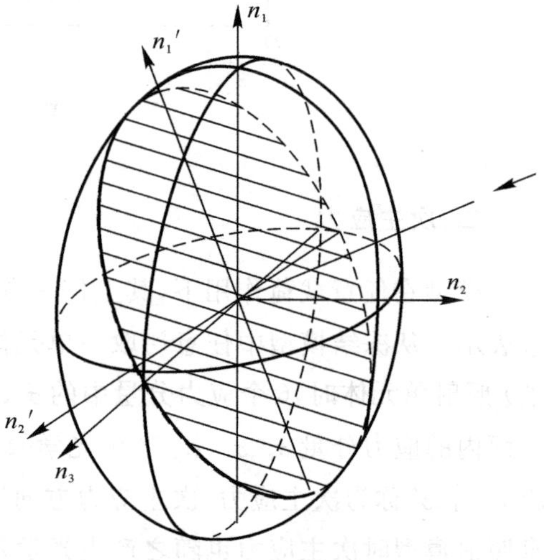

图 5-39　折射率椭球

实验证明，模型中某点折射率椭球体的主轴与该点的 3 个主应力方向重合，主折射率与主应力间的关系为

$$\left.\begin{array}{l} n_1 - n_0 = A\sigma_1 + B(\sigma_2 + \sigma_3) \\ n_2 - n_0 = A\sigma_2 + B(\sigma_1 + \sigma_3) \\ n_3 - n_0 = A\sigma_3 + B(\sigma_1 + \sigma_2) \end{array}\right\} \tag{5-57}$$

式中，n_0 为无应力时的折射率；A、B 为绝对应力光学系数。

同理，与入射光方向垂直的椭圆平面上的次主折射率 n_1'、n_2' 与相应的次主应力 σ_1'、σ_2' 之间的关系为

$$\begin{array}{l} n_1' - n_0 = A\sigma_1' + B(\sigma_2' + \sigma_Q) \\ n_2' - n_0 = A\sigma_2' + B(\sigma_1' + \sigma_Q) \end{array} \tag{5-58}$$

从式(5-58)有

$$n_1' - n_2' = C(\sigma_1' - \sigma_2') \tag{5-59}$$

式中，$C = A - B$ 为模型材料的应力光学系数。

式(5-59)表明，与入射光方向垂直的椭圆平面上的次主折射率差$(n_1' - n_2')$与相应的次主应力差$(\sigma_1' - \sigma_2')$成正比。

一般情况下，$n_1' \neq n_2'$，光波通过各向异性体的任一点后发生双折射现象，所产生的光程差与入射光方向垂直的截面的厚度及次主折射率差成正比。

$$\Delta = h(n'_1 - n'_2)$$

由式(5 - 59)有

$$\Delta = Ch(\sigma'_1 - \sigma'_2) \tag{5-60}$$

若仅考虑截面厚度的影响，则光程差为

$$\Delta = C\int_0^h (\sigma'_1 - \sigma'_2)\,\mathrm{d}h \tag{5-61}$$

若考虑沿厚度各点次主应力的大小和方向变化的影响，则式(5 - 61)应改写。但实际情况是模型切片较薄(约 3 mm)，次主应力大小和方向的变化不大，且其在光路中的变化规律未知，故通常使用式(5 - 60)。

将 $\Delta = n\lambda$ 和 $f = \dfrac{\lambda}{C}$ 代入式(5 - 60)，则次主应力差值与条纹级数 n 的关系为

$$(\sigma'_1 - \sigma'_2) = n\frac{f}{h} \tag{5-62}$$

式中，f 为冻结材料的条纹值。

四、应力冻结模型的切片分析

三维应力冻结模型的切片分析方法有正射法和斜射法。

1. 模型切片分析的正射法

制作 3 个几何形状、加载情况和应力冻结过程完全相同的立体模型，并分别从每个模型中切出一薄片，这 3 个薄片的方位互相垂直并包含所研究的点。然后，同平面光弹性法一样，使偏振光分别垂直入射到各薄片上(见图 5 - 40)，分别获得这 3 块切片的等差线和等倾线资料，从而可计算出各个应力分量。

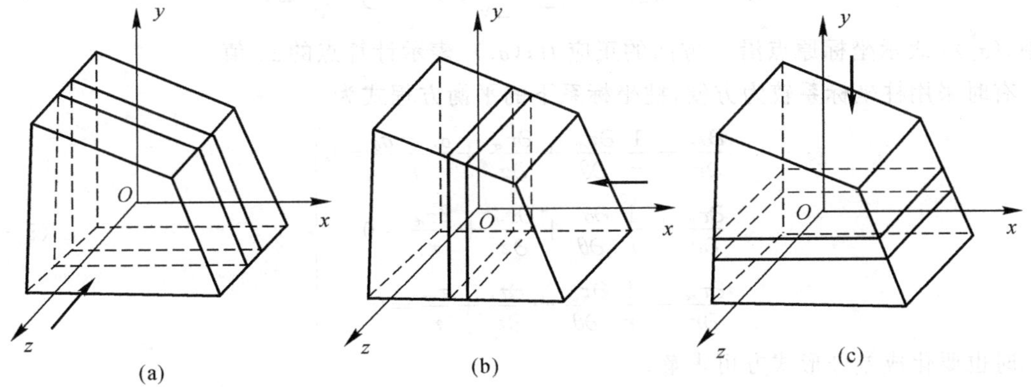

图 5 - 40　模型切片的正射

在 $Oxyz$ 坐标系中，设 3 个切片平面分别处在 xOy 平面、yOz 平面、zOx 平面内，如对第一个冻结模型，设光线沿 Oz 轴方向垂直入射，则该平面内各应力分量与次主应力及光弹性数据之间的关系为

$$\left.\begin{aligned} \sigma_x - \sigma_y &= (\sigma'_1 - \sigma'_2)_z \cos 2\theta'_z = \frac{n_z f}{h_z}\cos 2\theta'_z \\ \tau_{xy} &= \frac{1}{2}(\sigma'_1 - \sigma'_2)_z \sin 2\theta'_z = \frac{n_z f}{2h_z}\sin 2\theta'_z \end{aligned}\right\} \tag{5-63}$$

同理，对另外两个冻结模型，光线分别从 x 方向和 y 方向垂直入射，yOz 和 zOx 平面内各应力分量与次主应力及光弹性数据之间的关系分别为

$$\left.\begin{aligned}\sigma_y-\sigma_z&=(\sigma'_1-\sigma'_2)_x\cos2\theta'_x=\frac{n_xf}{h_x}\cos2\theta'_x\\ \tau_{yz}&=\frac{1}{2}(\sigma'_1-\sigma'_2)_x\sin2\theta'_x=\frac{n_xf}{2h_x}\sin2\theta'_x\end{aligned}\right\}\qquad(5-64)$$

$$\left.\begin{aligned}\sigma_z-\sigma_x&=(\sigma'_1-\sigma'_2)_y\cos2\theta'_y=\frac{n_yf}{h_y}\cos2\theta'_y\\ \tau_{xz}&=\frac{1}{2}(\sigma'_1-\sigma'_2)_y\sin2\theta'_y=\frac{n_yf}{2h_y}\sin2\theta'_y\end{aligned}\right\}\qquad(5-65)$$

式(5－64)和式(5－65)中，$(\sigma'_1-\sigma'_2)_z$、$(\sigma'_1-\sigma'_2)_x$ 和 $(\sigma'_1-\sigma'_2)_y$ 分别是切片在 xOy 平面(z 方向入射)、yOz 平面(x 方向入射)和 zOx 平面(y 方向入射)的次主应力差，可由对应的等差线图求得；n_z、n_x 和 n_y 分别为光线入射各切片时的条纹级数；h_z、h_x 和 h_y 分别为各切片的厚度；θ'_z、θ'_x 和 θ'_y 分别为光线入射时 xOy、yOz、zOx 平面内切片的次主应力方向，它们可由对应的等倾线图得到。

因为 $(\sigma_x-\sigma_y)+(\sigma_y-\sigma_z)+(\sigma_z-\sigma_x)=0$，所以方程组(5－63)、(5－64)、(5－65)中，只有5个方程是独立的。要解方程组，必须补充一个方程式。在体积力为零的直角坐标形式的平衡方程中，取其中一个方程式作为补充方程，如取

$$\frac{\partial\sigma_x}{\partial x}+\frac{\partial\tau_{yx}}{\partial y}+\frac{\partial\tau_{zx}}{\partial z}=0$$

将此式化成差分形式

$$(\sigma_x)_i=(\sigma_x)_O-\sum_0^i\frac{\Delta\tau_{yx}}{\Delta y}\Delta x-\sum_0^i\frac{\Delta\tau_{zx}}{\Delta z}\Delta x\qquad(5-66)$$

式中，$(\sigma_x)_O$ 表示坐标原点沿 x 方向的正应力；$(\sigma_x)_i$ 表示计算点的 σ_x 值。

有时采用柱坐标系较为方便，柱坐标系下的平衡方程式为

$$\left.\begin{aligned}&\frac{\partial\sigma_r}{\partial r}+\frac{1}{r}\frac{\partial\tau_{\theta r}}{\partial\theta}+\frac{\partial\tau_{zr}}{\partial z}+\frac{\sigma_r-\sigma_\theta}{r}=0\\ &\frac{\partial\tau_{r\theta}}{\partial r}+\frac{1}{r}\frac{\partial\sigma_\theta}{\partial\theta}+\frac{\partial\tau_{z\theta}}{\partial z}+\frac{2\tau_{r\theta}}{r}=0\\ &\frac{\partial\tau_{rz}}{\partial r}+\frac{1}{r}\frac{\partial\tau_{\theta z}}{\partial\theta}+\frac{\partial\sigma_z}{\partial z}+\frac{\tau_{rz}}{r}=0\end{aligned}\right\}\qquad(5-67)$$

计算时也要化成差分形式方可求解。

此方法的优点是，由于实验时光线是垂直入射的，因此可以获得较准确的等差线和等倾线图。不足之处是需要做3个几何形状、载荷情况和冻结条件完全相同的模型，这在实际操作上不可能做到，因此会给实验带来一定误差，另外在模型材料使用上也是不经济的。

2. 模型切片分析的斜射法

斜射法只须制作一个冻结模型。实验时沿所研究的截面切出一薄片，进行一次正射和两次斜射(斜射必须在与模型材料折射率相同的浸没油缸内进行)，结合弹性理论中的应力转轴公式求解，即可获得6个应力分量。具体步骤如下：

从模型上切出一个薄片且置于 xOy 平面内，使光线沿 z 方向正射到薄片上，可得各应力分

量与光弹性参数的关系为

$$\left.\begin{aligned}\sigma_x-\sigma_y&=(\sigma_1'-\sigma_2')_0\cos2\theta_0'=\frac{n_0 f}{h}\cos2\theta_0'\\\tau_{xy}&=\frac{1}{2}(\sigma_1'-\sigma_2')_0\sin2\theta_0'=\frac{n_0 f}{2h}\mathrm{sn}2\theta_0'\end{aligned}\right\}\tag{5-68}$$

进行第一次斜射。光线在 yz 平面内转动一个角度 φ_1（或薄片绕 x 轴转动一个角度 φ_1，而光线仍与 z 轴平行）（见图 5-41）。从 z' 方向入射，这种情况下，只有与光线方向垂直的 $x'y'$ 平面内的应力分量才有光学效应，因此有关系式

$$\left.\begin{aligned}\sigma_{x'}-\sigma_{y'}&=(\sigma_1'-\sigma_2')_1\cos2\theta_1'=\frac{n_1 f\cos\varphi_1}{h}\cos2\theta_1'\\\tau_{x'y'}&=\frac{1}{2}(\sigma_1'-\sigma_2')_1\sin2\theta_1'=\frac{n_1 f\cos\varphi_1}{2h}\sin2\theta_1'\end{aligned}\right\}\tag{5-69}$$

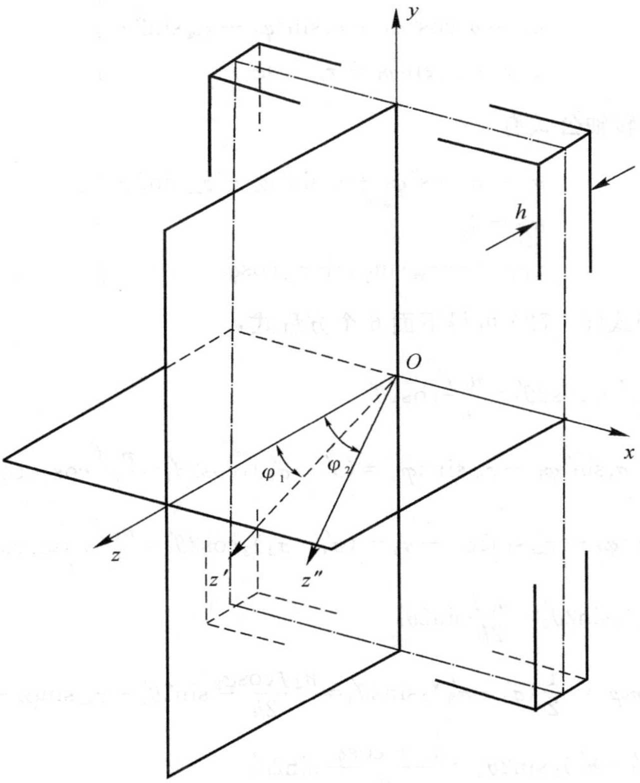

图 5-41　模型切片的斜射

进行第二次斜射。光线的入射方向在 xOz 平面内与 Oz 轴成 φ_2 角（或薄片绕 Oy 轴转动一个角度 φ_2，而光线仍与 Oz 轴平行），从 z'' 方向入射，这种情况只有与光线方向垂直的 $x''Oy''$ 平面内的应力分量才有光学效应，因此有

$$\left.\begin{aligned}\sigma_{x''}-\sigma_{y''}&=(\sigma_1'-\sigma_2')_2\cos2\theta_2'=\frac{n_2 f\cos\varphi_2}{h}\cos2\theta_2'\\\tau_{x''y''}&=\frac{1}{2}(\sigma_1'-\sigma_2')_2\sin2\theta_2'=\frac{n_2 f\cos\varphi_2}{2h}\sin2\theta_2'\end{aligned}\right\}\tag{5-70}$$

式(5-68)，(5-69)和(5-70)中，$(\sigma_1'-\sigma_2')_0$、$(\sigma_1'-\sigma_2')_1$ 和 $(\sigma_1'-\sigma_2')_2$ 分别为正射和两次斜射时的次主应力差；n_0、n_1 和 n_2 分别为各次入射时的条纹级数；θ_0'、θ_1' 和 θ_2' 分别为各次入射时的次主应力方向；σ_x、σ_y 和 τ_{xy} 为 xy 平面内的各应力分量；$\sigma_{x'}$、$\sigma_{y'}$ 和 $\tau_{x'y'}$ 为 $x'Oy'$ 平面内的应力分量；$\sigma_{x''}$、$\sigma_{y''}$ 和 $\tau_{x''y''}$ 为 $x''Oy''$ 平面内的应力分量。

第一次斜射，新旧坐标轴的夹角余弦为

	x	y	z
x'	$l_1=1$	$m_1=0$	$n_1=0$
y'	$l_2=0$	$m_2=\cos\varphi_1$	$n_2=\sin\varphi_1$
z'	$l_3=0$	$m_3=-\sin\varphi_1$	$n_3=\cos\varphi_1$

由转轴关系得

$$\left.\begin{aligned}&\sigma_{x'}=\sigma_x\\&\sigma_{y'}=\sigma_y\cos^2\varphi_1+\sigma_z\sin^2\varphi_1+\tau_{yz}\sin2\varphi_1\\&\tau_{x'y'}=\tau_{zx}\sin\varphi_1+\tau_{xy}\cos\varphi_1\end{aligned}\right\}\tag{5-71}$$

第二次斜射，由转轴公式有

$$\left.\begin{aligned}&\sigma_{x''}=\sigma_x\cos^2\varphi_2+\sigma_z\sin^2\varphi_2-\tau_{zx}\sin2\varphi_2\\&\sigma_{y''}=\sigma_y\\&\tau_{x''y''}=-\tau_{yz}\sin\varphi_2+\tau_{xy}\cos\varphi_2\end{aligned}\right\}\tag{5-72}$$

由式(5-71)和式(5-72)可得下面6个方程式：

$$\left.\begin{aligned}&\sigma_x-\sigma_y=(\sigma_1'-\sigma_2')_0\cos2\theta_0'=\frac{n_0f}{h}\cos2\theta_0'\\&\sigma_x-\sigma_y\cos^2\varphi_1-\sigma_z\sin^2\varphi_1-\tau_{yz}\sin2\varphi_1=(\sigma_1'-\sigma_2')_1\cos2\theta_1'=\frac{n_1f}{h}\cos\varphi_1\cos2\theta_1'\\&\sigma_x\cos^2\varphi_2+\sigma_z\sin^2\varphi_2-\tau_{zx}\sin2\varphi_2-\sigma_y=(\sigma_1'-\sigma_2')_2\cos2\theta_2'=\frac{n_2f}{h}\cos\varphi_2\cos2\theta_2'\\&\tau_{xy}=\frac{1}{2}(\sigma_1'-\sigma_2')_0\sin2\theta_0'=\frac{n_0f}{2h}\sin2\theta_0'\\&\tau_{zx}\sin\varphi_1+\tau_{xy}\cos\varphi_1=\frac{1}{2}(\sigma_1'-\sigma_2')_2\sin2\theta_2'=\frac{n_2f\cos\varphi_2}{2h}\sin2\theta_2'-\tau_{yz}\sin\varphi_2+\\&\tau_{xy}\cos\varphi_2=\frac{1}{2}(\sigma_1'-\sigma_2')_2\sin2\theta_2'=\frac{n_2+\cos\varphi_2}{zh}\sin2\theta_2'\end{aligned}\right\}\tag{5-73}$$

方程组(5-73)中只有5个方程是独立的，需补充一个平衡方程式，才能解出6个应力分量。

斜射法的优点是只需模型中一个切片，便能解出截面内各点的全部应力分量，不足之处是当切片绕 x 轴和 y 轴转动时，等差线和等倾线图的变化可能不大，影响实验的精确度。

在光线斜射时如采用特殊角 $\varphi_1=30°$、$\varphi_2=45°$ 或者 $\varphi_1=45°$、$\varphi_2=45°$，则式(5-73)可简化。例如，$\varphi_1=\varphi_2=45°$ 时有

$$\left.\begin{aligned}
&\sigma_x-\sigma_y=\frac{n_0 f}{h}\cos 2\theta_0'\\
&\sigma_x-\frac{1}{2}\sigma_y-\frac{1}{2}\sigma_z-\tau_{yz}=\frac{n_1 f}{\sqrt{2}h}\cos 2\theta_1'\\
&\frac{1}{2}\sigma_x+\frac{1}{2}\sigma_z-\tau_{xz}-\sigma_y=\frac{n_2 f}{\sqrt{2}h}\cos 2\theta_2'\\
&\tau_{xy}=\frac{n_0 f}{2h}\sin 2\theta_0'\\
&\tau_{zx}+\tau_{xy}=\frac{n_1 f\cos\varphi_1}{2h}\sin 2\theta_1'-\tau_{yz}+\tau_{xy}=\\
&\frac{n_2 f\cos\varphi_2}{2h}\sin 2\theta_2'
\end{aligned}\right\}\tag{5-74}$$

解得

$$\left.\begin{aligned}
&\sigma_x-\sigma_y=\frac{n_0 f}{h}\cos 2\theta_0'\\
&\sigma_y-\sigma_z=\frac{f}{h}(n_0\cos 2\theta_0'-\sqrt{2}n_2\cos 2\theta_2'-n_1\sin 2\theta_1'-n_0\sin 2\theta_0')\\
&\sigma_z-\sigma_x=\frac{f}{h}(n_0\cos 2\theta_0'-\sqrt{2}n_1\cos 2\theta_1'-n_0\sin 2\theta_0'-n_2\sin 2\theta_2')\\
&\tau_{xy}=\frac{n_0 f}{2h}\sin 2\theta_0'\\
&\tau_{yz}=\frac{f}{2h}(n_0\sin 2\theta_0'-n_2\sin 2\theta_2')\\
&\tau_{zx}=\frac{f}{2h}(n_1\sin 2\theta_1'-n_0\sin 2\theta_0')
\end{aligned}\right\}\tag{5-75}$$

五、三维模型自由表面的应力测量

三维模型自由表面的应力测量分两种情况。

1. 对平行于表面的切片

如平行 xOz 平面的切片，由于 $\sigma_y=\tau_{yz}=\tau_{yx}=0$，故属于平面应力状态，其分析方法与平面问题相同。

2. 对垂直于表面的切片

对垂直于表面的切片，测量方法有两种。

(1) 正射法。对图 5-42 所示的构件，设需要确定 Ox 轴线上的表面应力。具体步骤如下：

切取包含 Ox 轴线的小六面长方柱体，柱体在 y、z 方向的厚度分别为 h_y、h_z。

光线从 z 方向正射于切片，从等差线图上可确定表面上各点的条纹级数 n_z。由于 $\sigma_y=\tau_{xy}=0$，由平面应力光学定律有

$$\sigma_x=n_z\frac{f}{h_z}\tag{5-76}$$

光线从 y 方向正射于切片，从等差线图上可确定表面上各点的条纹级数 n_y，从等倾线图上可确定各点次主应力的方向 θ_y'，由式(5-65) 得

$$\left.\begin{aligned}\sigma_z-\sigma_x&=\frac{n_y f}{h_y}\cos 2\theta'_y\\ \tau_{xz}&=\frac{n_y f}{2h_y}\sin 2\theta'_y\end{aligned}\right\}\tag{5-77}$$

由式(5－76)和式(5－77)可求得 σ_z、τ_{xz}。

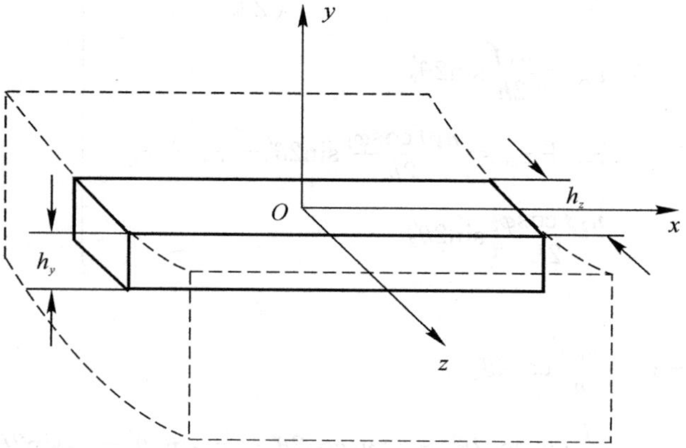

图 5－42　表面应力测量的正射法

(2) 斜射法。对图 5－43 所示的构件，取一包含被测点并垂直于表面的切片。入射光沿 z 轴正射一次，切片绕 y 轴旋转 $\pm\varphi$ 角，光线在 xOz 平面内沿 $\pm\varphi$ 斜射两次，即可得到切片上沿模型表面各点的全部应力分量。

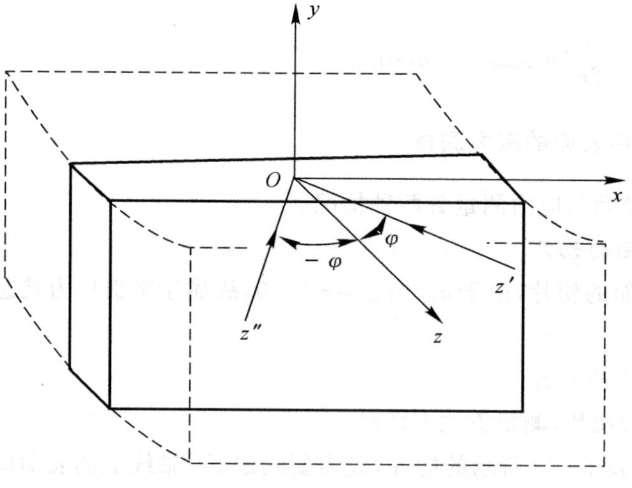

图 5－43　表面应力测量的斜射法

光线沿 z 轴正射，如图 5－44 所示。只有 σ_x 有光学效应，由平面应力光学定律，有

$$\sigma_x=n_z\frac{f}{h_z}\tag{5-78}$$

然后，对该切片进行第一次斜射。光线从 z' 方向入射，如图 5－45 所示，只有 σ'_x 才有光学效应，由式(5－69)，有

$$\sigma'_x = n_1 \frac{f}{h_z}\cos\varphi \tag{5-79}$$

式中，n_1 为第一次入射时的等差线条纹级数。

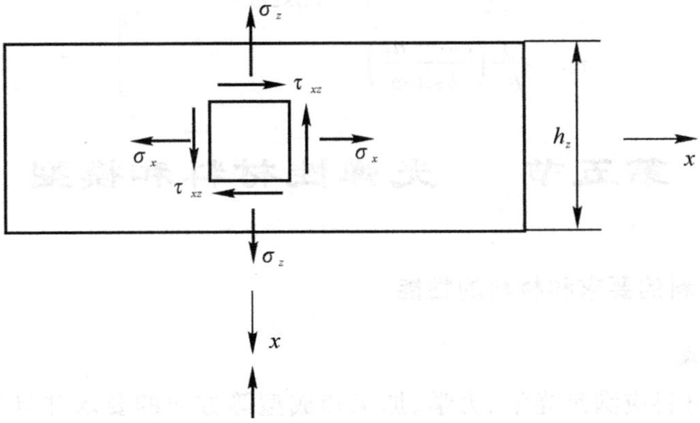

图 5-44　对切片的正射

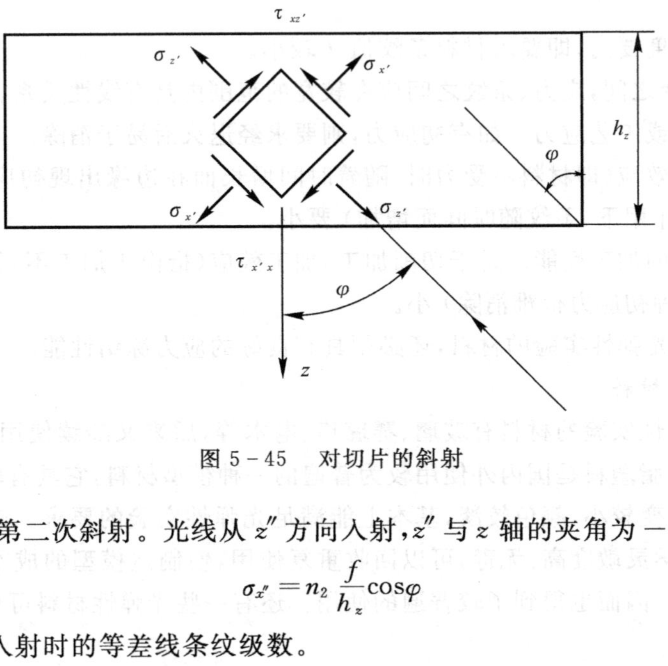

图 5-45　对切片的斜射

再对切片进行第二次斜射。光线从 z'' 方向入射，z'' 与 z 轴的夹角为 $-\varphi$，同理可得

$$\sigma_{x''} = n_2 \frac{f}{h_z}\cos\varphi \tag{5-80}$$

式中，n_2 为第二次入射时的等差线条纹级数。

新坐标系与原坐标系应力分量间的关系为式(5-72)中的第一式，将式(5-79)、(5-80)分别代入该式，式中 φ_2 分别取 φ 和 $-\varphi$，可得

$$\left.\begin{aligned} \sigma_x\cos^2\varphi + \sigma_z\sin^2\varphi - \tau_{xz}\sin 2\varphi = \frac{n_1 f}{h_z}\cos\varphi \\ \sigma_x\cos^2\varphi + \sigma_z\sin^2\varphi + \tau_{xz}\sin 2\varphi = \frac{n_2 f}{h_z}\cos\varphi \end{aligned}\right\} \tag{5-81}$$

由式(5-78)、(5-81)可解出 3 个未知应力分量 σ_x、σ_z、τ_{xz}，即

$$\left.\begin{aligned}\sigma_x &= \frac{n_z f}{h_z}\\ \sigma_z &= \frac{f}{h_z}\left[\frac{(n_1+n_2)\cos\varphi - 2n_z\cos^2\varphi}{1-\cos 2\varphi}\right]\\ \tau_{xz} &= \frac{f}{h_z}\left(\frac{n_2-n_1}{4\sin\varphi}\right)\end{aligned}\right\} \tag{5-82}$$

第五节　光弹性材料和模型

一、对光弹性材料的要求和材料的性能

1. 对材料的要求

理想的光弹性材料应满足光学、力学、加工和成型等方面的要求并且具有较便宜的价格，具体分述如下：

(1) 透明度要好，质地要均匀；不受力时应呈现力学和光学的各向同性，受力后应具有暂时双折射现象。

(2) 光学灵敏度要高，即要求材料条纹值 f 较小。

(3) 应力、应变之间，应力、条纹之间应在较宽的范围内具有线性关系。

(4) 无初应力或工艺应力。如有初应力，则要求经退火后易于消除。

(5) 时间边缘效应(即材料不受力时，随着时间增长而在边缘出现初应力) 和光学蠕变效应(指在一定载荷作用下，条纹随时间而增加) 要小。

(6) 要有良好的加工性能。易于切削加工，加工效应(指由于加工不当而在边缘出现不可消除的初应力，这种初应力很难消除) 小。

(7) 用于三维光弹性实验的材料，还必须具有良好的应力冻结性能。

2. 常用光弹性材料

早期用于光弹性实验的材料有玻璃、赛璐珞、电木等，后来又陆续使用各种树脂材料所做成的塑料。环氧树脂塑料是国内外使用较为普遍的一种模型材料，它具有较高的光学灵敏度，光学蠕变和力学蠕变较小，颜色较淡，基本上能满足光弹性实验的要求。热塑性塑料——聚碳酸酯，由于其光学灵敏度高，无毒，可以回收重复使用，使制造模型的成本大大降低，而且可作为弹塑性模型用，因而也得到了较普遍的使用。还有一些光弹性材料可供特殊需要使用，具体如下：

(1) 在环氧树脂中加入不同量的增塑剂(邻) 苯甲酸二丁酯，可改变材料的弹性模量，亦相应地改变了材料的条纹值。

(2) 聚氨基甲酸酯橡胶可用于感受大变形，也可用于动光弹性实验。

(3) 在环氧树脂中加入一定量的碳化硅油，可以增强散光效应。

(4) 以环氧树脂为基，加胺类固化剂，在常温下固化，可制成任意形状的贴片用于贴片法光弹性实验。

(5) 用动物胶(明胶加甘油) 做成的光弹性模型，光学灵敏度大，弹性模量低，可用于研究自重影响。

(6) 用玻璃丝或硼、碳等纤维夹在环氧树脂中制作模型，可用于各向异性的复合材料力学研究。

3. 光弹性材料的性能

常温下，光弹性材料的主要参数有光学比例极限、抗拉强度、弹性模量、泊松比、光学蠕变、时间-边缘效应、材料的条纹值以及材料的质量系数 K 等。其中抗拉强度、弹性模量和泊松比的定义和测试方法与材料力学相同。其他主要性质分述如下：

光学比例极限是指条纹级数与应力成线性关系的最大应力，为了便于测量，通常以偏离线性关系 2% 时的应力作为名义光学比例极限。

光学蠕变是指光弹性材料在一定载荷作用下，条纹级数随时间而缓慢增加的现象。光学蠕变的大小与外力及温度有关。一般来说，光学蠕变在加载的最初几分钟特别显著。为了避免蠕变的影响，提高实验精度，测定材料 f 值的标定实验和模型实验必须在相同的时间与温度条件下进行。在平面光弹性实验中，以在加载 15 ～ 30 min 后进行测量为宜。

时间-边缘效应是指材料即使不受载荷作用，在室温下，随时间的增长在材料的边缘引起的初应力。这是由于光弹性材料在加工或锯割后，在边界很狭窄的一个区域内，由于水分的蒸发或吸收而产生初应力，一般为压应力。时间边缘效应会使等差线呈现出明显的弯曲，降低实验精确度。

材料的条纹值是光弹性材料的一个基本性能参数，与模型的形状、尺寸及受力方式有关。

材料的质量系数 K 定义为材料弹性模量与材料条纹值的比值：

$$K=\frac{E}{f_a}\times 10^{-3}$$

K 是衡量材料优劣的指标。好的光弹性材料应具有较高的弹性模量及较低的材料条纹值，材料的质量系数 K 是评价其质量的一个综合性指标，用于实验时，该值越大越好。

表 5－1 给出了常温下用于平面光弹性实验的环氧树脂和聚碳酸酯的主要性能数据。

表 5－1　环氧树脂和聚碳酸酯常温下的主要性能数据

性能指标	环氧树脂	聚碳酸酯
弹性模量 E/GPa	3.3 ～ 3.5	2.2 ～ 2.3
泊松比 μ	0.35 ～ 0.37	0.37 ～ 0.38
抗拉强度 σ_b/MPa	70 ～ 90	65 ～ 70
条纹值 f/(N/mm)	11 ～ 13	6.6 ～ 7.1
折射率 n	1.57 ～ 1.58	1.57 ～ 1.58
质量系数 $K=(E/f)/\mathrm{m}^{-1}$	$(2.0 \sim 3.2)\times 10^5$	$(3.33 \sim 3.48)\times 10^5$
时间边缘效应	有	很小

光弹性材料在不同温度时的光学和力学性质是不同的。图 5－46 为环氧树脂材料的应力条纹随温度变化的曲线，称为热-光曲线。该曲线可分为 3 个阶段：

第一阶段，称为玻璃态。其特点是弹性模量大，蠕变小，应力、应变之间呈线性关系。

第二阶段，称为过渡态。其特点是，在较小的温度范围内，弹性模量和条纹值大幅度降低，蠕变大。

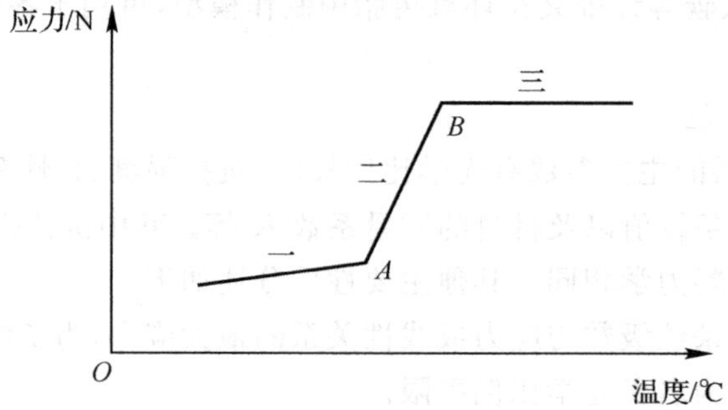

图 5-46　环氧树脂塑料的热-光曲线

第三阶段，称为高弹态(或橡胶态)。其特点是，材料呈完全弹性，弹性模量和材料条纹值比第一、二阶段小得多，并趋于稳定数值。

图 5-46 中，与第一、二阶段的转折点 A 对应的温度称为玻璃化温度，与第二、三阶段的转折点 B 对应的温度称为临界温度。临界温度是材料在加载后变形立即达到最大，卸载后变形又立即消失的最低温度，也即是高弹态阶段开始的温度。在光弹性实验中，通常取比临界温度高 5℃ 作为冻结温度。这也是材料的退火温度，在此温度下，内应力可以全部释放。

二、环氧树脂光弹性平板模型的制作

1. 原料与配比

环氧树脂光弹性材料是一种高分子聚合物，它是在环氧树脂中加入一定量的固化剂和增塑剂，并加入微量催化剂，混合均匀、加热固化而成。

环氧树脂是一种胶状树脂，国产的环氧树脂有#618、#634 和#6101 等牌号，其颜色随分子量的增大而加深。固化剂采用顺丁烯二酸酐(失水苹果酸酐)，它是一种白色结晶体，具有刺激性，熔点约为 52℃，操作方便，硬化时放热较少。用于制作冻结光弹性材料时，改变固化剂的含量，就可改变冻结光弹性材料的常温弹性模量。增塑剂采用(邻)苯二甲酸二丁酐，它是一种无色透明液体。增塑剂不参与固化反应，仅为机械混合，但它能增进材料的韧性，使切削加工性能改善。如适当增加增塑剂的含量，加大到 10% ～ 50%，就可以改变光弹性材料的常温弹性模量。催化剂采用二甲基苯胺。加入微量的催化剂，可以缩短树脂聚合固化的时间。顺丁烯二酸酐会散发刺激性气体，二甲基苯胺会散发有毒性气体，在工作时必须采取防毒措施，注意安全防护。因此实验室应有良好的通风设备，操作应在通风橱内进行。

这些原料之间的配比(按质量计)为

环氧树脂：顺丁烯二酸酐：(邻)苯二甲酸二丁酐：二甲基苯胺＝100：30：5：0.5

在浇注模型时，各原料的用量计算如下：首先根据模型的体积 V 和环氧树脂塑料的比重($\gamma = 12.8\times 10^3\,\mathrm{N/m^3}$)，估算出模型的总质量 $G_{总} = V\gamma$，然后根据配比算出每一种原料的用量。

2. 平板模具的制作

环氧树脂混合液需要在模具中固化，模具按模型或毛坯的外形和尺寸制作。用于制造平板模型的模具如图 5-47 所示，材料一般是用平板材料经机械加工而成。制作平板材料用的模具大都采用平板玻璃模具。玻璃厚 5 ～ 7 mm，表面要求平整。用内插粗铁丝的橡皮管夹在两块玻璃板之间，加铁丝是为了能围成一定形状，套上橡皮管是为了增加弹性，当两块玻璃板压紧后能防止渗漏。模型厚度由垫块控制。橡皮管的直径应比垫块厚度略大。

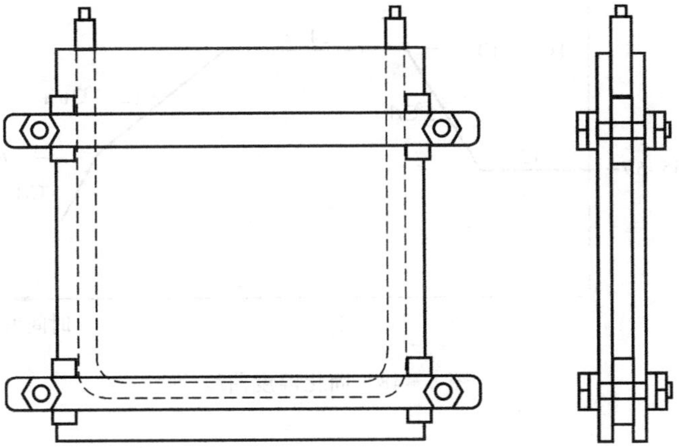

图 5-47 制作环氧树脂板材的模具

先将玻璃洗净，用丙酮擦净表面，然后浸涂脱模剂。其配比为甲苯：聚苯乙烯＝100：5。将配好的脱模剂溶液倒在玻璃板的一端，用玻璃棒均匀地将脱模剂推向玻璃板的另一端，使在玻璃表面形成一层薄膜，等第一层薄膜基本晾干后，再涂第二层，一般涂三层即可。合模时，小心调整两块玻璃间的距离，以保证平板材料的厚度均匀，然后用螺钉装配压紧，并采取严密的防漏措施。

3. 模型的浇注与固化

模具准备好之后，放入恒温箱预热，平板模型的浇注与固化应按照以下工艺过程进行：

(1) 按配比称好环氧树脂、顺丁烯二酸酐并分别盛于容器中，然后将其放到恒温箱中加热到 60 ～ 70℃，使之完全熔化。

(2) 将熔化的顺丁烯二酸酐(固化剂) 及称好的苯二甲酸二丁酯(增塑剂) 倒入环氧树脂中，在恒温箱中用搅拌机搅拌 1 ～ 2h，使之均匀化，最后将材料在 55℃ 下静置 30min 左右，以便使气泡逸出，杂质全部沉淀。

(3) 从恒温箱中取出预热充分的模具，将环氧树脂混合液注入模具内，然后将模具置于恒温箱内，使它在 40 ～ 50℃ 下进行固化。

(4) 待材料固化后，降至室温拆模。为使材料性能稳定，需要进行二次固化。将一次固化后的模型放在甘油内加温。放在油内是为了避免模型自重影响。在 80 ～ 85℃ 恒温一段较长时间，使材料固化均匀些。最后缓慢升温到 110 ～ 120℃，使材料具有较稳定的性能，待固化反应完全后，缓慢降至室温。两次固化温度曲线如图 5-48 所示。

(5) 如浇注的环氧树脂材料或模型有初应力存在，则应进行退火处理，退火过程可参考图 5-49 所示控温曲线进行。

当采用聚碳酸酯作为平板模型的原料时，可直接用压制、注射或挤出压制等方法把颗粒状的聚碳酸酯直接成型为平板。它的机械性能与光学性能都较好，用机械加工的办法就可以制作成各种模型，但在机械加工时出现的初应力较难消除。

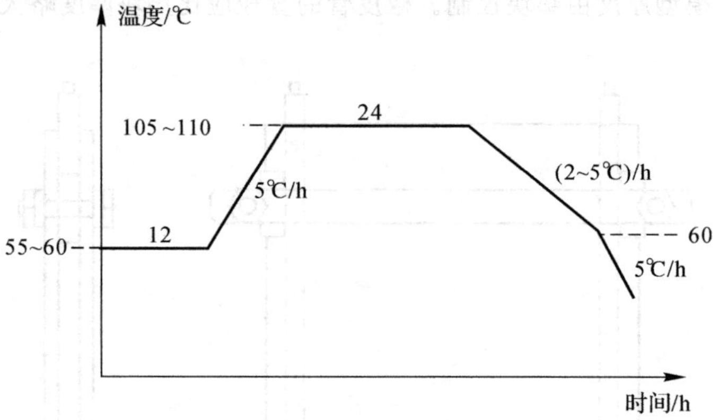

图 5-48　固化温度曲线

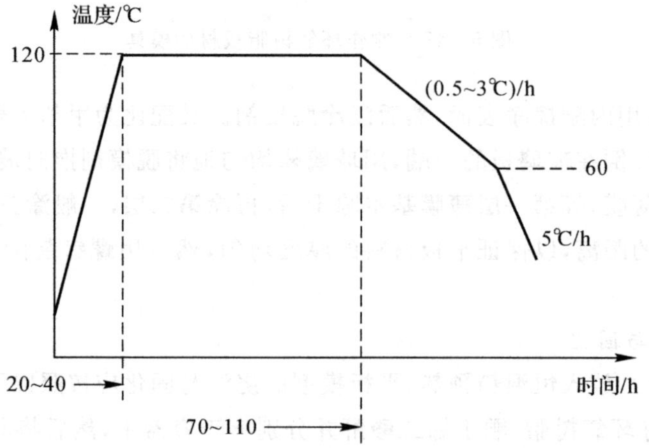

图 5-49　退火温度曲线

第六章 其他实验方法简介

实验应力分析的各种方法中，除了前面介绍的电阻应变测量和光弹性实验方法外，还有全息光弹性法及全息干涉法、脆性涂层法、云纹法、散斑干涉法、焦散线法、X射线法等等。本章将对这些方法作简单介绍。

第一节 全息光弹性法及全息干涉法

一、全息光弹性法

1. 全息光弹性的基本原理

全息照相是利用光的干涉将物体光波的全部信息即振幅和相应记录在底片上得到全息图，再利用光的衍射，在一定条件下使物体光波再现，得到十分逼真的物体立体像，这种既记录振幅又记录相位的照相称之为全息照相。

全息光弹性法是全息照相和光弹性法相结合而发展起来的一种实验方法，即用一束通过检偏镜且与要合成的两束偏振光具有相干性的参考光与两束偏振光在全息底片上进行干涉，从而形成全息图。其光路图如图6-1所示。

全息光弹性实验设备主要有激光器、防震系统、光学部件和记录介质及暗室设备。

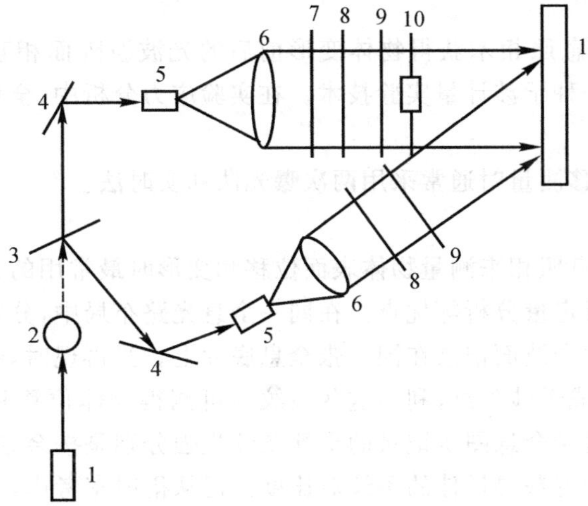

图6-1 全息光弹性光路图

1—激光器；2—快门；3—分光镜；4—全反镜；5—扩束镜；6—准直镜；7—偏振片；8—四分之一波片；9—毛玻璃；10—受力模型；11—全息干板

2. 常用的全息光弹性实验方法

(1)一次曝光法。在环氧树脂模型受力时,全息干板经一次曝光,则可由平面偏振光场得到等倾线,由圆偏振光场获得同普通光弹性一样的等差线。

(2)两次曝光法。在模型受力前后,在同一张干板上两次曝光,把受力前后的两个物体光波记录在干板上,再现时,能看到两物体光波由于状态的不同而产生的干涉条纹,它就是等和线与等差线的组合条纹。

(3)实时法。模型未加载时,对干板曝光一次,记录模型原始物光波,干板经过冲洗处理后精确复位,然后对模型加载,并使物光和参考光同时照射干板,于是加载后物光波和原始光波同时出现,互相干涉,形成可直接观察的组合条纹。

(4)逆实时法。先使模型加载进行曝光,把全息底片在原位显影、定影后,一方面用参考光照射,使模型受载时的物光再现,同时将模型载荷去掉,使通过不受载模型的物光透过全息底片上并与上述再现物光发生干涉,形成干涉条纹。

3. 全息光弹性法的基本原理

全息光弹性的特点是不仅可以获得等差线,更重要的是可以获得等和线。要获得等和线需采用两次曝光法。当用圆偏振光,且当两次曝光时间相同时,光强分布仅取决于主应力和$(\sigma_1+\sigma_2)$与主应力差$(\sigma_1-\sigma_2)$值。将干涉图上等值的$(\sigma_1+\sigma_2)$线称为等和线,等值的$(\sigma_1-\sigma_2)$线就是等差线。若等和线条纹级数为N_p,等差线条纹级数为N_c,则

$$\left.\begin{aligned}\sigma_1+\sigma_2&=N_p f_p/h\\ \sigma_1-\sigma_2&=N_c f_c/h\end{aligned}\right\}\tag{6-1}$$

式中,f_p为等和线的材料值;f_c为等差线的材料值。

可见,经圆偏振场两次曝光,得到的是等和线与等差线互相调制的组合条纹。

二、全息干涉法

全息干涉法是用全息照相术获得物体变形前后的光波波阵面相互干涉产生的干涉条纹图,以分析物体变形的一种干涉计量实验技术。在实验应力分析中,全息干涉法可用于位移测量和振动分析。

全息干涉法用于位移测量时通常采用两次曝光法和实时法。

1. 两次曝光法

两次曝光法是用全息照相来测量物体表面位移和变形时最常用的方法,它具有简单易行,干涉条纹清晰,可以进行定量分析等优点。在同一全息光路布局中,分别对物体变形前后的状态进行曝光,把相应的两个波面记录在同一张全息底片上。当再现时,则有变形前后的两个物光波由于相位的差异形成干涉条纹,利用这些条纹即可测得物体位移和变形情况。在线性记录条件下,反射式两次曝光全息图所记录的干涉条纹光强分别是按余弦函数变化的,而不管参考光与物光之比如何,均可获得最佳的条纹对比度。但从衍射率考虑,参考光强度不宜过大。

设物体变形前后的光波复振幅分别为

$$u_{01}=a_0\mathrm{e}^{-\mathrm{i}\phi_1},\quad u_{02}=a_0\mathrm{e}^{-\mathrm{i}\phi_2}\tag{6-2}$$

式中,a_0为振幅;ϕ_1,ϕ_2分别为变形前后光波相位。

参考光

$$u_r=a_r\mathrm{e}^{\mathrm{i}\phi_r}\tag{6-3}$$

两次等时曝光在全息底片上记录的光强为

$$I=(u_{01}+u_r)(u_{01}^*+u_r^*)+(u_{02}+u_r)(u_{02}^*+u_r^*) \tag{6-4}$$

式中，u_{01}^*,u_{02}^*,u_r^* 分别为 u_{01},u_{02},u_r 的共轭复振幅。

将式(6-2)、(6-3)及其共轭复振幅代入式(6-4)得

$$I=2(a_0^2+a_r^2)+a_0a_r\mathrm{e}^{\mathrm{i}(\phi_1-\phi_r)}[1+\mathrm{e}^{\mathrm{i}(\phi_2-\phi_1)}]+a_0a_r\mathrm{e}^{-\mathrm{i}(\phi_1-\phi_r)}[1+\mathrm{e}^{-\mathrm{i}(\phi_2-\phi_1)}]$$

在一定的曝光范围内，振幅透射率 T 与光强成正比，取比例常数为 1，用式(6-3)的参考光再现，则再现光波为

$$U=2a_r(a_0^2+a_r^2)\mathrm{e}^{\mathrm{i}\phi_r}+a_0a_r^2\mathrm{e}^{\mathrm{i}\phi_1}[1+\mathrm{e}^{\mathrm{i}(\phi_2-\phi_1)}]+a_0a_r^2\mathrm{e}^{-\mathrm{i}(\phi_1-2\phi_r)}[1+\mathrm{e}^{-\mathrm{i}(\phi_2-\phi_1)}]=$$
$$U_1+U_2+U_3$$

其中第一项 U_1 是零级衍射波，第二项 U_2 和第三项 U_3 是两个一级衍射波，第二项 U_2 形成虚像，可透过底片观察到，其光强为

$$I=U_2U_2^*=2a_0^2a_r^4[1+\cos(\phi_2-\phi_1)] \tag{6-5}$$

若用 δ 表示相位差，Δ 表示光程差，即

$$\delta=\phi_2-\phi_1=k\Delta$$

式中 $k=\dfrac{2\pi}{\lambda}$，代入式(6-5)，则

$$I=U_2U_2^*=2a_0^2a_r^4[1+\cos\delta]=S\cos^2\frac{\delta}{2} \tag{6-6}$$

式中 S 是与振幅有关的常数。由式(6-6)可以看出两次曝光所得到的虚像的光强是相位差的余弦函数。

(1) 当 $\delta=2m\pi, m=0,\pm1,\pm2,\cdots$ 时，为亮条纹。m 为亮条纹阶数，位移为零的点处在 0 阶条纹上。

(2) 当 $\delta=(2m-1)\pi, m=0,\pm1,\pm2,\cdots$ 时，为暗条纹。m 为暗条纹阶数。

两次曝光间相位差或光程差的产生是物体位移所致，故光程差与物体位移之间存在一定的几何关系。设物体上一点 p 变形后位置为 p'，有一微小位移 d，如图 6-2 所示，照明光源位置为 S，全息底片位置为 H，θ_1 和 θ_2 分别为入射光与全息底片所接收的反射光和位移间的夹角，则第一次曝光时物光的光程为 $Sp+pH$，变形后第二次曝光时，物光的光程为 $Sp'+p'H$，由于位移与物光光程相比是极小值，可以认为物体变形前后角 θ_1 和 θ_2 不变，由图 6-2 可见，位移 d 引起的光程差为

$$\Delta=(Sp'+p'H)-(Sp+pH)=d(\cos\theta_1+\cos\theta_2) \tag{6-7}$$

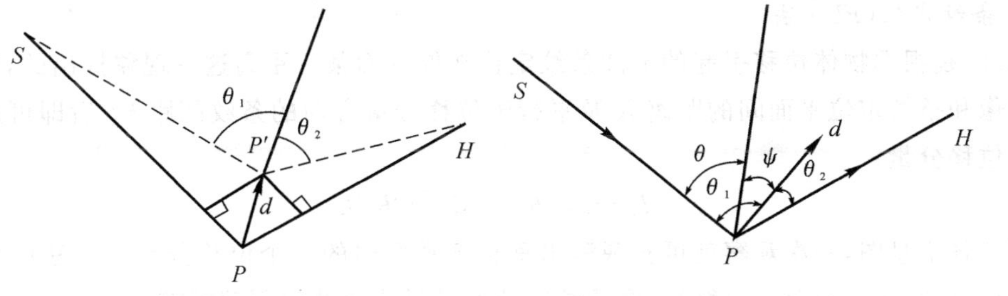

图 6-2　光程差分析图

相应地相位差为

$$\delta = kd(\cos\theta_1 + \cos\theta_2) \tag{6-8}$$

若令 $\theta = \frac{\theta_1 + \theta_2}{2}$，即入射光与反射光夹角的一半，$\phi = \frac{\theta_1 - \theta_2}{2}$ 为分角线与位移方向的夹角，则有

$$\delta = 2kd\cos\theta\cos\phi \tag{6-9}$$

其中 θ 角可以根据光路布置得到，因此 $d\cos\phi$ 就可以得到。$d\cos\phi$ 就是位移矢量在入射光和全息干板接收的反射光的角平分线方向上的分量。

2. 实时法

实时法是先将物体未变形时的原始状态做一次曝光记录在全息底片上，底片经显影、定影处理后，准确地放回原位，用原物光和参考光照射底片，如果此时物体发生变形，则可实时地观测到再现原始物光与变形后物体的物光互相干涉而形成的条纹，并可用普通照相记录。与两次曝光法相比，实时法具有事先估计变形量的优点。

设全息底片的振幅渗透率为

$$T = a_0^2 + a_r^2 + a_0 a_r e^{i(\phi_0 - \phi_r)} + a_0 a_r e^{-i(\phi_0 - \phi_r)} \tag{6-10}$$

将此底片放回原光路系统，并用参考光 $u_r = a_r e^{i\phi_r}$ 照明，此时物体有微小变形，物光波为 $u_1 = a_0 e^{i\phi_1}$，也将照明全息底片，则透射光波为

$$U = (u_1 + u_r)T \tag{6-11}$$

其中与物光波有关的项为

$$U_2 = a_0[(a_0^2 + a_r^2)e^{i\phi_1} + a_r^2 e^{i\phi_0}] \tag{6-12}$$

相应的光强为

$$I = U_2 U_2^* = a_0^2[(a_0^2 + a_r^2)^2 + a_r^4 + 2a_r^2(a_0^2 + a_r^2)\cos(\phi_1 - \phi_0)] \tag{6-13}$$

当 $a_0^2 \ll a_r^2$ 时，式(6-13) 可写成

$$I = 2a_0^2 a_r^4 (1 + \cos\delta) = 4a_0^2 a_r^4 \cos^2\frac{\delta}{2} \tag{6-14}$$

采用实时观测时，随着物体状态的变化，干涉条纹随之变化，从而可以分辨条纹的增加方向、零级条纹的位置和条纹变化规律等。实时法的困难在于不易使感光处理后的全息底片准确地恢复到原来的位置，为了克服这一困难可设计一专用装置，在底片支架上原位进行冲洗。

三、全息干涉条纹解释技术

1. 条纹定位(*FL*) 法

FL 法是根据物体位移引起的干涉条纹定位在像后面某一距离这一现象提出的，即当测量出物体像和条纹定位平面间的距离 R 及平行于位移分量方向的条纹间距 h_x 后即可用下式求出面内位移分量：

$$d_x = \lambda R / h_x, \quad d_y = \lambda R / h_y$$

这样用一张全息图，一次观察就可实现测出垂直于平面内的 3 个位移分量。该法的优点是只需一张全息图，无需绝对条纹级数，但条纹定位面及量测条纹间距较困难。

2. 条纹计数(*FC*) 法

EC法的产生依据同FL法。当从全息片上的某一点移动到另一点进行观察时相应的物像

上某点的条纹会产生漂移。条纹移动数 N 与位移量间的关系为 $d_x = \lambda NL/x$。

3. 零级条纹(*ZF*) 法

ZF 法直接应用了经典干涉仪原理。认为，从光源到观察点的光程差 Δ 与此观察方向上所见的干涉条纹数 N 有关，即

$$\Delta = NL$$

ZF 法的优点是不需要考虑条纹定位问题，可用全息图像的再现照片代替实际的全息图。其精度取决于全息图的布置及条纹级数的精度。对离面位移比较灵敏，较适用于平面、准平面或规则形状的物体，但多张片不能互相共面。由于不同全息图上的物像形状有畸变，对判别测点及相应条纹数造成困难，且零级条纹不一定存在，所以很难得到绝对位移值。

4. 等倾干涉(*HF*) 法

用一个小孔光阑放于再现实像平面上观察条纹，逐点分析即可得出整个物体表面上的位移分布。HF 法可由一张全息图求得各点的绝对位移值和方向，而不牵涉条纹位置和绝对级数。但由于光阑小，因此分析计算费时，而且必须要有大功率激光器才能得到好的条纹可见度。

四、测量振动的全息干涉法

全息干涉用于振动测量是一种很理想的方法，它可以直接得到振动物体表面的振形、振幅分布、相位分布等振动特性的主要参数。由于测量是非接触式的，因此可以避免附加质量对运动的影响；不受频率范围的限制；振幅测量范围很大且对物体表面无特殊要求。

设物体上一点作简谐振动，即它在时刻 t 时的位移

$$d = d_0 \sin\omega t \tag{6-15}$$

式中，d_0 为振幅；ω 为振动圆频率。于是 t 时刻该点运动产生的相位差，依式(6-8) 可以写为

$$\delta = kd_0(\cos\theta_1 + \cos\theta_2)\sin\omega t \tag{6-16}$$

式中，$k = \dfrac{2\pi}{\lambda}$；$\theta_1$ 和 θ_2 分别为入射光与全息底片所接收的反射光和位移间的夹角。t 时刻射向全息底片物光波的复振幅

$$u_t = a_0 e^{i\phi} = a_0 e^{ikd_0(\cos\theta_1 + \cos\theta_2)\sin\omega t} \tag{6-17}$$

如果我们对全息底片连续多次曝光，则全息底片接收到的物光波复振幅 u_0 为各时刻物光波复振幅之和，即

$$u_0 = \sum_t u_t$$

取参考光波复振幅为 $u_r = a_r e^{i\phi_r}$，则全息底片接收到的合成光强为

$$I_1 = (u_0 + u_r)(u_0^* + u_r^*) =$$
$$a_r^2 + a_0 a_r e^{i\phi_r} \sum_t e^{-i\phi} + a_0 a_r e^{-i\phi_r} \sum_t e^{i\phi} + a_0^2 \sum_t e^{i\phi} \sum_t e^{-i\phi}$$

如果全息底片每次曝光时间为 Δt，则全息底片总的曝光量 $E = I_1 \Delta t$。全息图的振幅透射率为 $T = E = I_1 \Delta t$。于是参考光透过全息图的光波复振幅为

$$A = u_r T = a_r e^{i\phi_r} I_1 \Delta t =$$
$$\Delta t\left(a_r^3 + a_0 a_r^2 \sum_t e^{-i\phi} + a_0 a_r^2 \sum_t e^{i\phi} + a_0^2 a_r e^{i\phi_r} \sum_t e^{i\phi} \sum_t e^{-i\phi}\right)$$

上式反映出的物光波复振幅为

$$A = \Delta t a_0 a_r^2 \sum_t \mathrm{e}^{\mathrm{i}\phi}$$

于是再现物光光强为

$$I = AA^* = a_0^2 a_r^4 \left(\sum_t \mathrm{e}^{\mathrm{i}\phi} \Delta t\right)\left(\sum_t \mathrm{e}^{-\mathrm{i}\phi} \Delta t\right) \tag{6-18}$$

如果在物体的一个振动周期内的两个瞬间，例如振幅的正、负最大值位置瞬时曝光，则 $\omega t = \pm\pi/2$，由此有

$$I = a_0^2 a_r^4 \Delta t^2 (\mathrm{e}^{\mathrm{i}\phi} + \mathrm{e}^{-\mathrm{i}\phi})^2 = I_0 \cos^2[kd_0(\cos\theta_1 + \cos\theta_2)] \tag{6-19}$$

式中，$I = 4\Delta t^2 a_0^2 a_r^4$。当 $kd_0(\cos\theta_1 \cos\theta_2) = \frac{2m-1}{2}\pi$ 时，光强 $I=0$，这时的干涉条纹为暗条纹。由此求得条纹所在位置的振幅为

$$d_0 = \frac{2m-1}{2k(\cos\theta_1 + \cos\theta_2)}\pi \tag{6-20}$$

上述测振方法称为频闪法。如果对全息底片从时刻 0 到时刻 t 连续曝光，则式(6-18)中的求和变为对时间 t 的积分，在这种情况下物光光强为

$$I = a_0^2 a_r^4 \int_0^t \mathrm{e}^{\mathrm{i}kd_0(\cos\theta_1 + \cos\theta_2)\sin\omega t} \mathrm{d}t \int_0^t \mathrm{e}^{-\mathrm{i}kd_0(\cos\theta_1 + \cos\theta_2)\sin\omega t} \mathrm{d}t$$

假若曝光时间 t 远大于物体的振动周期 $\frac{2\pi}{\omega}$，则

$$a_0^2 a_r^4 \int_0^t \mathrm{e}^{\mathrm{i}kd_0(\cos\theta_1 + \cos\theta_2)\sin\omega t} \mathrm{d}t = \int_0^t \mathrm{e}^{-\mathrm{i}kd_0(\cos\theta_1 + \cos\theta_2)\sin\omega t} \mathrm{d}t \approx tJ_0[kd_0(\cos\theta_1 + \cos\theta_2)]$$

由此有

$$I = I_0 J_0^2 kd_0(\cos\theta_1 + \cos\theta_2) \tag{6-21}$$

式中，$I = t^2 a_0^2 a_r^4$ 是全息底片曝光期间相位差 ϕ 始终为 0 时的光强，即物体静止时的光强；J_0 为第一类 0 阶贝塞尔函数。J_0^2 随变量 x 的变化如图 6-3 所示。

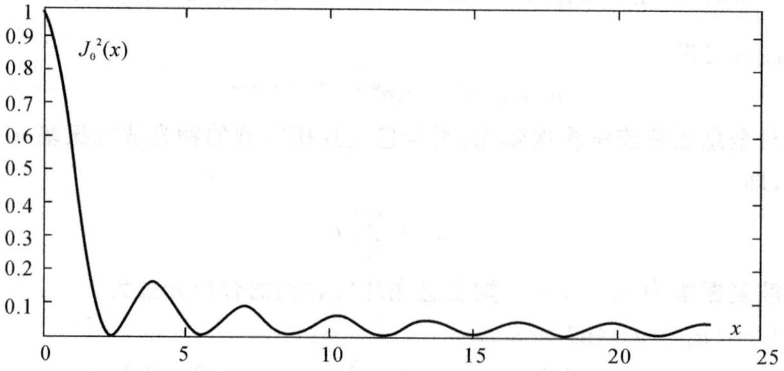

图 6-3　$J_0^2(x)$ 曲线

在贝塞尔函数 J_0 的零点处，光强 I 最小，形成暗的干涉条纹，在 J_0^2 的相对极大点处，光强 I 相对极大，形成亮的干涉条纹，即条纹级数越高反差越小。用 x_i 记贝塞尔函数 J_0 的零点，则条纹所在位置振幅为

$$d_0 = \frac{x_i}{k(\cos\theta_1 + \cos\theta_2)} \tag{6-22}$$

上述测振方法称为时间平均法。但这种方法干涉条纹太密，而且反差下降太快，因此不便于观测。对此需要对时间平均法做一些改进。例如我们常采用两次曝光法，即在物体静止时曝光一次，在振动状态时再连续曝光一次。设两次曝光的时间分别为 t_1 和 t_2。这时光强为

$$I = I_0\left\{J_0\left[kd_0(\cos\theta_1 + \cos\theta_2)\right] + \frac{t_1}{t_2}\right\}^2 \tag{6-23}$$

也可以用实时法，在物体静止时，拍摄全息图，然后再用参考光与振动光再现。再现物光光强为

$$I = I_0\{J_0[kd_0(\cos\theta_1 + \cos\theta_2)] + 1\}^2 \tag{6-24}$$

以上二式同式(6-21)比较，再现物光光强表达式多了一个正项，它不仅使再现物光亮条纹更亮，而且也使干涉条纹间距拉大，反差下降减缓。

第二节　云　纹　法

云纹法(莫尔法)是指把几何排列相似的线和点式物体重叠在一起时，由于光学现象而产生的明暗交错出现的条纹图案。这种条纹称为云纹条纹。而通过分析云纹图案和条纹间距来测量变形量与应变量的方法称为云纹法。用云纹法来测量构件的应变与位移有很多优点：它测量时所使用的设备简单，只需要一般的光源和照相器材；由于它是一种几何干涉法，因此可测量很大的变形，一般到构件破坏以前，只要在不影响条纹观察清晰的温度范围内均可以进行测量；具有全场显示及没有加强效应等优点。其缺点是对微小应变测量缺乏足够的灵敏度和精确度，以及对不可展曲面形状的构件不能进行测量。云纹法主要有普通云纹法、影像云纹法、反射云纹法和云纹干涉法。本节主要介绍一下普通云纹法和云纹干涉法。

一、普通云纹法(面内位移测量法)

用云纹法测量应变时，首先建立云纹与应变之间的基本关系式，然后对试件变形而产生的云纹图像进行测量，利用这些关系式来确定试件的应变。建立云纹与应变之间的关系有两种方法：一种称为几何方法，另一种称为位移导数法。前一种是利用几何关系从云纹图形中求应变，后一种是利用云纹所表示的等位移线求出应变。

1. 几何法

几何法是直接用云纹的间距和栅线的节距之间的几何关系来表示应变式的。栅线一般有连续栅线和点组成的栅线，各相邻栅线的中心线之间的距离 a 称为节距。节距的倒数为密率，它表示密栅的灵敏度。对于平面应变测量，一般可分两步进行。

(1) 若将基准栅的主向沿 y 轴放置，当试件受力后，试件栅节距变为 a'，并相对于 x，y 轴转动了。若用 h_y 表示所出现的云纹在 y 方向的间距，f_x 表示在 x 方向的间距。由小变形理论有

$$\theta_x = a/f_x,\quad \varepsilon_y = a/h_y \tag{6-25}$$

式中，a 表示变形前试件栅与基准栅的栅距，如图 6-4 所示。

(2) 若将基准栅与试件栅的主向沿 x 轴放置，同样可得

$$\theta_y = a/f_y,\quad \varepsilon_x = a/h_x \tag{6-26}$$

式中，h_x 表示云纹在 x 方向的间距；f_y 表示在 y 方向的间距。

则平面应变的计算式可归结为

$$\left.\begin{aligned}\varepsilon_x &= a/h_x \\ \varepsilon_y &= a/h_y \\ \gamma_{xy} &= \theta_x + \theta_y = a/f_x + a/f_y\end{aligned}\right\} \tag{6-27}$$

式(6-27)中ε_x和ε_y的正负可用转动基准栅的方法确定。判定方法为，若条纹随着基准栅转动方向转动，则应变为正，反之为负。而θ_x和θ_y的正负可根据若使原直角减少为正，反之为负的规则判定。对于单向应变或纯剪切应变的测量，同样可利用上述方法，采用一步或两步得到其结果。

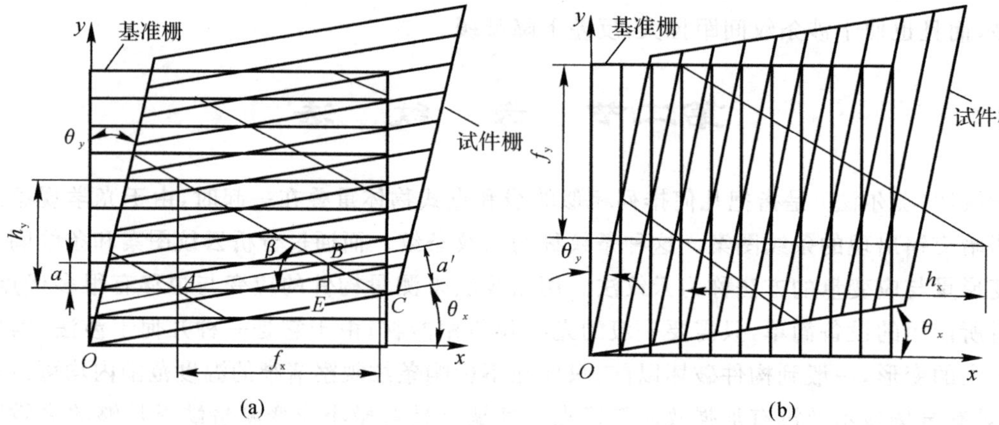

图 6-4　平面应变测量示意图

2. 位移导数法

位移导数法基本原理：将两栅线重合放置，当试件在非均匀平面应变场作用下，栅线不仅有轴向变形，而且也发生相对转动，栅线由原来的平行直线变成曲线，并与基准栅发生相对移动，如图 6-5 所示。

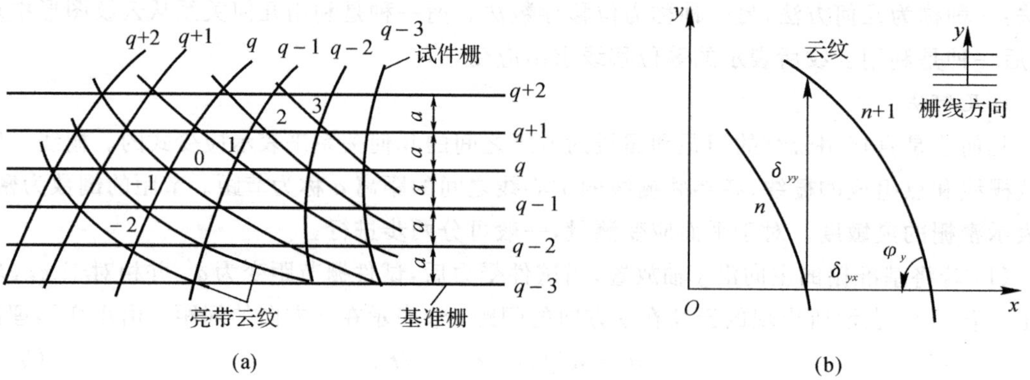

图 6-5　位移导数法示意图

如果试件为小变形，则应变计算式为

$$\left.\begin{aligned}\varepsilon_x&=\frac{\partial u}{\partial x}=a/\delta_{xx}\\\varepsilon_x&=\frac{\partial v}{\partial y}=a/\delta_{yy}\\\gamma_{xy}&=\frac{\partial u}{\partial y}+\frac{\partial v}{\partial x}=a/\delta_{xy}+a/\delta_{yx}\end{aligned}\right\}\tag{6-28}$$

式中，a 为两条云纹在 y 方向位移的增量；δ_{yx} 表示沿 x 方向的云纹间距；δ_{yy} 为 y 方向的间距。

如果试件为大变形，则分成两种情况，一种以变形前的原始长度为基准，应变计算式为

$$\left.\begin{aligned}\varepsilon_x&=\sqrt{\left(1+\frac{\partial u}{\partial x}\right)^2+\left(\frac{\partial v}{\partial x}\right)^2}-1\\\varepsilon_y&=\sqrt{\left(1+\frac{\partial v}{\partial y}\right)^2+\left(\frac{\partial u}{\partial y}\right)^2}-1\\\gamma_{xy}&=\arcsin\frac{\dfrac{\partial u}{\partial y}+\dfrac{\partial v}{\partial x}+\dfrac{\partial u}{\partial x}\cdot\dfrac{\partial u}{\partial y}-\dfrac{\partial v}{\partial x}\cdot\dfrac{\partial v}{\partial y}}{(1+\varepsilon_x)(1+\varepsilon_y)}\end{aligned}\right\}\tag{6-29}$$

另一种是以变形后的最终长度为基准，应变计算式为

$$\varepsilon_x=1-\sqrt{\left(1-\frac{\partial u}{\partial x}\right)^2+\left(\frac{\partial v}{\partial x}\right)^2}$$

$$\varepsilon_y=1-\sqrt{\left(1-\frac{\partial v}{\partial y}\right)^2+\left(\frac{\partial u}{\partial y}\right)^2}$$

$$\gamma_{xy}=\arcsin\frac{\dfrac{\partial u}{\partial y}+\dfrac{\partial v}{\partial x}-\dfrac{\partial u}{\partial x}\cdot\dfrac{\partial u}{\partial y}-\dfrac{\partial v}{\partial x}\cdot\dfrac{\partial v}{\partial y}}{(1-\varepsilon_x)(1-\varepsilon_y)}\tag{6-30}$$

二、云纹干涉法

云纹干涉法主要是利用反射的衍射效应来对不透明物体进行表面测量，云纹干涉法原理与全息干涉法的原理相似。云纹干涉法的一种光路如图 6-6 所示。其中 A,B 是两束准直相干光，它们从构件表面法线两侧的对称方向入射，在构件表面的空间产生干涉，形成空间的光栅。由于该光栅不随构件变化，因此可起基准栅的作用。在构件表面附有试件栅板，调整入射光的 α 角，使空间基准栅密率与构件的时间栅密率两者之比为 2 时，试件栅的一级反射衍射光将与物体表面法线一致，则反射衍射光 A',B' 是平行的平面波，即与基准栅不产生云纹效应。当构件表面产生变形时，试件栅密率发生改变，此时 A,B 的反射衍射光发生畸变，且与空间基准栅分别形成云纹，即产生翘曲的波阵面 A'',B'' 这两束光再在记录平面产生干涉。当位移为 $\frac{1}{2}Na$ 时，产生相消干涉；位移为 Na 时产生相长干涉，这样产生的干涉图像为间隔为的等值位移线图。

若将试件栅线分别与 x,y 轴平行放置，通过两次分析可得面内位移分量为（D 为试件栅密率）

$$u=\frac{1}{2}N_x/D,\quad v=\frac{1}{2}N_y/D$$

当试件栅的密率为 600 线 /mm 时每一级条纹所代表的位移为 0.833 μm，已达到波长量

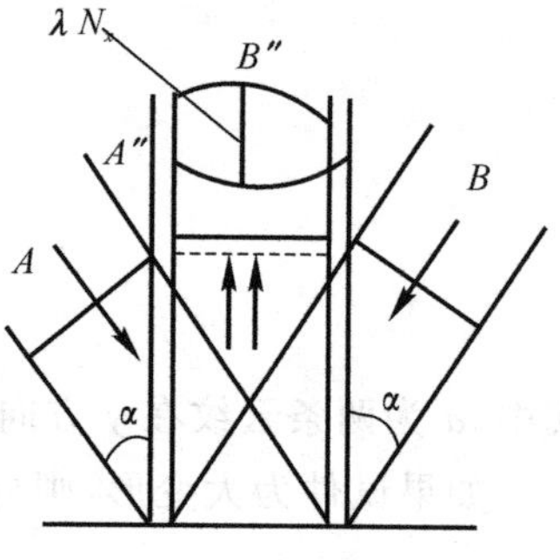

图 6-6　云纹干涉法光路图

级的灵敏度。

若试件栅采用正交栅，则一次可测得 x，y 及 45° 方向的位移量，即 45° 方向的位移量为

$$\Delta_{45^\circ} = N_{45^\circ}/(2\sqrt{2}D)$$

这种方法的栅线密度与所用的光源波长有关，对于氦氖激光器以 1 200 线 /mm 为宜，对氩离子激光器不宜大于4 000 线 /mm，该法灵敏度相当高，可以测得裂纹尖端位移场、焊接的残余位移场、应变场、动态应力、残余应力及复合材料的热膨胀效应率等。

第三节　散斑干涉法

用激光照射有漫反射表面的物体，漫射光在物体表面前方相遇而产生干涉。有些地方光强加强，有些地方光强减弱，从而形成大小、形状、光强都随机分布的亮斑和暗斑，称其为散斑。

散斑干涉法用两束光相互叠加展示散斑场。物面变形时，因光程差的变化散斑场也有所变化，在光程差变化为入射光波长整数倍的地方，斑的亮度几乎不变，称为相关，而在其他地方，斑的亮度有所改变，称之为不相关。将相关地方形成的条纹显示出来，即可推算出物面位移。

一、单光束散斑干涉法

1. 全场法

采用全场法时，应将拍好的双曝光散斑图置于傅里叶变换光路中，如图 6-7 所示，一束平行激光入射到散斑图上，之后经过换透镜达到它的后焦面，即变换平面上。如果在变换平面上置一带小圆孔的光阑，则在光阑后的任一平面上就可以看到不同方位上的等位移分量条纹。如果用 $r(r_x, r_y)$ 记小孔所在位置的方位矢量，$d(d_x, d_y)$ 记散斑图上的位移矢量，则入射到散斑图上的单色光波在变换透镜作用下，在变换平面上展式的光强分布

$$I \propto \cos^2 \frac{\pi(dr)}{\lambda f} \tag{6-31}$$

式中，f 为变换透镜焦距，λ 为照射光波波长，$\propto$ 表示正比于。

于是当

$$\frac{\pi(dr)}{\lambda f} = m\pi \qquad m = (0, \pm 1, \pm 2, \cdots) \tag{6-32}$$

时呈现亮条纹；当

$$\frac{\pi(dr)}{\lambda f} = \left(m + \frac{1}{2}\right)\pi \quad m = (0, \pm 1, \pm 2, \cdots) \tag{6-33}$$

时出现暗条纹。由式(6-32) 和(6-33) 可求得在孔方位上的等位移分量值

$$d_r = |\, d \,| \cos\theta = \begin{cases} \dfrac{mf\lambda}{|\, r \,|} \\[2ex] \dfrac{\left(m + \dfrac{1}{2}\right) f\lambda}{|\, r \,|} \end{cases} \tag{6-34}$$

式中，θ 是 d 与 r 间的夹角，而物面沿 r 方向的实际位移 D_r 应为 d_r/m，即

$$D_r = \frac{d_r}{m} \tag{6-35}$$

改变 r 的大小可改变测量灵敏度，$|r|$ 绝对值愈大，离透镜距离越远，条纹就越密，灵敏度越高。若用白光照明，则会有彩带条纹出现，这样有利于提高测量灵敏度，对判断条纹零级及分辨正负级都有好处。

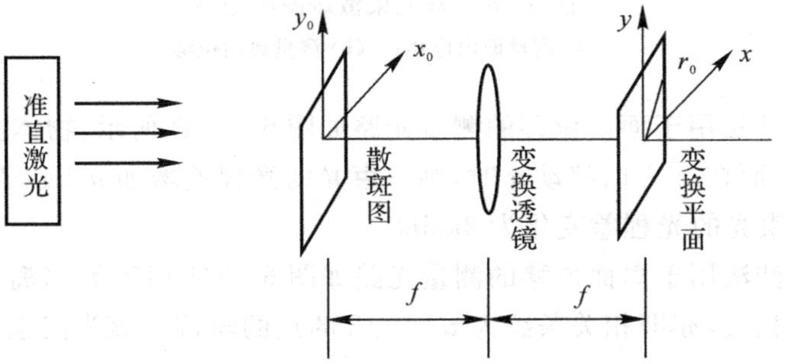

图 6-7 傅里叶变换光路

2. 逐点法

已知双曝光散斑图是单曝光散斑图的错动迭合，每个斑经过错动与原来斑组成“斑对”。在物体运动或变形的过程中，存在一个小的“准平移区”，即在“准平移区”里各点的位置相同，其所对应的散斑场里的小区域内各斑的错动完全一致。用一细束平行光照亮这一小区域，则各“斑对”就会有双孔衍射现象。如果垂直于激光束放一屏幕，则屏幕上就会出现衍射晕里(即爱里斑)、一组等间距的平行条纹——杨氏条纹。由于各“斑对”间距方向一致而得到加强了的杨氏条纹，而其他各斑间随机组成的双孔，由于杨氏条纹随机迭合只能产生散斑背景，平行条纹间距 b 与“斑对”间距 d 的关系为

$$d = \lambda \frac{s}{b} \tag{6-36}$$

“斑对”连线的方向垂直于杨氏条纹。如此逐点分析，即可得出物体表面各点位移方向和位移量，即对应点的位移为

$$d_{物} = \frac{\lambda \frac{s}{b}}{m} \tag{6-37}$$

单光束散斑法用于测面内位移最为优越，测量灵敏度一般要比测离面位移时大得多。其测量范围为几微米至几百微米，其下限必大于斑的直径。该法也可用于裂纹尖端张开位移及应力强度因子、焊接裂缝的变形、塑性变形中材料的泊松比和应力集中系数等的测试。

二、双光束散斑干涉法

双光束散斑干涉法是指两束准直相干光束同时照明待测物体，根据测量面内位移和离面位移的不同分别按图布置光路，如图 6-8 所示。两束照明光被物表面反射在成像平面进行干涉形成散斑图。对未变形和已变形状态，分别在同一记录介质上进行一次曝光，即得双曝光散斑图。

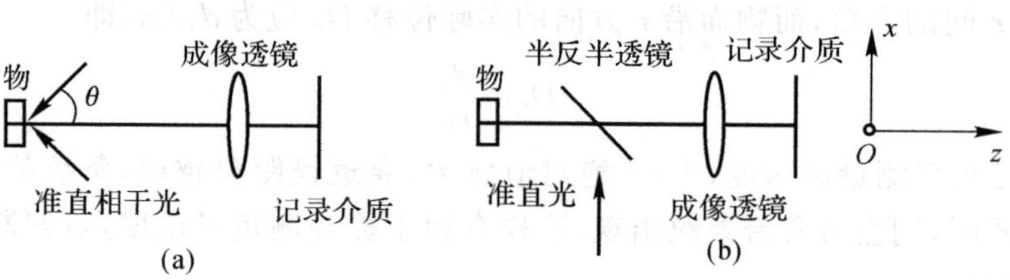

图 6-8　双光束散斑图的记录

(a) 测量面内位移；(b) 测量离面位移

双光束散斑干涉法用于面内位移的测量光路如图 6-8(a) 所示，物体在 y 方向或 z 方向运动时光程差都不变，而在 x 方向移动 u 时，则一束光的光程差增加 $u\sin\theta$，而另一束光的光程差减少 $u\sin\theta$，所以两束光的光程差变化为 $2u\sin\theta$。

双光束散斑干涉法用于离面位移的测量光路如图 6-8(b) 所示，当离面位移 $w=\lambda/2$ 处散斑与位移前的散斑相关，亦即相关条纹为 $w=\lambda/2$ 的点的轨迹。该光路也可用于测振、显示节线等。

三、散斑剪切干涉法

在成像散斑光路中加上剪切元件：光楔、成对小孔、光栅等如图 6-9 所示，可使单光束变成双光束，从而使物面上相邻亮点的像重合，这样一来就可以完成对双曝光散斑位移的微分计算，即使相关散斑错动，从而形成亮条纹。若垂直相干光在 xz 平面，且与 z 轴成 θ 角入射，并且分别在 x 及 y 方向剪切，则物面沿 x,y,z 方向的位移 (u,v,w) 与剪切量 δ_x,δ_y 有如下关系：

$$\left.\begin{aligned}\sin\theta\frac{\partial u}{\partial x}+(1+\cos\theta)\frac{\partial w}{\partial x}=m_x\frac{\lambda}{\delta_x}\\ \sin\theta\frac{\partial u}{\partial y}+(1+\cos\theta)\frac{\partial w}{\partial y}=m_y\frac{\lambda}{\delta_y}\end{aligned}\right\}\tag{6-38}$$

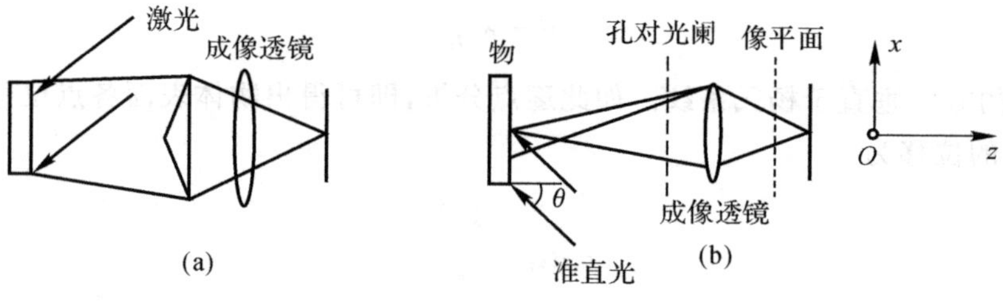

图 6-9　散斑剪切光路

(a) 加光楔；(b) 加孔对光阑

将入射光旋转 90°，使准直光束在 yz 平面，则有

$$\left.\begin{aligned}\sin\theta\frac{\partial v}{\partial x}+(1+\cos\theta)\frac{\partial w}{\partial x}=m_x\frac{\lambda}{\delta_x}\\ \sin\theta\frac{\partial uv}{\partial y}+(1+\cos\theta)\frac{\partial w}{\partial y}=m_y\frac{\lambda}{\delta_y}\end{aligned}\right\}\tag{6-39}$$

式中，u,v,w 分别为物体在 x,y,z 方向位移分量；m_x,m_y 为整数条纹级数；δ_x,δ_y 分别为 x,y 方向的剪切量。

当垂直光照射($\theta=0$)时，有

$$\left.\begin{aligned}2\frac{\partial w}{\partial x}=m_x\frac{\lambda}{\delta_x}\\2\frac{\partial w}{\partial y}=m_y\frac{\lambda}{\delta_y}\end{aligned}\right\}\tag{6-40}$$

由以上各式联立求解，可得离面位移的微分$\frac{\partial w}{\partial x}$、$\frac{\partial w}{\partial y}$及面内位移微分$\frac{\partial u}{\partial x}$、$\frac{\partial u}{\partial y}$、$\frac{\partial v}{\partial x}$、$\frac{\partial v}{\partial y}$。

第四节　焦散线法

焦散线法是由 Manogg 提出，是一种非接触式光学测量方法。这种方法对应力梯度非常灵敏，因此在求解应力、应变场具有奇异性的力学问题时具有光路简单、测量方便、数据可靠等优点，现在已扩展到解决动态问题，尽管被研究的问题本身很复杂，但也可以从生成的清晰图像中得到丰富的信息，而且既可用于透明材料也可用于非透明材料物体。

一、焦散线的形成

固体中的应力会引起各点的应变、变形从而使各点的折射率和厚度等发生变化。对于应力应变梯度大的情况，会使原来平面的试件产生类似于光学凸镜的效果，在平面上也产生了类似的对平行光聚焦的现象，即产生某些特别亮的区域和特别暗的区域，而亮区和暗区之间有明显的边界线。这两个区域间的边界线就称为焦散线。光线透过透明试件而形成的焦散线称为透视焦散线，光线在曲面上反射形成的焦散线称为反射焦散线。焦散线的形成原理如图 6-10 所示。

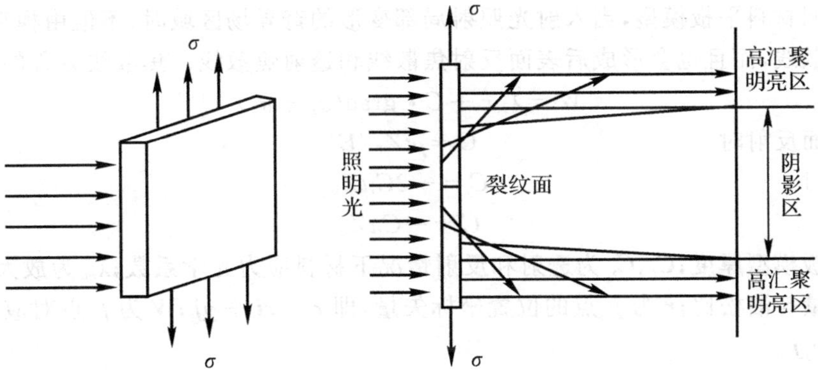

图 6-10　焦散线的形成原理图

二、焦散线的基本方程

如图 6-10 所示具有奇异应力场的试件，在奇异场处受力变形成一曲面，设其曲线方程为

$$z=f(x,y)\tag{6-41}$$

图中平面 $x'Oy'$ 为成像平面，它与 xOy 平面的距离为 z_0，设曲面上某点 $p(x,y)$，反射到成像平面上的像为 $p'(w_x,w_y)$。若用平行光照射时，则有关系式

$$\left.\begin{aligned} w_x &= x + [f(x,y) - Z_0]\cdot 2\frac{\partial f}{\partial x}\Big/\left(1-\left(\frac{\partial f}{\partial x}\right)^2\right) \\ w_y &= y + [f(x,y) - Z_0]\cdot 2\frac{\partial f}{\partial y}\Big/\left(1-\left(\frac{\partial f}{\partial y}\right)^2\right) \end{aligned}\right\} \tag{6-42}$$

式中，符号右边第一项表示试件不受载荷时在像平面上的像，第二项表示加载后因试件奇异区内的厚度发生明显变化而引起 p 点像的偏离量。

若光源采用 $Z=Z_i$ 的点光源时，则有

$$\left.\begin{aligned} w_x &= \lambda_m x + [f(x,y) - Z_0]\cdot 2\frac{\partial f}{\partial x}\Big/\left(1-\left(\frac{\partial f}{\partial x}\right)^2\right) \\ w_y &= \lambda_m x + [f(x,y) - Z_0]\cdot 2\frac{\partial f}{\partial y}\Big/\left(1-\left(\frac{\partial f}{\partial y}\right)^2\right) \end{aligned}\right\} \tag{6-43}$$

式中，$\lambda_m=(Z_0+Z_i)/Z_i$，称为放大系数。

根据焦散线的高亮度性，意味着来自 $f(x,y)$ 曲面上的点曾多次映入，因此屏幕上 p' 点并不唯一地与 p 点相对应。按数学解析理论，这种唯一对应的物理现象在数学上应满足

$$J=\frac{\partial(w_x,w_y)}{\partial(x,y)}=\begin{bmatrix}\dfrac{\partial w_x}{\partial x} & \dfrac{\partial w_x}{\partial y}\\[2mm] \dfrac{\partial w_y}{\partial x} & \dfrac{\partial w_y}{\partial y}\end{bmatrix}=0 \tag{6-44}$$

由 $J=0$ 在试件表面上确定了一条曲线，该曲线称为初始曲线，故式(6-44)也称为初始曲线方程。而对屏上的焦散线方程可将式(6-43)代入式(6-41)或式(6-42)得到其显式。

三、焦散线法的应用

1. 焦散线法应用于平面问题

对于透明材料平板模型，当入射光照射局部变形的奇异场区域时，不但由模型前表面反射形成反射焦散线，而且也会形成后表面反射焦散线和透射焦散线。焦散线方程的统一形式为

$$W=\lambda_m r + C\cdot \mathrm{grad}(\sigma_1+\sigma_2) \tag{6-45}$$

相应于前表面反射时 $C=\mu t Z_0/E$

后表面反射时 $C=-2C_r t Z_0$

透射时 $C=-C_t t Z_0$

式中，t 为平板模型厚度；C_t、C_r 为透射和反射情况下材料应力光学系数；λ_m 为放大系数；μ 为板材的弹性模量与泊松比；$\boldsymbol{r}$ 为 p 点的位置坐标矢量，即 $\boldsymbol{r}=x\boldsymbol{i}+y\boldsymbol{j}$；$\boldsymbol{W}$ 为 p 点对应的像矢量，即 $\boldsymbol{W}=w_x\boldsymbol{i}+w_y\boldsymbol{j}$。

材料的应力光学参数可用

$$\frac{C_r}{C_t}=\frac{1}{2}\frac{Z_{0t}}{Z_{0r}}\left(\frac{\lambda_t}{\lambda_r}\right)^{\frac{3}{2}}\left(\frac{D_{tr}}{D_{tt}}\right)^{\frac{5}{2}} \tag{6-46}$$

确定。

当 $Z_{0t}=Z_{0r}$，$\lambda_t=\lambda_r$ 时

$$\frac{C_r}{C_t}=\frac{1}{2}\left(\frac{D_{tr}}{D_{tt}}\right)^{\frac{5}{2}} \tag{6-47}$$

而

$$C_r=\frac{\mu}{E}\left[\frac{1}{2}-\frac{(D_{tr}/D_{tt})^{5/2}-1}{(D_{tr}/D_{tt})^{5/2}-2}\right]$$

式中，D_{tt}，D_{tr} 为后表面透射和反射焦散线横向直径；Z_{0r}，Z_{0t} 为反射和透射像距；λ_r，λ_t 为反射和透射时的放大系数。

2. 焦散线法应用于断裂力学问题

Ⅰ 型裂纹尖端的焦散线一般方程为

$$W=\left(\lambda_m r\cos\theta-\frac{K_1}{\sqrt{2\pi}}Cr^{-\frac{3}{2}}\cos\frac{3}{2}\theta\right)\boldsymbol{i}+\left(\lambda_m r\sin\theta-\frac{K_1}{\sqrt{2\pi}}Cr^{-\frac{3}{2}}\sin\frac{3}{2}\theta\right)\boldsymbol{j}$$

式中，r，θ 为极点位于裂纹尖端处的极坐标；K_1 为 Ⅰ 型裂纹的强度因子。

初始曲线方程为

$$r=r_0=(\pm 3CK_1/2\lambda_m\sqrt{2\pi})^{\frac{2}{5}}$$

即原始曲线是一个半径为常数的圆，该圆称为基圆。前表面反射时取负号，后表面反射和透射时取正号。

第五节　脆性涂层法

一、脆性涂层的基本原理

脆性涂层法是采用专门配制的脆性涂料，喷洒在被测构件表面，经干燥后形成脆性薄膜。当构件承载时，涂层随构件一起变形。在构件表面的应变达到某一临界值后，涂层在垂直于最大应力的方向出现裂纹拉应力越大，裂纹就越密集。根据涂层裂纹的分布情况，可确定构件表面主应力方向，并计算出应力的大小，是一种全场性的实验方法。

用这种脆性涂层研究零件表面应力的方法较简单，且是最迅速的方法之一。此法不但能研究附加应力，而且可以研究残余应力。脆性涂层法最突出的优点是可以一目了然地看出零件整个表面或某一区域上的应力分布规律和应力轨迹，它往往与其他实验方法配合使用。用此法确定的应力分布规律和主应力方向对其他应变仪的使用提供很有价值的资料。

用漆性涂层法研究零件表面应力主要是解决：① 确定零件中最大应力区域；② 确定主应力方向及主应力轨迹；③ 能够估计和粗略地计算主应力值，但精确度差。其中 ①、② 两点特别有效，③ 不太理想，有待进一步研究。

二、脆性涂层涂料

常用脆性涂料有两种，一种是由树脂、溶剂、填料和增塑剂组成的树脂型涂料，另一种是悬浮在挥发性载体中的瓷粉构成的涂料。树脂型脆性材料应用较为广泛，多为松脂酸钡，其配制方法如下：先把松香放在烧杯中加热，大约在 70 ～ 80℃ 时开始熔化，继续加热至 220℃ 左右（但不宜过高），然后把称好的氢氧化钡慢慢加入，因为该反应是放热的，故作用很剧烈，为了防止因反应剧烈而造成溶液溅出危险，在熔化时，松香的容量不宜超过整个烧杯的 1/3。加入氢氧化钡后溶液产生泡沫，并有气泡不断涌出，此时继续加热至 270℃ 左右，泡沫就逐渐消失，得透明的溶液，这表明反应已结束，可停止加热，将它冷却到 200℃ 左右，即可倒入由描图纸做成的小盒内，待凝固后即得到所谓的干漆，它是钡松脂酸盐和松香的混合物，可以长期储藏在密闭的玻璃容器中。把干漆溶解于二硫化碳中即得到脆性漆料，干漆和二硫化碳质量比为 2∶3。二硫化碳是易燃品，故漆料宜放在较阴凉的地方。漆料是一种易挥发、易燃的有毒物质，故在

操作时应戴上口罩，室内应有良好的通风条件。其化学反应方程式为

$$2C_{19}H_{29}COOH + Ba(OH)_2 \cdot 8H_2O \xrightarrow{\text{加热}} (C_{19}H_{29}COO)_2Ba + 10H_2O$$

三、脆性涂层法的实验技术

1. 脆性涂料的使用

在进行涂漆操作之前，必须先清洗零件表面，如果是金属材料的零件或模型，先用钢丝刷或砂纸去除表面氧化物或油脂等脏物。然后用丙酮、汽油或酒精等挥发性强的溶剂清洗。如果是有机玻璃模型时，用酒精或汽油作为清洗是可以的，禁止用钢丝刷或丙酮来清洗，因为丙酮对有机玻璃是起化学作用的。为了便于观察裂纹，清洗后表面应先涂上底层，因为有些零件或模型在加工时表面会有划伤及黑斑点等，从而影响裂纹的观察。等底层干燥完毕后，再涂上漆。底层可用含 2% 赛璐珞，0.4% 铝粉的乙酸乙酯溶液。涂层时用喷枪进行，底层不宜过厚，只要将缺陷及划伤盖掉即行。根据不同的实验条件选用灵敏度不同的漆，按图 6－11 所示选用漆料。

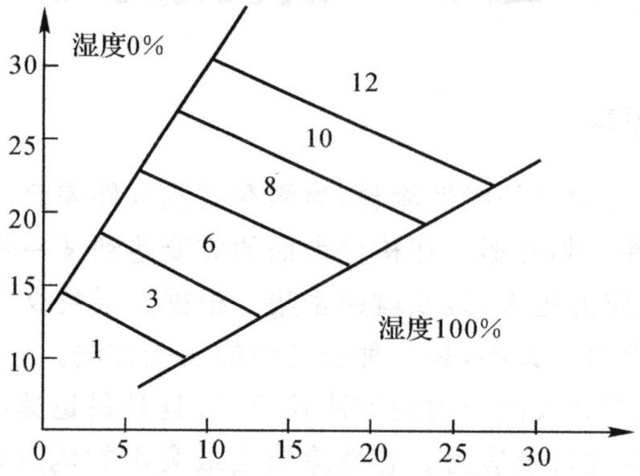

图 6－11　脆性涂料级数选用值

2. 构件的应力、应变计算

(1) 脆性涂层初裂应变值 ε_0 的标定。取 2～3 根标定梁，材料可以与构件相同，但涂层的涂刷和固化过程与构件完全相同标定时，采用逐级加载，每次加载 4.9 N，直到涂层出现第一条裂纹为止。测量出裂纹距的距离和相应载荷 p。涂层初裂纹值

$$\varepsilon_0 = \frac{6pl}{bh^2E} \tag{6-48}$$

式中，E 为标定梁的弹性模量；h 为标定梁的厚度；b 为标定梁的宽度。

(2) 应力、应变的计算。测定出标定梁涂层的初裂应变值 ε_0 后，即可对构件进行逐级加载实验。当构件上某点刚出现第一条裂纹时，记此时的载荷为 p_0，则该点在弹性范围内不同载荷下的应力、应变值为

$$\varepsilon = \frac{\varepsilon_0}{p_0}p, \quad \sigma = \frac{E\varepsilon_0}{p_0}p \tag{6-49}$$

式中，p_0 为测点出现第一条裂纹时，作用于构件的载荷；p 为作用在构件上的载荷；ε_0 为从标定梁测出的涂层初裂变值；E 为构件材料的弹性模量。

注意：式(6－49) 仅适用于构件在弹性范围，表面处于单向应力状态的情况，对于平面应力

状态，由式(6－49)得出的是应力、应变近似值。

(3) 脆性涂层裂纹的描绘和摄影。由于涂层裂纹细微，为了便于观察，应从照明光线入射线或反射线的方向观察或摄影。有时为了更清楚地观察裂纹情况，可在涂层上涂由茜素红溶于乙二醇制成的染色剂，该染色剂遇铁呈紫色，遇到铝变成红色。

第六节　X 射线法

结晶型固体是由许多晶粒构成的多晶体，而每一个晶粒又是由规则排列的原子、离子或分子构成的单晶体。因此固体受力产生宏观变形的过程，即是构成固体的原子、离子或分子相对位置变化造成晶粒内部晶面间距变化的过程，如果能够通过某种手段把这种微观变化过程测定下来，固体的宏观变形也就清楚了。X 射线法就是这样一种通过测定固体微观结构，来决定固体宏观变形的一种方法。它为决定固体内部各种残余应力提供了一个强有力的非破坏性检查手段。

一、X 射线应力测量原理

当一束平行的X射线照射晶体时，一部分被吸收，一部分被穿透，一部分产生衍射，并沿某一方向反射。这种衍射是由于晶体内原子规则排列引起的。属于晶体内部原子的电子被X射线照射时，受到强迫振动，其频率等于X射线的振动频率，该电子就成了新的振动中心。另外，在晶体内部的原子受到 X 射线波的影响比在表面的原子在时间上来得迟，但只差一定的短暂时刻。结果，由于原子的振动，晶体放射出的 X 射线其频率为同一位置各种振动的叠加，故产生干涉，沿某一方向加强，沿别的方向抵消。当波长为 λ 的特性 X 射线照射到结晶表面时，如果满足布拉格公式，则在布拉格角的方向发生衍射现象，如图 6－12 所示。即

$$2d\sin\theta = \lambda n \tag{6-50}$$

式中，θ 为布拉格角；n 为衍射级数($n=0, \pm1, \pm2, \cdots$)；晶面间距为 d。

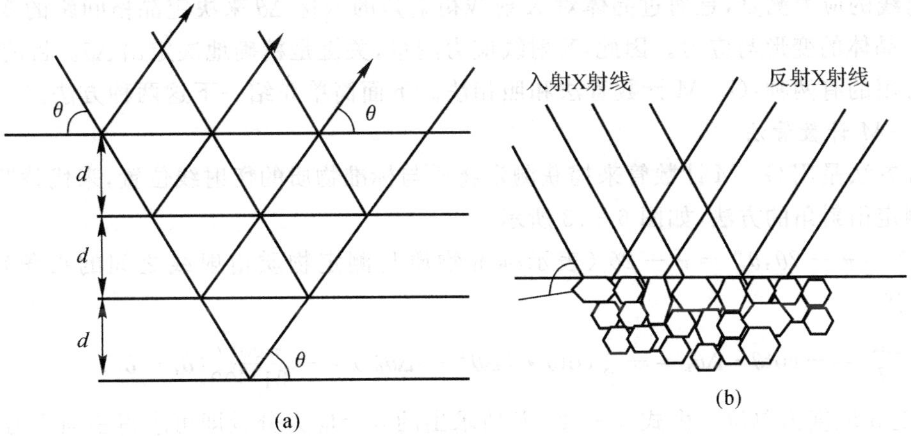

图 6－12　晶体对 X 射线衍射

(a) 单晶体对 X 射线衍射；(b) 多晶体对 X 射线衍射

按式(6－50)，当一定波长的射线，即所谓的特征 X 射线入射时，d 和 θ 必须按确定的关系

变化。因此，在固体受力变形时，d 变为 $d+\Delta d$，而 θ 变为 $\theta+\Delta\theta$，则得与 $\Delta\theta$ 之间的关系式为

$$\frac{\Delta d}{d}=-\Delta\theta\cot\theta \tag{6-51}$$

于是，可以通过测定衍射角 θ 的变化 $\Delta\theta$ 来决定晶格间距 d 的相对变化 $\Delta d/d$。通常，实际固体如上所说的那样，是许多单晶体的集合体，因此实验中，实际测出的衍射角的变化，进而决定的晶格间距的变化，是属于若干个晶粒的，如图 6-12(b) 所示。

把式(6-51) 用于实际计算时，必须事先知道晶格的原始间距 d，然而它通常是未知的。为解决这个问题，需要从不同的方向对晶粒进行测量。一般来说，晶面间距无应力时沿各个方向是相同的，它表现为一半径为 $d=d_0$ 的球。而当施加某一应力 d 时，沿力的方向晶面间距增大，垂直于该力方向的晶面间距缩短，于是晶面间距沿各个方向从相等变为不等，$d=d_0$ 的球变为一椭球(称为应变椭球)。因此，通过两个方向以上的晶面间距的测量，即可决定出应变椭球，求出应变。

二、X 射线应力测量公式

一点的应力状态将由该点在直角坐标(x,y,z) 面上的 6 个应变分量 $\varepsilon_x,\varepsilon_y,\varepsilon_z,\tau_{xy},\tau_{yz},\tau_{zx}$ 所完全决定。因此，为了认识物体中一点的变形情况，只要知道该点的这 6 个应变分量就够了。在 X 射线应力测定法中，我们可以选取彼此独立的 6 个方向，分别测出该点沿每一个方向的法向应变 ε。令 i 方向的方向余弦为 $l_i,m_i,n_i(=1,2,\cdots,6)$，相应的法向应变为 ε_i，则依弹性力学中的公式，应有

$$\varepsilon_i=l_i^2\varepsilon_x+m_i^2\varepsilon_y+n_i^2\varepsilon_z+l_im_i\tau_{xy}+m_in_i\tau_{yz}+n_il_i\tau_{zx}\quad(i=1,2,\cdots,6)$$

由克莱姆法则可解上式。

根据问题的需要可以不同的方向为测定方向，求出 6 个应变分量。

三、X 射线的应力测量方法

X 射线的应力测量，是通过晶体对 X 射线衍射角的变化 $\Delta\theta$ 来决定晶格间距的变化 $\Delta d/d$ 进而决定晶体的变形与应力。因此，X 射线应力测量，关键是精确地决定出 $\Delta\theta$。目前，测定 $\Delta\theta$ 的方法常用的有两种：G-M 计数管法和照相法。下面简单介绍一下这两种方法。

1. G-M 计数管法

这种方法是用 G-M 计数管来捕获测定物质与标准物质的衍射线位置，来代替照相法，它是直接测定衍射角的方法，如图 6-13 所示。

令 $\theta^*=\pi-2\theta,\theta_s^*=\pi-2\theta_s$(表示标准物质与测定物质衍射线之间的夹角)，则由式(6-51) 有

$$\varepsilon_i=\frac{\Delta d_i}{d}=-\cot\theta\cdot\Delta\theta_i=-\frac{1}{2}\cot\theta\cdot(\Delta\theta_i^*-\Delta\theta_0^*)=-\frac{\pi\cot\theta}{21\ 600}(\delta_i-\delta_0) \tag{6-52}$$

式中，角度 δ 取度为单位。由式(6-52) 及所求出的 6 个应力分量即可求得三向应力用 G-M 计数管法的一般表示。

2. 照相法

在待测物表面涂上一层标准物质的粉末或薄膜，这种标准物质，它的晶面间距是已知的。用 X 射线照射待测物，并用照相底片接收从待测物上衍射出的两种射线，即标准物质的衍射

线与测定物质的衍射线。底片必须绕入射的 X 射线旋转，每次旋转 180°，然后摄影如图6－14 所示。

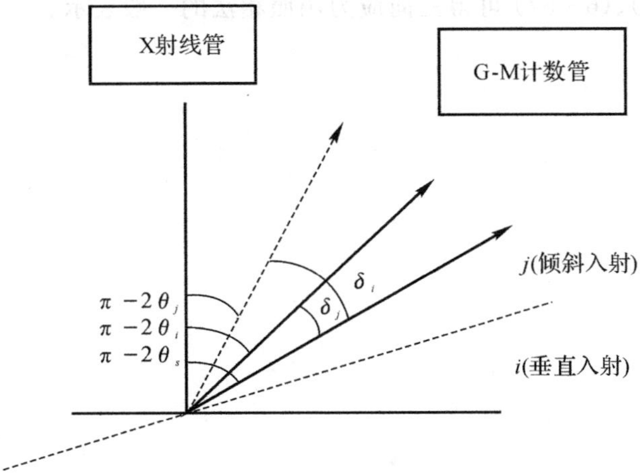

图 6－13　G－M 计数测定衍射角变化

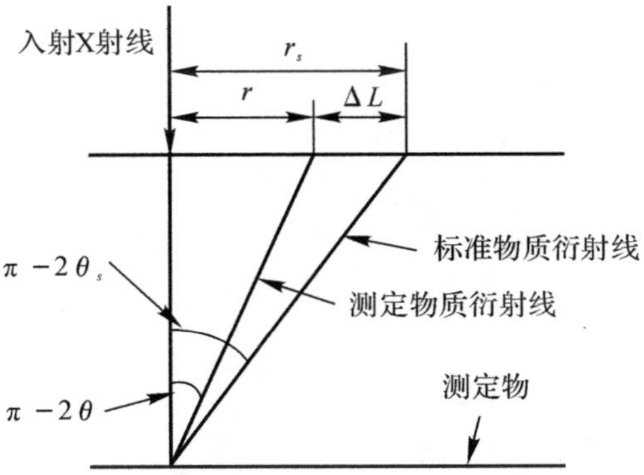

图 6－14　照相法测定衍射角变化

令待测定物质和标准物质的衍射环半径、衍射角以及两衍射线的距离分别为 r, r_s, θ, θ_s，Δl，则有

$$\tan(\pi-2\theta)=\frac{r}{D} \tag{6-53}$$

由微分式(6－53) 得

$$\Delta\theta=-\cos^2(\pi-2\theta)\cdot\frac{\Delta r}{2D} \tag{6-54}$$

$$\Delta r=r-r_0=(r_s-r_0)-(r_s-r)=\Delta L_0-\Delta L$$

把式(6－54) 代入式(6－51)，则有

$$\varepsilon_i=\frac{\Delta d_i}{d_0}\approx\frac{\Delta d_i}{d_i}=k(\Delta L_0-\Delta L_i) \tag{6-55}$$

式中，i 表示测定方向，k 为

$$k=[\cos^2(\pi-2\theta)\cot\theta]/2D=[\tan(\pi-2\theta_s)\cos^2(\pi-2\theta)\cos\theta]/2r_s \tag{6-56}$$

从式(6－55)我们求得 i,j 两个测定方向的应变差为

$$\varepsilon_i - \varepsilon_j = k(\Delta L_j - \Delta L_i) \tag{6－57}$$

从式(6－55)、(6－56)、(6－57)可得三向应力用照相法的一般表示。

参 考 文 献

[1] 张如一,陆耀桢. 实验应力分析[M]. 北京:机械工业出版社,1981.

[2] 计欣华,邓宗白,鲁阳,等. 工程实验力学[M]. 北京:机械工业出版社,2005.

[3] 盖秉政. 实验力学[M]. 哈尔滨:哈尔滨工业大学出版社,2006.

[4] 天津大学材料力学教研室. 光弹性原理及测试技术[M]. 北京:科学出版社,1980.

[5] 赵清澄,石沅. 实验应力分析[M]. 北京:科学出版社,1987.

[6] 傅筹蘧. 实验应力分析[M]. 北京:知识出版社,1986.

[7] 佟景伟,伍洪泽. 实验应力分析[M]. 长沙:湖南科学技术出版社,1983.

[8] 陈健华. 实验应力分析[M]. 北京:中国铁道出版社,1984.

[9] 宋逸先. 实验力学基础[M]. 北京:水利电力出版社,1986.

[10] 潘少川,刘耀乙,钱浩生. 实验应力分析[M]. 北京:高等教育出版社,1988.

[11] 达利 J W,赖利 W F. 实验应力分析[M]. 北京:海洋出版社,1987.

[12] 西奥卡里斯 P S,格道托斯 E E. 光测弹性学矩阵理论[M]. 北京:科学出版社,1987.

[13] 阿弗里尔 J. 实验应力分析手册[M]. 北京:机械工业出版社,1985.

[14] 庄德恩. 实验应力分析的若干问题及方法[M]. 北京:科学出版社,1979.

[15] 西安力学学会. 工程应用力学手册[M]. 西安:陕西人民教育出版社,1994.

[16] 张如一,沈观林,潘真微. 实验应力分析实验指导[M]. 北京:清华大学出版社,1982.

[17] 天津大学,等. 材料力学实验[M]. 北京:高等教育出版社,1984.

[18] 蒋敦斌,李文英. 非电量测量与传感器应用[M]. 北京:国防工业出版社,2005.

[19] 范钦珊,王杏根,陈巨兵. 工程力学实验[M]. 北京:高等教育出版社,2006.

[20] 贾有权. 材料力学实验[M]. 北京:人民教育出版社,1980.